VERHANDLUNGEN

DES I. INTERNATIONALEN KONGRESSES FÜR

SEXUALFORSCHUNG

BERLIN VOM 10. BIS 16. OKTOBER 1926

VERANSTALTET VON DER

INTERNATIONALEN GESELLSCHAFT FÜR SEXUALFORSCHUNG

REDIGIERT VON

DR. MAX MARCUSE

ERSTER BAND

EXPERIMENTALFORSCHUNG UND BIOLOGIE

MIT 89 FIGUREN IM TEXT UND 1 FARBIGEN TAFEL

BERLIN UND KÖLN

A. MARCUS & E. WEBER'S VERLAG

1927

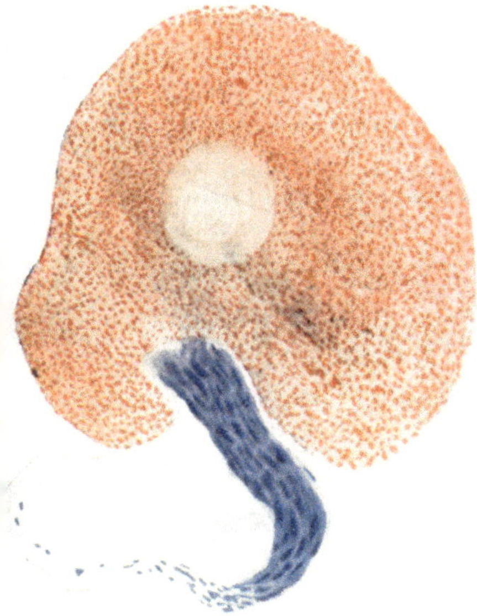

Fig. 1.

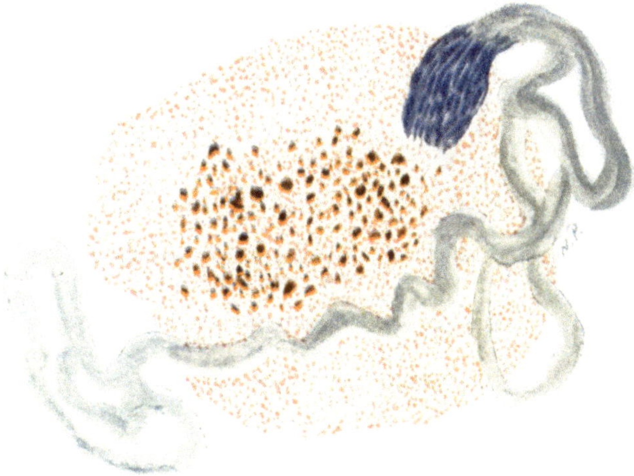

Fig. 2.

Fig. 3.

Fig. 4.

Tafel I.

Fig. 1. (Pour l'impression on a reduit la volume de la cellule). Rouge neutre et bleu de méthylène dans l'auto-sérum. Dans le cytoplasma il y a une quantité considérable de granulations de volume inégal, de forme ronde. Elles sont parfois réunies. Ces granulations sont quelque fois dispersées dans une masse homogène. Au niveau de l'origine de l'axone on voit des bâtonnets, rapprochés les uns des autres, colorés en bleu. Le noyau ne contient pas de granulations.

Fig. 2. Même procédé que pour la figure précédente. Les granulations du cytoplasma ont une nuance rosatre. Elles paraissent plus denses que dans la figure précédente. Au centre de la cellule on voit des granulations irrégulières comme forme et comme volume, teintées en brun. Au niveau de l'axone il y a des bâtonnets denses, qui disparaissent brusquement au niveau du cylindraxe qui est coloré en bleu pâle.

Fig. 3. Cellule radiculaire de la corne antérieure d'un foetus de 7 mois, traitée par la méthode *d'Alzheimer*. À l'intérieur de la cellule il y a des corpuscules chromatiques teintés en vert et entre eux on aperçoit des granulations rouges plus nombreuses et plus apparentes dans les dendrites, où elles forment des colonies, entre lesquelles on aperçoit des filaments chromatophiles colorés en bleu au niveau de la dendrite. On voit un corpuscule triangulaire à l'émergence de l'axone où il n'y a pas de corpuscules chromatiques mais des granules fuchsinophiles disposés en série, qui disparaissent au niveau du cylindraxe, au moment où la myéline fait son apparition et le cylindraxe se colore en bleu.

Fig. 4. Cellule de la corne antérieure d'un foetus âgé de 5 mois. Les corpuscules chromatophiles colorés en vert, forment une couronne à la périphérie de la cellule, tandis que, dans la partie centrale, il y a une quantité considérable de granulations fuchsinophiles, très denses, qu'on ne voit pas dans les prolongements.

VERHANDLUNGEN

DES I. INTERNATIONALEN KONGRESSES FÜR

SEXUALFORSCHUNG

BERLIN VOM 10. BIS 16. OKTOBER 1926

VERANSTALTET VON DER

INTERNATIONALEN GESELLSCHAFT FÜR SEXUALFORSCHUNG

REDIGIERT VON

DR. MAX MARCUSE

ERSTER BAND

EXPERIMENTALFORSCHUNG UND BIOLOGIE

MIT 89 FIGUREN IM TEXT UND 1 FARBIGEN TAFEL

BERLIN UND KÖLN

A. MARCUS & E. WEBER'S VERLAG

1927

Inhalt

Inhalt

Considérations générales sur le conditionnement des caractères sexuels secondaires mâles chez les Batraciens et le mode d'action de l'hormone génitale.

Par *Max Aron*

Institut d'Histologie de la Faculté de Médecine de Strasbourg.

Avec 18 figures.

Le présent travail a pour objet d'apporter un aperçu général sur le déterminisme des caractères sexuels secondaires mâles chez les Batraciens, en opérant une rapide synthèse des faits contenus dans mes publications précédentes[1]).

I. — Les caractères sexuels secondaires mâles des Batraciens et leur évolution cyclique.

Chez un grand nombre d'espèces de Batraciens, sexuellement mûrs, à l'époque de la reproduction, la différence entre le mâle et la femelle apparaît nettement tranchée.

Fig. 1

Tritons crêtés mâles: 1) en avril (période nuptiale). — 2) en automne (caractères sexuels incomplètement développés). — 3) en été (caractères sexuels involués). $\times$ $^{9}/_{10}$ de grandeur naturelle.

---

[1]) Voir en particulier mes travaux in-extenso, l'un au sujet des Urodèles (Arch. de Biol., t. XXXIV, 1924, pp. 1—166), l'autre au sujet des Anoures (Arch. de Biol., t. XXXVI, 1926, pp. 1—97).

Dans l'Ordre des Urodèles, chez les Tritons, le mâle se distingue de la femelle par une livrée nuptiale souvent riche et variée. Le Triton crêté mâle porte, comme l'indique le nom de l'espèce, une haute crête dorso-caudale, qui fait totalement défaut chez la femelle. Ce caractère existe également, mais moins accusé, chez d'autres Tritons. Ce qui ne manque jamais, ce sont des zones pigmentées, qui affectent des localisations ou des colorations variables suivant l'espèce (Fig. 1).

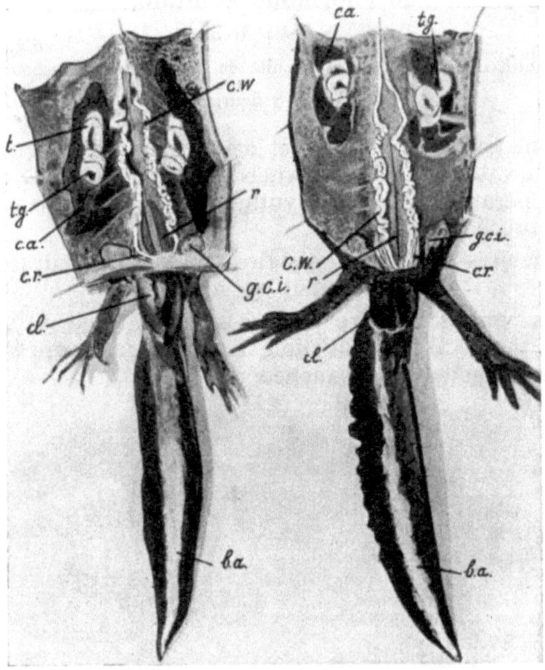

Fig. 2

Tritons crêtés mâles en rut: organes reproducteurs et caractères sexuels internes: t: testicule; t.g.: tissu glandulaire; c.a.: corps adipeux; c.w.: canal de Wolff; r.: rein; c.r.: canaux excréteurs des reins; g.c.i.: glande cloacale interne; cl.: cloaque; b.a.: bande argentée caudale. $\times$ $^{9}/_{10}$ de grandeur naturelle.

La Salamandre ne possède pas de caractères externes aussi visibles. Mais, dans ce Genre, comme chez tous les autres Urodèles, l'examen des viscères révèle l'existence de caractères internes des plus propres à l'étude macroscopique et microscopique. Les canaux déférents qui, des testicules, gagnent le cloaque en suivant le bord externe des reins, ont, durant le rut, un trajet en général très sinueux, et leur épithélium est le siège d'actifs phénomènes de sécrétion. Les glandes pelviennes, ou celles que renferme le cloaque, subissent aussi des transformations profondes, qui se traduisent d'ailleurs par des changements de volume parfois considérables. Les canaux excréteurs des reins sont eux-mêmes un caractère sexuel dont les modifications d'aspect histologique, lors de l'activité génitale, sont particulièrement frappantes (fig. 2 à 5).

Chez les Anoures, on reconnaît en général aisément le mâle et la femelle. Cette dernière est, le plus souvent, plus grosse, et la distension de son abdomen par les oeufs accuse encore la différence. Mais le mâle, chez plusieurs espèces, porte en outre, tantôt au niveau du pouce du membres antérieurs, comme chez Rana esculenta et temporaria, tantôt en divers points du membre antérieur ou même de la région pectorale, des coussinets pigmentés, hérissés de

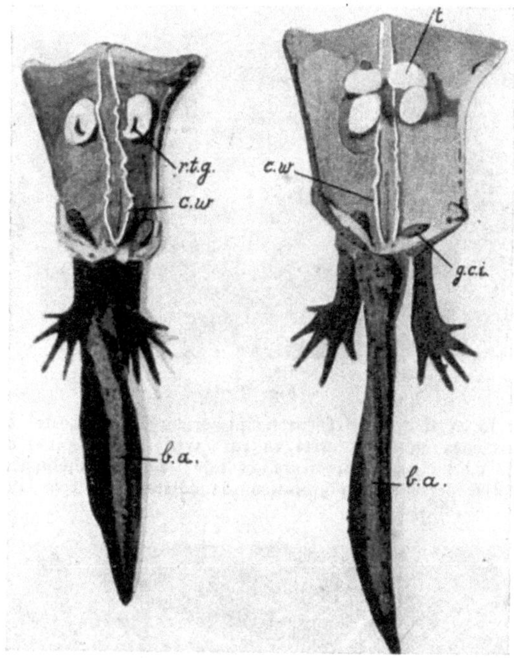

Fig. 3
Tritons crêtés mâles: à gauche, à la fin de l'activité sexuelle (juin), à droite, pendant la spermatogenèse (juillet): organes reproducteurs et caractères sexuels internes: t.: testicule; t.g.: résidu du tissu glandulaire du testicule; c.w.: canal de Wolff; g.c.i.: glande cloacale interne; b.a.: bande argentée caudale. $\times$ $^9/_{10}$ de grandeur naturelle.

villosités, les "brosses copulatrices". Chez les deux espèces de grenouilles que je viens de nommer, l'épiderme de ces brosses tapisse des glandes volumineuses, dont l'évolution saisonnière est typique.

Je n'insisterai pas sur les autres caractères externes des Anoures, qui sont moins favorables à l'étude, comme les "poches vocales" de Rana esculenta, et je rappellerai, sans plus, le développement considérable de la musculature des avant-bras, ainsi que le réflexe de l'embrassement qui entraîne, comme on le sait, sous l'influence de l'excitation de la région pectorale, un geste d'étreinte des membres antérieurs.

Mais, dans l'Ordre des Anoures comme dans celui des Urodèles, les caractères sexuels ne restent pas développés toute l'année. Ils subissent une évolution régulière, cyclique, au cours de laquelle on enregistre une poussée extrême, qui coïncide avec la période nuptiale, et une involution maximum, qui coïncide généralement avec l'activité spermatogénétique.

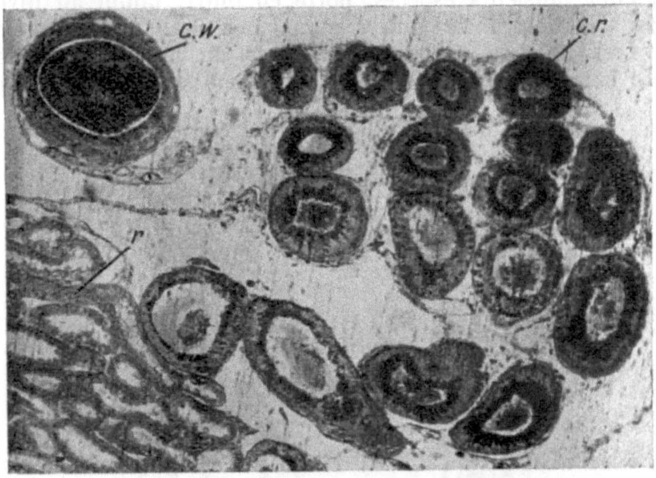

Fig. 4

Coupe passant par le canal de Wolff (partie postérieure, précloacale) et par les canaux excréteurs des reins chez un triton crêté en rut (avril): c.w.: canal de Wolff, rempli de spermatozoïdes; c.r.: canaux excréteurs du rein, dont l'épithélium, comme celui du canal de Wolff, présente une évolution glandulaire; r.: rein. × 40 diam.

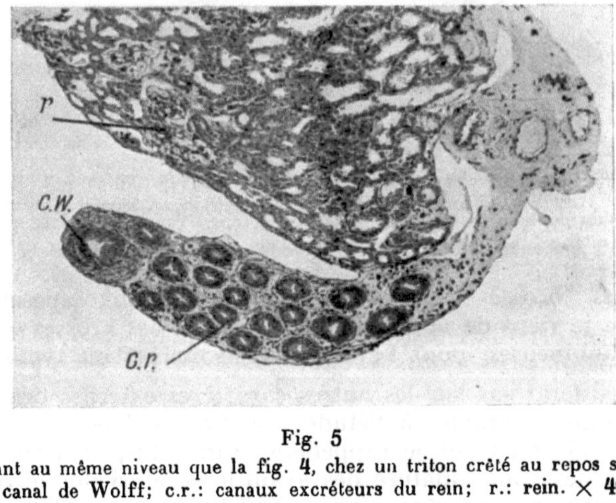

Fig. 5

Coupe passant au même niveau que la fig. 4, chez un triton crêté au repos sexuel (août): c.w.: canal de Wolff; c.r.: canaux excréteurs du rein; r.: rein. × 40 diam.

Chez les Tritons, par exemple, les caractères sexuels commencent à se développer en février-mars, et ils entrent en régression vers juin-juillet. Ils subissent fréquemment, en automne, une nouvelle poussée, moins durable, puis ils restent définitivement involués pendant tout l'hiver (fig. 1 à 5).

Chez les Grenouilles, les caractères sexuels présentent à la fin de l'hiver, ou au printemps, suivant les espèces, leur degré extrême de développement. Celui-ci rétrocède en été. Puis, il reprend en automne, plus ou moins tôt, selon les cas, pour atteindre en hiver un état un peu inférieur au maximum de croissance possible (fig. 6, 7).

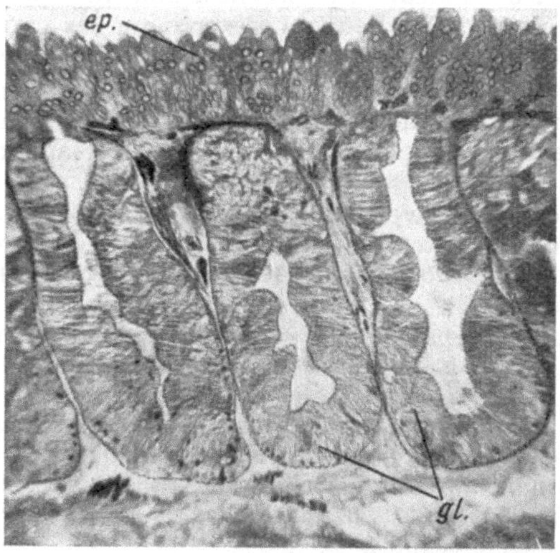

Fig. 6

Coupe transversale d'une partie de la brosse copulatrice du pouce d'une grenouille en rut (Rana esculenta, mai): ep.: épiderme, hérissé de villosités; gl.: glandes. × 100 diam.

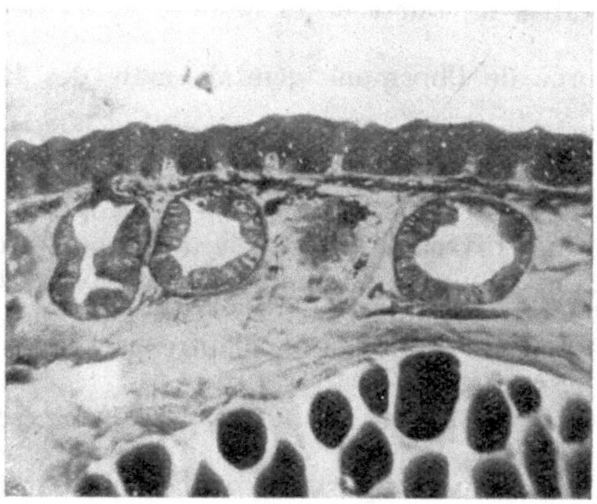

Fig. 7

Coupe transversale d'une partie de la brosse copulatrice du pouce d'une grenouille au repos sexuel (Rana esculenta, août). × 100 diam.

Quand les caractères sexuels offrent leur aspect d'involution le plus accentué, le dimorphisme sexuel n'en subsiste pas moins, quoique plus atténué, et le support morphologique des caractères, comme le rudiment de crête des Tritons, ou les glandes du pouce des Grenouilles, reste toujours conservé.

II. — Action du testicule sur les caractères sexuels secondaires des Batraciens.

La plupart des auteurs s'accordent à admettre que le testicule est le point de départ de l'action qui s'exerce sur les caractères sexuels secondaires et provoque leur développement périodique.

Après *Bresca,* j'ai montré que la castration détermine, chez lés Urodèles, l'involution rapide et complète des caractères sexuels, à l'époque de leur développement, ou empêche leur apparition, si l'opération a lieu avant elle.

De même, après divers auteurs *(Nussbaum, K. Ponse* etc. . . .) j'ai vérifié que la castration entraîne, chez les Anoures, les mêmes effets que chez les Urodèles, bien que ces effets se fassent sentir beaucoup plus lentement.

Récemment, *Champy* a voulu subordonner les phénomènes involutifs, qui succèdent à la castration, à un déséquilibre d'ordre nutritif, à un appel aux réserves générales de l'organisme. Or, comme *Nussbaum* l'avait déjà observé chez Rana temporaria, j'ai vérifié, aussi bien chez les Urodèles que chez les Anoures, que l'on a beau gaver les animaux après la castration et susciter ainsi un sensible accroissement de leur poids, on n'influence en rien la régression inéluctable des caractères sexuels.

Je ne reviendrai pas ici sur la controverse périmée qui a eu cours à propos de l'action nerveuse ou endocrine de la gonade. Il n'est plus guère de biologiste qui n'admette définitivement, à l'heure actuelle, que le rôle du testicule s'exerce par l'intermédiaire d'une hormone déversée dans la circulation générale. Les chapitres qui vont suivre auront trait à la source et au mode d'action de cette hormone.

III. — Source de l'hormone génitale mâle des Batraciens.

Pour la clarté de l'exposé, j'envisagerai successivement ici le cas des Urodèles et celui des Anoures.

A. — Urodèles.

Durant le repos hivernal, le testicule des Urodèles que j'ai eu l'occasion d'étudier (Tritons et Salamandres) se compose d'un nombre variable de lobes renfermant chacun, d'une part, des cystes à spermatozoïdes et à cellules nourricières, d'autre part, à l'une de leurs extrémités, des spermatogonies.

Dès que l'activité génitale débute, et tant qu'elle se poursuit, il se forme dans le testicule un tissu spécial, d'aspect glandulaire, qui résulte de la prolifération et de la transformation des cellules de Sertoli dans les cystes qui se vident de leurs spermatozoïdes. Ce tissu glandulaire doit, aux abondantes enclaves graisseuses incluses en ses éléments, une coloration jaunâtre qui permet de le distinguer nettement dans la région du hile où il prend naissance. L'étude histologique le montre composé de nodules réguliers, arrondis, et remplis de cellules volumineuses qui présentent toutes les différenciations et le cycle d'éléments doués d'une haute activité sécrétoire. L'évolution de chaque nodule

est de courte durée, mais, au fur et à mesure que des cystes à spermatozoïdes se trouvent évacués, ils deviennent le siège de la formation de nouveaux nodules qui s'adjoignent aux précédents, et qui peu à peu

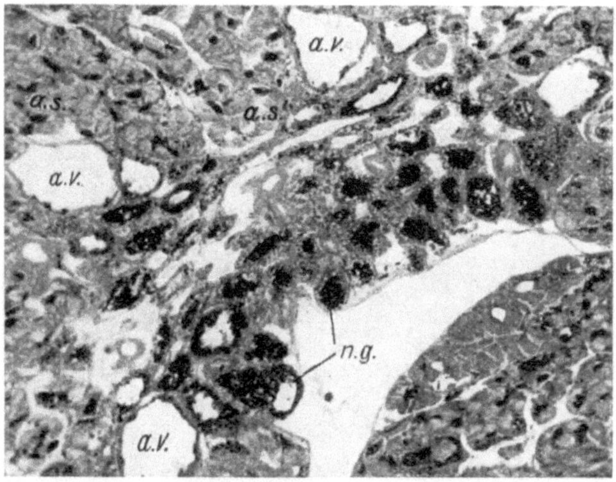

Fig. 8

Tissu glandulaire du testicule chez un triton crêté en rut (avril): a.s.: ampoules à spermatozoïdes pleines; a.v.: ampoules vidées de leurs spermies; n.g.: nodules glandulaires formés dans les ampoules vides, aux dépens des cellules de Sertoli transformées. × 25 diam.

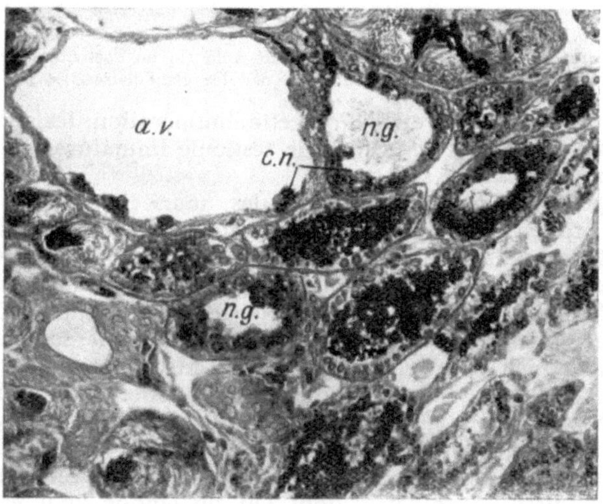

Fig. 9

Partie du tissu glandulaire du testicule d'un triton crêté en rut (avril), plus fort grossissement qu'en fig. 8: a.v.: ampoule récemment vidée de ses spermies; n.g.: nodules glandulaires en formation dans les ampoules évacuées par les spermies; c.n.: cellules nourricières en cours de transformation et de prolifération à la périphérie des ampoules vidées. × 60 diam.

envahissent ainsi, de dedans en dehors, à partir du hile, le lobe à spermies entier (fig. 8, 9).

Au moment où le développement des caractères sexuels est à son apogée, le testicule comprend en somme divers constituants que l'on peut mettre en cause dans la production de l'hormone: les spermatogonies, les spermies, les cellules de Sertoli et le tissu glandulaire.

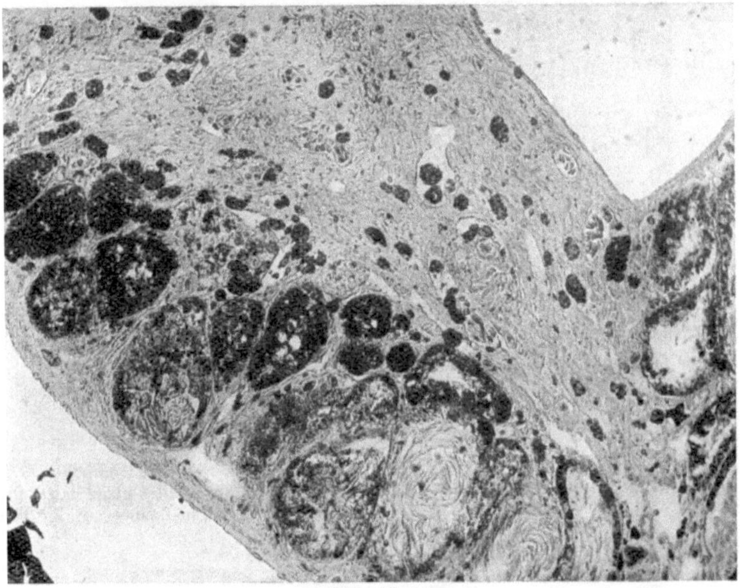

Fig. 10.

Tissu glandulaire du testicule chez un triton crêté à la fin de l'activité sexuelle (caractères sexuels en involution): résidus des nodules glandulaires. × 55 diam.

Il n'y a pas lieu de retenir, de cette énumération, les spermatogonies qui existent nombreuses dans le testicule immature, en l'absence de tout caractère sexuel secondaire.

Les spermatozoïdes et leurs cellules nourricières, chez l'animal mûr, sont présents durant l'hiver, alors que les caractères sexuels se montrent totalement involués. De même, lors de la poussée spermatogénétique estivale, cependant que la gonade renferme tous les éléments de la lignée séminale, y compris des spermatides en cours de spermiogenèse, les caractères sexuels secondaires ne sont pas développés. On a bien tenté de concilier ces faits avec une intervention possible des cellules séminales dans la production de l'hormone, en posant l'hypothèse que les caractères sexuels, non développés, existent néanmoins à l'état latent *(Champy).* Il est à peine besoin de faire remarquer que cette conception est d'ordre purement spéculatif.

Reste le tissu glandulaire, dont j'ai pu établir qu'il est bien la source de l'hormone génitale, et la seule.

Cette opinion repose d'abord sur l'étude des concordances évolutives, qui enseigne que la première formation du tissu glandulaire coïncide exactement avec l'apparition des caractères sexuels, et que sa genèse cesse en concomitance avec leur disparition (fig. 10). Mais c'est à l'expérimentation qu'il appartenait d'en démontrer irréfutablement le bien-fondé.

Or le tissu glandulaire, chez les Urodèles, est, comme je l'ai déjà rappelé, non seulement localisé en une zone limitée du testicule, surtout peu après le début de sa formation, mais encore rendu aisément perceptible grâce à sa coloration jaune. Aussi arrive-t-on assez facilement à le détruire au moyen d'un fin galvanocautère. Quand une telle opération est réussie, c'est-à-dire aboutit à la suppression complète du tissu glandulaire, en ménageant les autres constituants du testicule, les caractères sexuels involuent comme après la castration.

On est tenté d'objecter que la régression des caractères sexuels résulte alors, non pas de la destruction du tissu glandulaire, mais du traumatisme infligé à l'animal, ou bien encore que la cautérisation lèse des vaisseaux et des nerfs et compromet ainsi la nutrition du testicule dans son ensemble. Tel n'est pas le cas, car, si le cautère a respecté si peu que ce soit de tissu glandulaire, comme le contrôle histologique ultérieur permet de s'en rendre compte, ou bien si la nécrose a atteint exclusivement d'autres territoires, les caractères sexuels restent développés à un degré qui varie suivant l'abondance du tissu glandulaire ménagé. De plus il n'est pas rare, après la destruction totale du tissu glandulaire, de voir au bout d'un certain temps les caractères sexuels involués reprendre leur développement. L'examen microscopique révèle alors la néoformation de nodules glandulaires au voisinage de la plage cautérisée.

Il apparaît donc bien comme démontré expérimentalement que l'évolution des caractères sexuels secondaires chez les Tritons est liée à la formation périodique, dans le testicule, d'un tissu glandulaire endocrinien, et que ni les éléments de la lignée séminale, ni leurs cellules nourricières en fonctionnement normal, n'interviennent dans ce déterminisme [1]).

B. — Anoures.

J'ai étudié particulièrement deux types de Grenouilles, Rana temporaria et Rana esculenta. Chez l'un et l'autre, il existe une glande interstitielle testiculaire, comme chez les Vertébrés supé-

1) Des observations récentes, et encore inédites, m'ont apporté des arguments supplémentaires et décisifs en faveur de cette notion. J'ai, d'une part, suivi au laboratoire de jeunes tritons immatures, plusieurs mois ou plusieurs années, jusqu'à l'époque de la maturité sexuelle. Celle-ci entre en jeu à n'importe quelle saison, et d'une manière fort inconstante par rapport à l'âge et à taille de l'animal. Or, dans tous les cas, l'apparition des caractères sexuels dépend étroitement et uniquement du déclanchement de l'élimination spermatique et de la formation de tissu glandulaire qui en résulte. J'ai autopsié dernièrement un triton encore dépourvu de caractères sexuels, quoique pesant plus de 7 gr. (poids au-dessus de la moyenne des tritons mûrs), et dont la gonade (il avait été castré d'un côté un an auparavant) était énorme et renfermait de nombreuses ampoules à spermies mûres, mais ne montrait pas de tissu glandulaire.

D'autre part j'ai eu l'occasion, en vue d'autres expériences, de greffer des testicules immatures à des tritons mûrs castrés. La gonade jeune a évolué et elle est, à la longue, devenue très grosse. Certaines autopsies, pratiquées à diverses époques, m'ont révélé la présence d'un transplant testiculaire volumineux, chez des animaux bien nourris, bien portants, mais dont les caractères sexuels, involués après la castration, n'étaient pas réapparus. Or le transplant renfermait tous les éléments de la lignée séminale, y compris des ampoules à spermies mûres, mais n'offrait pas trace de tissu glandulaire (Fig. 11).

rieurs. Or cette glande présente un cycle évolutif qui, chez les deux espèces, coïncide rigoureusement avec celui des caractères sexuels (fig. 12, 13).

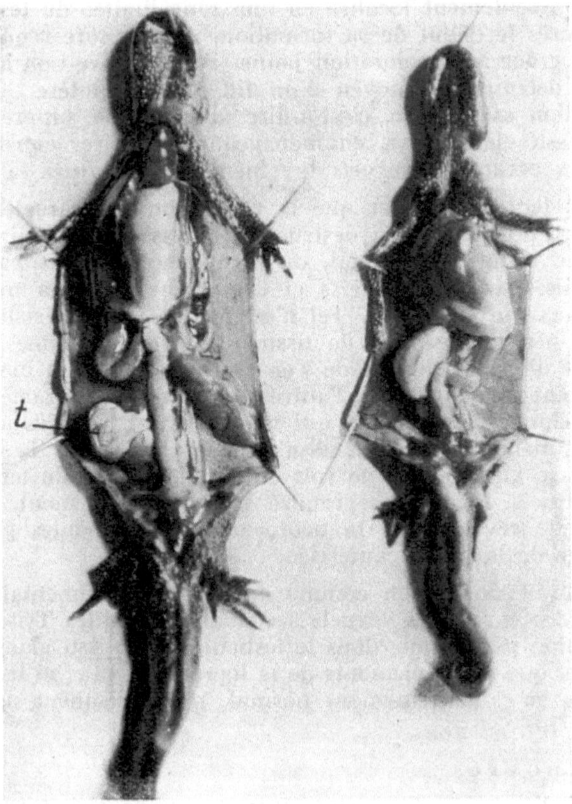

Fig. 11

A gauche, triton crêté adulte de 8gr, 100, chez lequel, après castration, on a transplanté, un an avant l'autopsie, un testicule de triton immature. Les caractères sexuels sont restés involués, bien que le transplant, t., renferme tous les éléments de la lignée séminale. A droite, le donneur du transplant: ses caractères sexuels secondaires ne se sont pas non plus développés, bien que le testicule restant soit devenu très gros et renferme déjà des spermies mûres. Pas d'élimination spermatique ni de formation de tissu glandulaire chez l'un ni chez l'autre. × 1,25.

Chez R a n a e s c u l e n t a, j'ai précisé cette donnée à l'aide d'une méthode de mesures objective. J'ai évalué le fonctionnement de la glande interstitielle par les dimensions des cellules, elles-mêmes exprimées par la valeur moyenne des diamètres nucléaires. D'autre part, j'ai choisi pour test d'évolution des caractères sexuels les glandes des brosses copulatrices du pouce, plus spécialement la hauteur de leur épithélium. La représentation graphique de la relation qui lie, au cours du cycle annuel, le degré de développement des glandes du pouce à l'état évolutif de la glande interstitielle, obtenue en portant en abscisses les diamètres nucléaires moyens des cellules interstitielles, en ordonnées

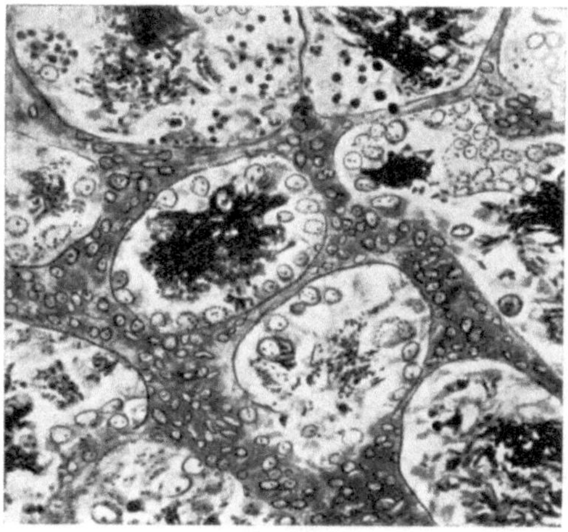

Fig. 12

Coupe du testicule de R a n a e s c u l e n t a en mai (caractères sexuels bien développés): cellules interstitielles volumineuses et riches en protoplasme et en enclaves; présence, dans les tubes, de tous les éléments de la lignée séminale. × 120 diam.

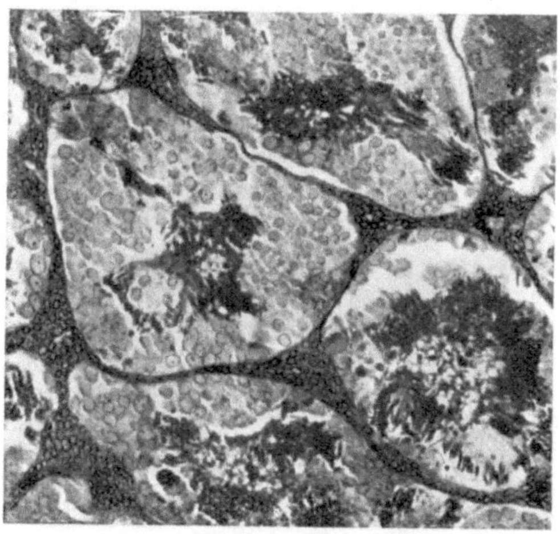

Fig. 13

Coupe du testicule de R a n a e s c u l e n t a en août (caractères sexuels involués): cellules interstitielles minuscules, pauvres en protoplasme et en enclaves; présence, dans les tubes, de tous les éléments de la lignée séminale. × 120 diam.

les hauteurs correspondantes, pour chaque cas, de l'épithélium glandulaire des brosses copulatrices, aboutit au tracé d'une droite à pente positive. En d'autres termes il existe une proportionnalité arithmétique entre le degré de développement de la glande interstitielle, chez R a n a e s c u l e n t a, et celui des caractères sexuels secondaires (fig. 14).

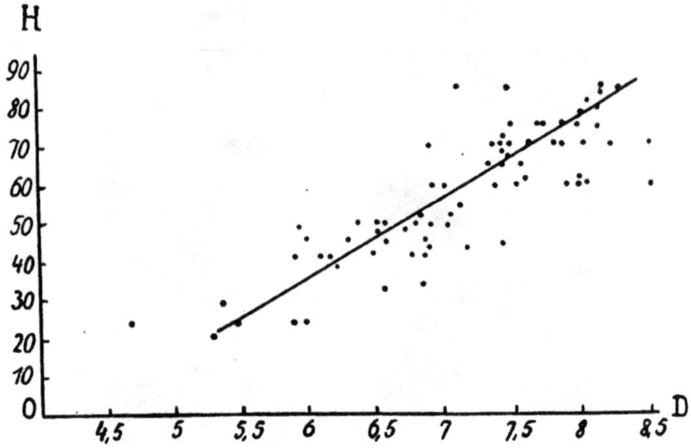

Fig. 14

Graphique exprimant la relation entre les dimensions des noyaux des cellules interstitielles (en μ), portées en abscisses, et celles des cellules des glandes du pouce (en μ), portées en ordonnées, pour 75 cas étudiés aux diverses saisons, chez Rana esculenta.

Par l'expérimentation (inanition, castration partielle, action des rayons X, etc. . . .) j'ai modifié, chez la même espèce, le cycle normal d'évolution testiculaire. Dans tous les cas sans exception, j'ai pu vérifier que la proportionnalité se maintenait rigoureusement constante entre l'état fonctionnel de la glande interstitielle et le degré de croissance des glandes du pouce (fig. 15, 16).

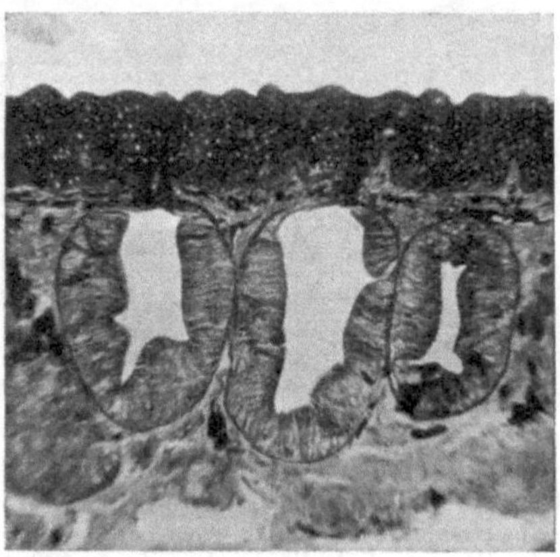

Fig. 15

Coupe transversale d'une partie de la brosse copulatrice du pouce d'une grenouille (Rana esculenta) après castration subtotale (résidu de 10 mg): épithélium glandulaire bien développé. Voir le testicule, figure suivante. × 100 diam.

Ni chez Rana esculenta, ni chez Rana temporaria, il n'existe, par ailleurs, la moindre concordance entre le cycle des ca-

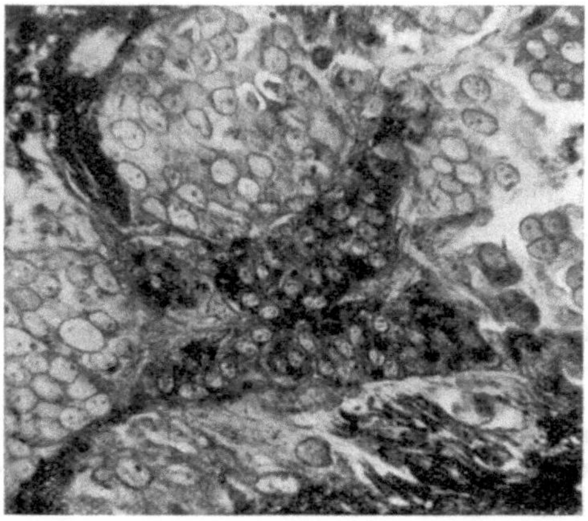

Fig. 16

Coupe du résidu testiculaire d'une grenouille (Rana esculenta) après castration subtotale: hypertrophie compensatrice des cellules interstitielles (diamètres nucléaires = plus de 10 μ contre 8 μ, valeur maximum moyenne). Voir la brosse copulatrice, fig. 15. ×300 diam.

ractères sexuels et l'évolution de l'un quelconque des éléments de la lignée séminale ou de leurs cellules nourricières.

En l'absence d'une expérience capable, comme chez les Tritons, de trancher le débat, il est cependant permis, sur la base de ces données, d'accepter l'hypothèse que la glande interstitielle des Grenouilles sécrète l'hormone génitale et conditionne ainsi le développement des caractères sexuels secondaires.

IV. — Mode d'action de l'hormone génitale des Batraciens.

Le mode d'action, particulièrement le mode d'action quantitative, de l'hormone génitale, a donné lieu, durant ces dernières années, à d'importantes recherches, auxquelles mes observations chez les Batraciens sont susceptibles, me semble-t-il, d'apporter une contribution.

D'une manière générale, les auteurs se séparent en deux groupes à propos du mode d'action de l'hormone sexuelle mâle. Les uns, avec *Bouin* et *Ancel* pour le cas des Mammifères, *Benoit* pour celui des Oiseaux, considèrent que l'hormone génitale agit quantitativement sur les caractères sexuels secondaires, c'est-à-dire que le degré de développement de ces derriers dépend de la quantité d'hormone sécrétée. Les autres, avec *Lipschutz* en ce qui regarde les Mammifères, *Pézard,* les Oiseaux, *Champy,* les Batraciens, estiment au contraire que l'hormone déclanche simplement la croissance des caractères sexuels, qui, par la suite, atteint inéluctablement son apogée: notion que *Pézard* exprime par la loi du "Tout ou Rien".

Mes observations dans la Classe des Batraciens vont nettement à l'encontre de la loi du "Tout ou Rien".

Les phénomènes sur lesquels se fonde mon opinion à cet égard se montrent particulièrement suggestifs chez les Tritons. Il est en effet fréquent de noter, au cours de l'étude de ces animaux dans la nature ou dans les conditions expérimentales, un degré de développement des caractères sexuels, de la crête, par exemple, qui, durablement, se maintient intermédiaire entre l'état d'involution complet et de poussée maximum. Tel est le cas pendant la période nuptiale, pour une certaine proportion de sujets élevés en captivité, ou soumis à une opération telle que la destruction incomplète du tissu glandulaire. Tel est également le cas chez les Tritons que l'on rencontre en automne dans les mares, et qui présentent alors une poussée évolutive discrète des caractères sexuels, avant le repos hivernal.

Or le tissu glandulaire, dont j'ai montré ci-dessus le rôle dans la production de l'hormone génitale, affecte lui-même un développement en rapport avec celui des caractères sexuels, c'est-à-dire inférieur au maximum qui s'observe lors du rut. Comme ce tissu se compose de nodules indépendants, qui sont autant d'unités élémentaires identiques les unes aux autres, il est permis d'évaluer l'intensité de production de l'hormone par l'abondance des nodules simultanément formés dans le testicule. Précisément on constate toujours que, plus est grand leur nombre, plus s'accuse le développement des caractères.

Champy a invoqué, pour interpréter ces faits de croissance moyenne des caractères sexuels, qu'il a reconnus, la notion de l'influence des conditions nutritives. Pour cet auteur, le développement des caractères une fois déclanché, le degré de ce développement dépendrait, non pas de la quantité d'hormone, mais de l'état nutritif de l'animal, de l'abondance de ses réserves.

Cette hypothèse ne s'accorde pas avec les faits d'observation. C'est ainsi que les Tritons d'automne qui ont, comme je l'ai rappelé précédemment, une crête incomplètement développée, demeurent en cet état quel que soit leur poids ou leur apparente richesse en réserves. Je m'en suis assuré en soumettant des lots de sujets à une alimentation particulièrement abondante, de manière que leur poids augmentât et allât même, pour certains individus, presque jusqu'à doubler. La crête, prise pour test, n'en a pas moins conservé un degré de croissance moyen ou inférieur à la moyenne, tout comme chez des témoins mal nourris et beaucoup plus petits ou plus maigres.

Lorsqu'à l'époque de la reproduction on trouve des Tritons, gros ou non, avec des caractères sexuels moins développés que ne le comporte la saison, il est constant que l'autopsie et l'examen microscopique permettent de vérifier que le tissu glandulaire se forme lui-même plus lentement, et qu'il est peu abondant.

Ce qu'enseigne l'étude des Tritons, celle des Grenouilles le prouve également. Sans entrer dans des détails, je me contenterai de rappeler ici un fait typique: c'est que, durant une période de plusieurs semaines avant le rut, aussi bien chez Rana temporaria que chez Rana esculenta, les glandes du pouce gardent des dimensions sensiblement inférieures à celles qu'elles possèdent au moment de l'accouplement, et qui en représentent environ les 5/6 (fig. 17). La glande interstitielle, au même stade, est, elle-aussi, un peu moins développée que lors du rut. Par l'expérimentation, spécialement par la castration sub-totale, on arrive à susciter des états plus marqués encore de développement durablement incomplet des caractères.

Il n'est pas plus opportun pour les Grenouilles que pour les Tritons de faire intervenir des considérations de poids ou de nutrition dans

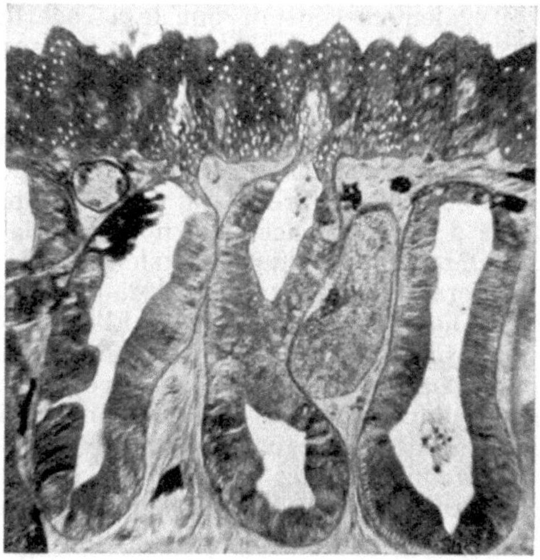

Fig. 17

Coupe transversale d'une partie de la brosse copulatrice d'une grenouille (Rana esculenta) prise en janvier: épithélium glandulaire un peu moins développé qu'à l'époque du rut. × 100 diam.

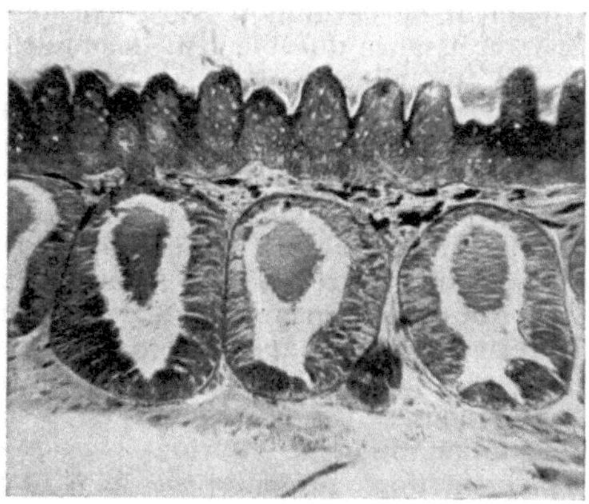

Fig. 18

Coupe transversale d'une partie de la brosse copulatrice du pouce d'une jeune grenouille mûre (Rana esculenta) de 13 gr.: épithélium glandulaire déjà presque aussi développé que chez une grenouille mûre de poids normal (35 à 45 gr.). × 100 diam.

l'interprétation de ces phénomènes. La pesée méthodique d'un grand nombre de specimens de Rana esculenta[1]) m'a convaincu qu'il n'existe pas de relation entre le volume des glandes du pouce et le poids de l'animal; bien au contraire un jeune animal mûr d'une quinzaine de grammes seulement peut avoir, lors de la période nuptiale, des glandes aussi développées qu'un sujet de 45 grammes ou davan-

[1]) On trouvera des protocoles et des chiffres détaillés à ce sujet dans mon mémoire des Arch. de Biol., 1926.

tage (fig. 18). J'ai également constaté que le gavage des animaux, et leur entretien dans les meilleures conditions nutritives, pendant les périodes, soit d'involution, soit de moyen développement des caractères sexuels, ne modifie en rien le cycle normal.

S'il apparaît ainsi démontré que l'hormone testiculaire agit sur le croissance des caractères sexuels des Batraciens proportionnellement à sa quantité, du moins les différents caractères ne montrent-ils pas une égale sensibilité à son influence. La notion de la sensibilité différentielle des caractères à l'hormone génitale, découle d'observations à peu près contemporaines réalisées, en 1922, par moi chez les Tritons [1]), et, chez les Oiseaux, par *Pézard* [2]). Elle se fonde, en ce qui concerne les Tritons, sur les particularités suivantes. Lors de la mise en jeu de l'activité génitale périodique, les divers caractères sexuels ne subissent pas simultanément leur évolution progressive. Au niveau de certains caractères internes (canal déférent, canaux excréteurs des reins, glandes) les premiers signes cytologiques d'activité, qui manifestent l'influence hormonique, se déclanchent alors que la bande argentée, par exemple, chez le Triton crêté, ou bien la crête dorsocaudale, ne marquent encore aucune réaction. Celle-ci n'intervient qu'ultérieurement, et, tandis que, pour les caractères précédemment indiqués, elle atteint déjà son apogée, pour les derniers elle peut se montrer encore incomplète. L'instinct sexuel ne se révèle qu'en dernier lieu. On retrouve la même dissociation en échelons, mais en sens inverse, au moment de l'évolution régressive des caractères.

Dans les cas de croissance durablement incomplète des caractères sexuels, auxquels j'ai fait allusion ci-dessus, la même différence de seuil se manifeste. C'est ainsi qu'il est fréquent de noter une faible poussée de la crête, coïncidant avec un gonflement moyen du cloaque et un développement extrême des autres caractères internes. Quant à l'instinct sexuel, on ne le voit jamais en jeu chez de tels sujets.

Les Anoures offrent un tableau comparable. Dans cet Ordre, certains caractères, comme le réflexe de l'embrassement, l'éveil de l'appétit sexuel, ne s'observent qu'au cours de la période de reproduction. Mais le reste de l'année, pendant de longs mois, sous l'influence de l'hormone, les glandes des brosses copulatrices demeurent plus on moins volumineuses. Un phénomène de même signification réside en la pigmentation du pouce, surtout chez Rana temporaria: cette pigmentation présente sa plus grande intensité durant le rut; elle s'atténue jusqu'à disparaître à d'autres époques, alors que les glandes conservent de notables dimensions.

Au total, qu'il s'agisse des Urodèles ou des Anoures, on arrive à constater les mêmes propriétés de l'hormone génitale, qu'attestent les mêmes modalités de réaction, à son influence, des caractères sexuels. Action quantitative de l'hormone, sensibilité différentielle des caractères, telles sont les lois essentielles qui se dégagent de cette étude.

Conclusions générales.

Au cours de la rapide revue qui précède, j'ai uniquement retenu, des recherches que j'ai poursuivies depuis plusieurs années, les faits

[1]) C. R. de la Soc. de Biol., t. LXXXVII, p. 248, 9 Juin 1922.
[2]) C. R. de l'Acad. des Sc., t. 174, p. 1573, 12 Juin 1922.

fondamentaux. Je les ai exposés aussi objectivement que possible, en excluant les hypothèses inutiles ou les généralisations abusives.

Il se dégage, d'un tel coup d'oeil d'ensemble, l'impression que, sous des différences morphologiques parfois considérables, se dissimule une remarquable homologie des manifestations physiologiques de l'activité endocrine testiculaire dans la Classe entière des Batraciens.

Chez les Urodèles, comme vraisemblablement chez les Anoures, l'hormone génitale prend sa source, non dans les éléments de la lignée séminale ou dans leurs cellules nourricières, mais dans un tissu glandulaire endocrinien. Tantôt, comme chez les Tritons, ce tissu se forme périodiquement aux dépens des cellules de Sertoli et se localise en un point de la gonade; tantôt, comme chez la Grenouilles, il est représenté par une glande interstitielle comparable à celle des Vertébrés supérieurs.

Quand on évoque les travaux récents qui tendent à démontrer l'origine commune des cellules de Sertoli et des cellules interstitielles chez les Oiseaux (*Benoit*), on en arrive à se demander si le cas des Urodèles ne répond pas à une étape phylogénique dépassée chez les Anoures comme chez les Vertébrés supérieurs, et si l'existence d'une glande interstitielle permanente n'a pas la valeur d'un simple perfectionnement par rapport au tissu glandulaire périodique d'origine sertolienne.

Quoi qu'il en soit, l'hormone sécrétée, ou par celui-ci, ou bien par celle-là, affecte un mode d'action identique. Partout le degré de réaction des caractères sexuels apparaît proportionnel à la quantité d'hormone déversée dans le milieu intérieur, et partout les divers caractères montrent une sensibilité inégale à son influence, l'instinct sexuel se classant, avec le seuil le plus élevé, au sommet de cette hiérarchie.

L'étude du conditionnement des caractères sexuels secondaires chez les Batraciens contribue ainsi à rendre saisissante la notion de l'unité des grands processus biologiques à travers des groupes zoologiques éloignés les uns des autres.

Hermaphrodisme et intersexualité expérimentale chez la poule domestique. Etude histologique de l'inversion sexuelle des glandes génitales.

Par *Jacques Benoit*

Préparateur d'Histologie à la Faculté de Médecine de Strasbourg.

Avec 13 figures.

A quelle époque de l'ontogénèse le sexe d'un organisme animal est-il fixé? Les partisans de la syngamie admettent que le sexe est déterminé au moment de la fécondation, par la combinaison des potentialités sexuelles des deux gamètes. Les partisans de la théorie épigamique au contraire considèrent que l'organisme passe tout d'abord au début de son développement, par une période d'indifférenciation sexuelle réelle, au cours de laquelle le sexe peut, sous l'influence de certains conditions extérieures aux gonades, être orienté dans le sens mâle ou dans le sens femelle. C'est seulement après cette période que le sexe se fixerait définitivement. La théorie qui paraît aujourd'hui jouir de la plus grande faveur auprès des biologistes est éclectique, et elle admet un compromis entre la syngamie et l'épigamie. Le sexe serait déterminé par la fécondation, mais il ne serait pas alors fixé inéluctablement. Une certaine labilité le rendrait susceptible, dans certaines conditions, et plus ou moins facilement selon les espèces, de s'inverser dans l'autre sexe. C'est ce qu'ont permis d'établir, au cours de ces dernières années, de nombreuses observations et expériences dans différentes classes animales (Insectes, Batraciens, Mammifères, Oiseaux). Les résultats obtenus dans cette dernière classe notamment sont particulièrement nets. L'étude des Oiseaux hermaphrodites et des expériences de changement de sexe par ablation de l'ovaire gauche ont mis en lumière le fait qu'une Poule q u e l c o n q u e était susceptible, sous certaines conditions, de franchir toutes les étapes de l'intersexualité et de devenir identique à un Coq, possédant un ou deux testicules porteurs de spermatozoïdes, et tous les caractères sexuels somatiques et psychiques du Coq. La Poule est donc s e x u e l l e m e n t b i p o t e n t e puisqu'elle peut développer tous les caractères de l'un ou de l'autre sexe. C'est à la démonstration de cette conception que sont consacrées les lignes qui suivent. Je m'occuperai exclusivement dans ce travail de la question de l'inversion sexuelle des organes génitaux de la Poule, réservant pour un autre mémoire la question de l'inversion des caractères sexuels.

Dans une première partie j'exposerai les faits concernant les cas d'hermaphrodisme connus dans la littérature et les résultats du changement expérimental du sexe. Une deuxième partie sera consacrée à l'interprétation des faits.

Fig. 1
Inversion sexuelle expérimentale.
Cette Poule (B 5) a été ovariectomisée à l'âge de 26 jours. La glande génitale rudimentaire droite s'est alors développée en un testicule, qui a conditionné la croissance des organes érectiles. L'absence d'ovaire a permis au plumage mâle d'apparaître et eux ergots de pousser. (cette photographie a été prise à l'âge de 2 ans 4 mois.)

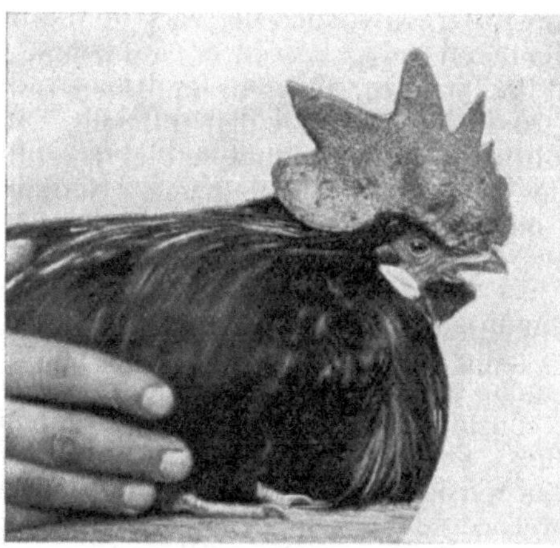

Fig. 2
Inversion sexuelle expérimentale.
Sujet Leghorn doré (R 25) ovariectomisé à 1 mois 12 jours, et photographié à 1 an. Remarquer le développement considérable de la crête et le plumage mâle. Ce sujet chante comme un Coq.

Rappel préliminaire du développement embryologique et de la structure histologique des glandes génitales de la Poule.

Mais pour bien comprendre la nature et le signification des processus histologiques d'inversion sexuelle dans les glandes génitales de la

Poule, il est indispensable d'avoir une connaissance précise du développement des ces organes. Rappelons brièvement les résultats des travaux embryologiques qui ont été consacrés à l'étude de cette question (je m'appuierai essentiellement sur les travaux de *J. Firket,* 1914, 1920).

1) Développement de l'ovaire gauche.

L'épithélium germinatif prolifère une première fois (cordons médullaires) 6 jours $^1/_2$ après le début de l'incubation, et une deuxième fois (cordons pflügériens où apparaissent les ovocytes) au stade de 11 jours. Les cordons médullaires se forment de la même façon que les cordons épithéliaux correspondants du mâle. Ils commencent cependant à s'en distinguer vers la fin du 7e jour (fin de la période d'indifférence sexuelle) par leur aspect plus sombre, leurs limites moins précises. Au cours d'une période d'évolution progressive *(Firket),* qui s'étend du 6e jour $^1/_2$ au 13e ou 15e jour de l'incubation, les cordons médullaires se creusent (9e jour) de fentes qui deviennent très larges et donnent aux cordons ainsi transformés l'aspect de véritables lacunes. Mais ce processus n'affecte que la portion dite "basilaire" des cordons médullaires. Leur portion périphérique au contraire reste pleine. Elle se transformera partiellement, vers le 12e jour, en cellules interstitielles, et sera englobée plus tard, de même que ces dernières, dans les thèques des follicules. A cette période d'évolution progressive succède, vers le 13e ou 15e jour, une période d'évolution régressive, au cours de laquelle les cellules tapissant les lacunes subissent la dégénérescence graisseuse, tombent dans la cavité lacunaire et disparaissent. Mais ce processus dégénératif ne doit pas affecter, comme le dit *Firket,* toutes les cellules du revêtement des lacunes, car il en persiste toujours chez l'adulte, et nous verrons que ces éléments seront le point de départ, lors de l'inversion sexuelle, de la formation d'une partie des cordons sexuels mâles.

Envisageons maintenant la question des cellules germinatives de l'ovaire gauche. Vers le stade de 4 jours $^3/_4$ (*Firket*) pénètrent dans l'ébauche génitale, par la racine du mésentère, des cellules volumineuses, considérées par la plupart des auteurs comme étant de nature sexuelle. Ce sont les gonocytes primaires, que *Swift* (1914) a pu retrouver dans l'entoderme extraembryonnaire à des stades très précoces du développement et qui dérivent probablement des blastomères. Parvenus dans l'ébauche ovarienne, les gonocytes primaires pénètrent dans l'épithélium germinatif, puis dans les cordons médullaires et dans les cordons de Pflüger au moment de leur formation. Ces gonocytes sont-ils les cellules-mères de la lignée ovocytaire de l'adulte? *Swift* l'admet. Tout récemment, *Richards, Hulpien,* et *J. B. Goldschmith* (1926) affirment la même thèse. Quant à *Firket,* s'il croit possible qu'un petit nombre de gonocytes primaires deviennent des ovocytes mûrs, il pense que les ovocytes se différencient surtout aux dépens d'éléments somatiques dérivés de l'épithélium germinatif, qui deviennent alors des gonocytes secondaires. Je relève ici au passage une particularité signalée par *Firket,* et que nous utiliserons plus tard dans l'interprétation des faits: la portion périphérique, pleine, des cordons médullaires, ne contient jamais de gonocytes primaires, et ne différencie pas de gonocytes secondaires. La portion "basilaire", lacunaire, au contraire reçoit des gonocytes primaires, et des gonocytes secondaires s'y différencieraient après le 15 e jour de l'incubation, sans d'ailleurs dépasser le stade pachytène.

L'ovaire adulte est constitué essentiellement par un cortex et par une zone médullaire vasculaire. Cette dernière contient, outre de nombreux vaisseaux sanguins et lymphatiques, des lacunes tapissées par un épithélium plat, et qui sont les vestiges des portions basilaires des cordons médullaires. La zone corticale, dense, renferme les follicules, formés par l'ovocyte, la granulosa, et les deux thèques. La thèque interne contient des cellules interstitielles et des cordons ou amas irréguliers de cellules épithéliales qui représentent les vestiges des portions périphériques pleines des cordons médullaires. Disons encore que de nouvelles cellules interstitielles se forment en abondance au cours des premiers mois aux dépens de bourgeonnements que l'épithélium ovarique émet dans la profondeur (*Benoit*, 1926, b).

2) Développement de l'ovaire rudimentaire droit.

L'ovaire droit de la Poule (et des Oiseaux en général, sauf de rares exceptions) est un organe atrophique, totalement dépourvu d'ovocytes. En effet, dans la très grande majorité des cas, la 2e prolifération de l'épithélium germinatif,

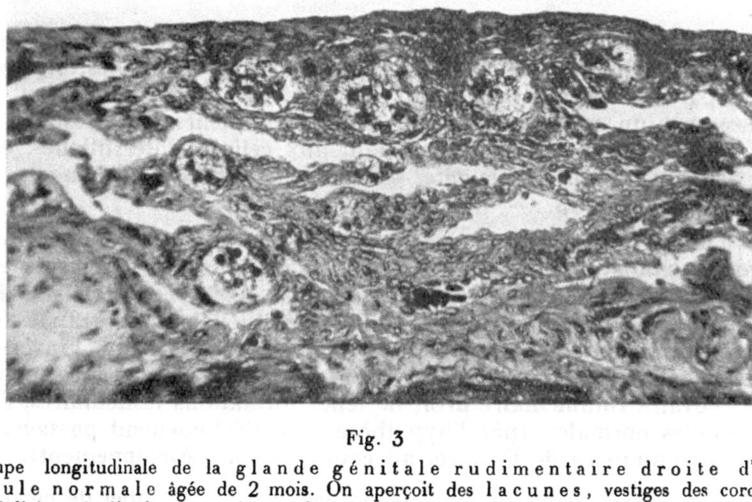

Fig. 3

Coupe longitudinale de la glande génitale rudimentaire droite d'une Poule normale âgée de 2 mois. On aperçoit des lacunes, vestiges des cordons médullaires de l'embryon, tapissées d'un épithélium très bas; et des amas de cellules interstitielles „claires", très riches en lipoïdes (ici dissous). (*Bouin*, G = 300 diam.)

qui donne à gauche les cordons de Pflüger, ne se produit pas à droite. Aussi la structure et l'évolution de l'ovaire rudimentaire droit sont-elles à peu de chose près celles de la zone médullaire de l'ovaire gauche (*Firket*). Mais les phénomènes de régression qui apparaissent dans la gonade droite vers le 13e ou 15e jour de l'incubation n'aboutissent pas, comme le dit cet auteur, à la disparition complète de tous les éléments constitutifs de l'ovaire droit. On re-

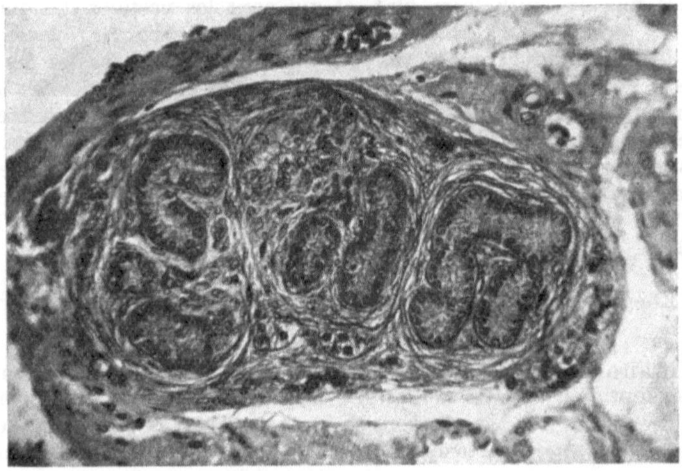

Fig. 4

Formation testiculaire trouvée dans la gonade rudimentaire droite d'une Poule normale âgée de 2 mois. On aperçoit des tubes sexuels mâles et des cellules interstitielles. (*Bouin*, G = 250 diam.)

trouve toujours en effet cet organe chez l'adulte, sous la forme d'une région lacuneuse, semée de massifs de cellules interstitielles, et recouverte par l'épithélium péritonéal. (cf. Fig. 3) Les lacunes sont tapissées par un épithélium très plat; elles représentent les vestiges des cordons de première poussée. Quant aux cellules interstitielles, elles proviennent, comme à gauche, de la transformation d'éléments des cordons médullaires.

J'ai parfois noté la présence, dans le stroma interlacunaire, de cordons cellulaires, isolés ou groupés en petits nodules, semblables à ceux d'un testicule embryonnaire. (cf. Fig. 4) Toutefois ils étaient formés exclusivement de petites cellules épithéliales; les grandes cellules manquaient. L'étude de l'inversion spontanée et de l'inversion expérimentale du sexe nous permettra d'expliquer la présence fortuite dans l'ovaire rudimentaire droit de telles formations testiculaires, chez des Poules normales, (par l'hypothèse d'un fléchissement passager de l'action inhibitrice de l'ovaire, au cours de son développement).

Nous sommes maintenant en mesure, grâce au rappel de ces connaissances embryologiques, d'entreprendre l'étude des hermaphrodites naturels et des intersexués expérimentaux.

Ie PARTIE.
EXPOSÉ DES FAITS.
A) Examen synoptique des cas d'Oiseaux. hermaphrodites naturels publiés jusqu'à ce jour.

J'ai entrepris de faire le relevé aussi complet que possible des cas d'Oiseaux hermaphrodites dont les glandes génitales ont été étudiées histologiquement. Les 40 cas (dont 36 Gallinacés) que j'ai pu ainsi trouver dans la littérature peuvent être groupés, au point de vue de la nature sexuelle de leurs glandes génitales, de la manière suivante:

Nombre des cas étudiés:	Organes génitaux trouvés		Auteurs ayant publié ces cas:
	A gauche:	A droite:	
17	Ovotestis	rien	Tichomiroff (1888). Brandt (1889). Bond (1913). Pearl et Boring (1918). Gatenby (1924). Berner (1925). Pézard et Caridroit (1926).
15	Ovotestis	Testicule	Brandt (1889), Shattock et Seligmann (1906). Pearl et Boring (1918). Hartman et Hamilton (1922). Crew et Fell (1923), Pézard et Caridroit (1923). Macklin (1923).
4	Ovaire	Testicule	Max Weber (1890). Poll (1909). Pearl et Curtiss (1909). Pearl et Boring (1918).
2	Testicule	Testicule	Parhon (1922), Riddle (1924).
1	Ovotestis	Ovotestis	Benoit (1926).
1	Ovotestis	Ovaire	Brandt (1889).

Il est intéressant de noter que tous ces hermaphrodites ont été reconnus être des femelles dont l'ovaire ou bien s'est arrêté dans son développement, ou bien a régressé à partir d'un certain moment, et jamais des mâles ayant développé des cellules sexuelles femelles. Ces sujets sont donc des femelles qui se sont transformées plus ou moins complètement en mâles, et l'état de régression ou d'arrêt de développement de l'ovaire gauche coincidant avec la présence des éléments testiculaires permet de supposer a priori que la poussée de ces derniers pourrait être due à une certaine déficience du parenchyme ovarien, à l'arrêt d'un pouvoir d'inhibition qui s'opposerait, normalement, au développement de formations sexuelles mâles.

Ces formations mâles apparues chez les 40 hermaphrodites précités se présentent essentiellement sous deux formes, stérile et spermatogène: 1° Dans tous les cas étudiés on signale la présence, soit au sein du parenchyme ovarien, soit dans une glande autonome, de cordons ou de tubes formés de petites cellules épithéliales régulièrement cylindriques, ou de tubes plus volumineux formés d'éléments à cytoplasme filamenteux. Les premiers sont très semblables aux cordons sexuels d'un testicule à un stade embryonnaire; ils sont cependant dépourvus de grandes cellules germinatives. Les tubes plus volumineux sont tapissés par un épithélium d'aspect sertolien; on considère généralement que ceux-ci résultent de l'évolution des premiers tubes. 2° En plus de ces cordons ou de ces tubes on a signalé dans un certain nombre de cas (11 fois sur 40) des tubes spermatogénétiques, qui contenaient tous les éléments de la lignée séminale, y compris des spermatozoïdes. Je ferai remarquer en passant — nous utiliserons ce renseignement dans la discussion — que *Crew* et *Fell* signalent dans les ovotestes spermatogènes la situation généralement profonde des tubes à lignée séminale; les formations mâles aspermatogènes sont au contraire le plus souvent superficielles.

En dehors de ces formations tubulaires, on a signalé, dans le tissu conjonctif, des cellules interstitielles. Mais un grand nombre d'auteurs les ont passées sous silence, ou ont parlé de leur absence, faute d'avoir appliqué à leur matériel une technique histologique appropriée. Je suis enclin à penser, d'après les observations que j'ai faites sur les Poules ovariectomisées, que les cellules interstitielles constituent un élément constant des glandes génitales intersexuées.

Se fondant sur les images histologiques observées, les auteurs se sont fait les opinions suivantes sur l'origine des formations sexuelles mâles chez les Oiseaux hermaphrodites. Pour *Crew, Fell, O. Riddle, Gatenby,* les cordons et tubes sexuels, voir les tubes séminifères, dérivent du bourgeonnement dans la profondeur de l'épithélium superficiel de la gonade. Pour *Pearl* et *Boring, Pézard* et *Caridroit, Benoit,* ils dérivent du développement des vestiges des cordons médullaires, formations issues, on s'en souvient, de l'épithélium germinatif (1e poussée), chez l'embryon.

Je signalerai enfin une troisième origine des cordons sexuels mâles. Je l'ai observée récemment chez une Poule hermaphrodite. La glande génitale gauche de ce sujet était un ovotestis dont la partie ovarienne, dépourvue d'ovocytes, contenait de nombreux cordons cellulaires de type folliculaire. Certains de ces cordons se transformaient par place en tubes d'aspect sertolien. Cette évolution vers le type mâle de formations déja différenciées dans le sens femelle présente un intérêt théorique considérable, qui nous occupera dans la partie interprétative de ce travail.

B) Expériences déterminant la transformation en une glande de nature testiculaire de l'ovaire rudimentaire droit et du parenchyme ovarien gauche.

1) Transformation de l'ovaire rudimentaire droit en un testicule.

Goodale fit connaître en 1916 que l'ablation de l'ovaire gauche déterminait souvent chez la Poule le développement à droite, dans la région génitale (et parfois aussi à gauche) d'un organe particulier dont la structure ressemble, dit-il, à celle de l'épididyme, ou à du "tissu néphrogène". *Goodale* ne croit pas que cet organe dérive du reliquat de l'ovaire droit. Il pense qu'il provient d'un développement du corps de *Wolff,* et il le rend responsable du conditionnement des organes érectiles, qui se développent comme ceux d'un Coq. *Zawadowsky* observa le même phénomène en 1922, mais il ne donna pas dans son travail la description de l'organe développé à droite. L'ovariectomie précoce me permit en 1923 et 1924 d'obtenir chez 2 Poules, concurremment à l'évolution mâle des organes érectiles, le développement de l'ovaire rudimentaire droit en une glande testiculaire typique, et dont certains tubes séminifères contenaient des spermatozoïdes (*Benoit,* 1923, a et b, et 1924). *Domm* décrivit en 1924 3 cas semblables d'inversion sexuelle obtenus par ovariectomie; la glande testiculaire droite de 2 sujets ne contenait cependant pas de lignée séminale. Enfin *Zawadowsky* donna en 1926 la description histologique des testicules développés à droite chez 8 Poules expérimentées. Un seul cas présentait une spermatogénèse complète, allant jusqu'à l'élaboration de spermatozoïdes.

J'ai systématiquement étudié depuis 1923 le développement de l'ovaire droit de la Poule en un testicule. L'exposé détaillé de mes protocolles d'expériences manquerait ici d'intérêt. Je me bornerai à donner un compte-rendu synoptique des résultats obtenus et à décrire dans ses grandes lignes le processus histologique du développement du testicule droit.

26 Poulettes de la race *Leghorn* furent ovariectomisées et tuées à des temps très variables (de 1 jour à plus de 2 ans) après l'opération. Considérées du point de vue des conditions de développement de leur gonade droite, ces 26 cas peuvent être distribués en 3 groupes:

1er groupe. — 5 cas. Malgré une intervention opératoire soignée, et à la fin de laquelle toute trace d'ovaire semblait avoir disparu, une régénération ovarienne assez considérable se produisit. L'autopsie, qui eut lieu au bout de délais variant de 1 mois $^1/_2$ à 5 mois $^1/_2$ ne révéla aucune trace de développement de la gonade rudimentaire droite.

2e groupe. — 20 cas. Le résultat de l'opération fut ici plus heureux. Dans 6 cas seulement un peu d'ovaire régénéré fut trouvé à l'autopsie. L'ovariectomie fut complète dans les 14 autres cas. Et dans les 20 cas l'ovaire droit se développa en une glande testiculaire. Signalons en passant que chez un sujet la glande en développement contenait aussi une faible quantité de parenchyme ovarien, pourvu d'ovocytes.

3e groupe. — 1 cas. Malgré l'absence complète de régénération ovarienne, un sujet, tué 1 mois 18 jours après l'opération, ne présenta aucun développement de la gonade droite.

Ces faits nous permettent d'énoncer les conclusions suivantes:

1° Lorsque la gonade droite se développe, elle évolue selon le mode testiculaire. — Dans 1 cas seulement sur 20 j'ai trouvé dans une partie de l'organe un peu d'ovaire:

La gonade droite de la Poule paraît donc avoir la valeur évolutive d'un testicule, sauf naturellement dans le cas où, au départ, elle contient des ovocytes, ce qui est d'ailleurs très rare. Nous reviendrons à la fin de ce travail sur cette importante notion.

2° L'ovaire rudimentaire droit de la Poule est normalement réprimé dans son développement en testicule par l'ovaire gauche ou même par un petit fragment de celui-ci. Ce développement n'est cependant pas rigoureusement impossible en présence du parenchyme ovarien, mais à la condition que la quantité de ce dernier soit très faible.

3° Lorsque l'ovariectomie est complète — et peut être conviendrait-il d'ajouter: et effectuée assez précocement, — la gonade droite doit normalement se développer en un testicule. C'est ce que permet d'avancer le pourcentage très élevé des cas positifs obtenus (20 sur 21). Il ne s'agit donc pas là, comme l'a écrit récemment *Pézard* (1925) d'un phénomène exceptionnel. Le développement de l'ovaire rudimentaire droit en un testicule est bien habituel au contraire dans la race *Leghorn* utilisée, si toutefois, je le répète, l'ablation de l'ovaire gauche a été totale, et si une poussée pflügérienne ne s'est pas produite au cours du développement embryonnaire de la gonade droite.

Etude histologique.

Par quel processus histologique s'effectue donc cette évolution testiculaire de l'ovaire droit? l'étude de stades successifs suffisamment nombreux m'a permis d'établir les diverses phases de ce processus: Avant un délai de 4 jours, l'examen histologique ne révèle encore rien. A partir de ce temps, et assez rapidement, on observe une augmen-

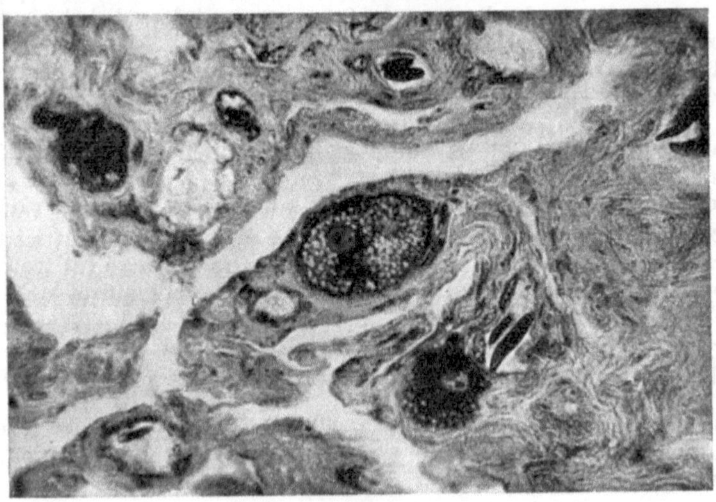

Fig. 5

Gonade rudimentaire droite d'une Poule normale âgée de 2 mois. Lacunes médullaires et cellules interstitielles claires. (Bichr. de potasse, ac. osmique. sublimé, azotate d'urane. — Fuchsine acide, vert lumière. — G = 800 diam.)

tation progressive de volume de la glande droite. Nous connaissons sa structure à l'état de repos. Nous savons qu'elle renferme, dans un stroma conjonctif recouvert par l'épithélium péritonéal, des cavités

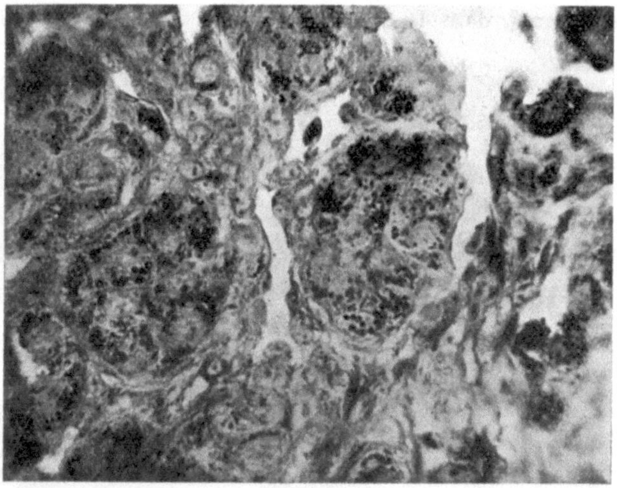

Fig. 6

Début d'évolution mâle de la gonade rudimentaire droite d'une Poulette ovariectomisée (R 98) à l'âge de 7 jours, et tuée 12 jours après. Les lacunes médullaires sont encore au repos. Mais on assiste au réveil des cellules interstitielles: elles ont déjà perdu la plus grande partie de leurs enclaves lipoïdes, et ont acquis de nombreux chondriosomes et plastes. De plus elles sont beaucoup plus nombreuses que dans la gonade droite normale au repos (comparer à la figure précédente) (Même technique et même grossissement que pour la fig. 5).

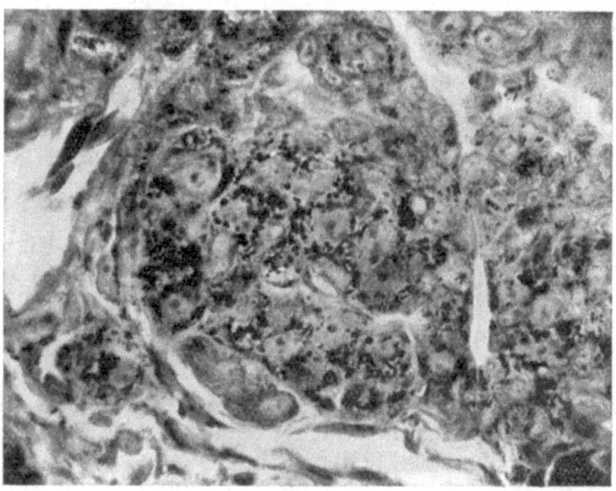

Fig. 7

Même légende que la figure 6.

lacunaires, vestiges des cordons médullaires embryonnaires, et des amas de cellules interstitielles. Le premier fait histologique qui traduit le développement de cet organe est le "réveil" si l'on peut dire, des cellules interstitielles. Ces éléments possèdent généralement, dans la gonade au repos, une structure alvéolaire,

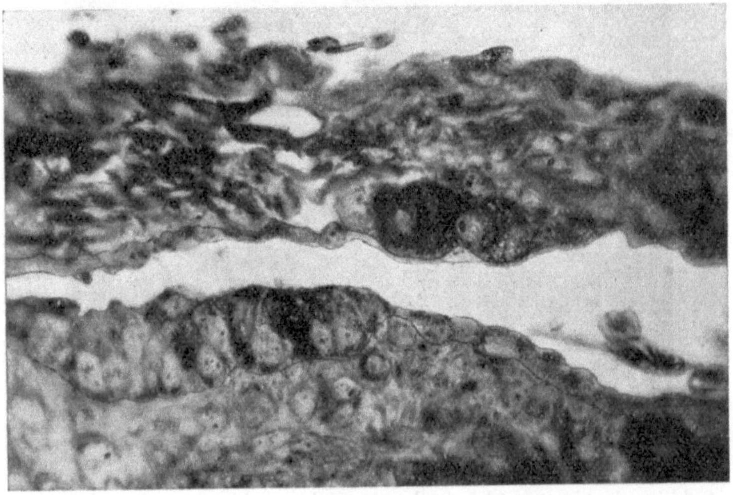

Fig. 8

Gonade droite d'une Poulette ovariectomisée depuis 1 mois 22 jours (H 40). Réveil de l'épithélium des lacunes. On assiste au début de la transformation d'une lacune médullaire en tube sexuel mâle. Son épithélium augmente d'épaisseur et prend un aspect palissadique. (Même technique que la fig. 6. G = 900 diam.) (On a fait ressortir, par une retouche au crayon, les limites précises de l'épithélium.)

et elles sont gorgées de lipoïdes osmiophiles (aspect de spongiocyte) (cf. Fig. 5). Or, dès le 4e jour après l'opération, elles commencent à perdre la plus grande partie de ces enclaves lipoïdiques, et à s'enrichir en cytoplasme et en chondriome (cf. Fig. 6, 7). Concurremment, elles augmentent considérablement de nombre, par mitoses répétées. En même temps, le tissu conjonctif réagit et augmente de masse. Le second phénomène que l'on enregistre alors est le réveil de l'épithélium des lacunes. Ce processus s'effectue généralement de 15 jours à 1 mois après l'ovariectomie; il y a toujours un décalage entre le réveil interstitiel et le réveil lacunaire. Les cellules plates qui bordent les lacunes grandissent considérablement. L'épithélium devient cylindrique, palissadique (cf. Fig. 8); puis il bourgeonne (on y voit des mitoses) dans le stroma de l'organe, donnant ainsi naissance à de nombreux tubes ou cordons cellulaires, qui méritent alors par leur aspect le nom de cordons et tubes sexuels (cf. Fig. 9 et 10). Ils sont en effet à peu près identiques aux formations semblables du testicule embryonnaire, sauf qu'ils sont constitués exclusivement de "petites cellules épithéliales"; les grandes cellules font défaut. Un peu plus tard (3 mois environ après l'ovariectomie) commence à s'installer la préspermatogénèse. Enfin, dans certains cas favorables, on voit apparaîte la lignée séminale entière, y compris des spermatozoïdes. (cf. Fig. 11). Je ferai remarquer qu'au cours de ce processus l'épithélium péritonéal a toujours témoigné dans les cas étudiés d'une inactivité complète. Dans un cas cependant j'ai observé une continuité entre lui et l'épithélium des lacunes et des cordons, continuité qui m'a paru à quelques en-

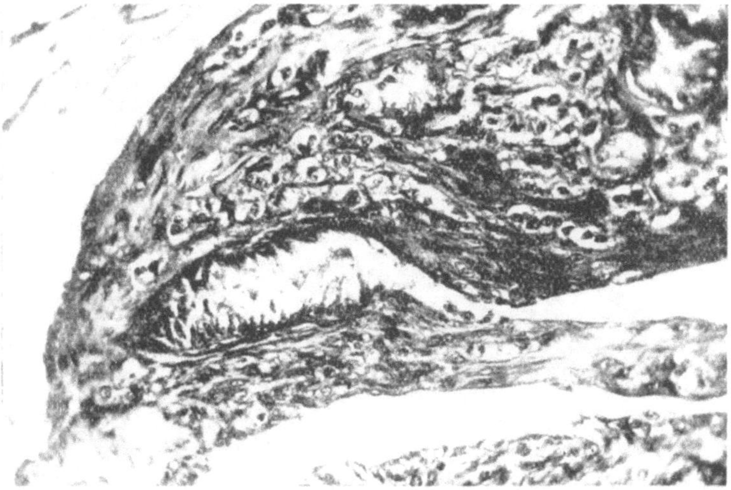

Fig. 9

Gonade droite d'une Poulette (M 14) ovariectomisée depuis 3 mois. A droite de la figure, lacune médullaire encore au repos, avec son épithélium très plat. A gauche l'épithélium de cette même lacune s'est développé. Ainsi s'est constitué un tube sexuel mâle. (liquide de *Bouin*, G = 280 diam.)

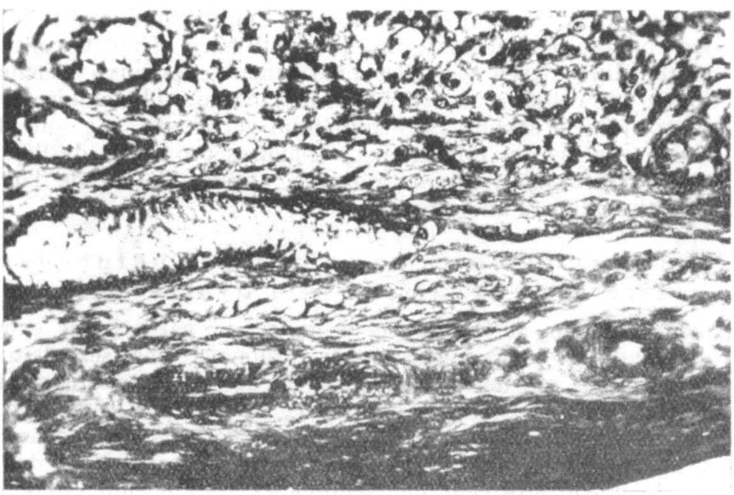

Fig. 10

Même légende que la figure 9. (G = 310 diam.)

droits traduire une activité proliférative réelle de l'épithélium superficiel.

Nos recherches histologiques nous ont ainsi conduit à des conclusions très fermes: les tubes sexuels mâles qui se développent dans l'ovaire rudimentaire droit de la Poule ovariectomisée tirent très géné-

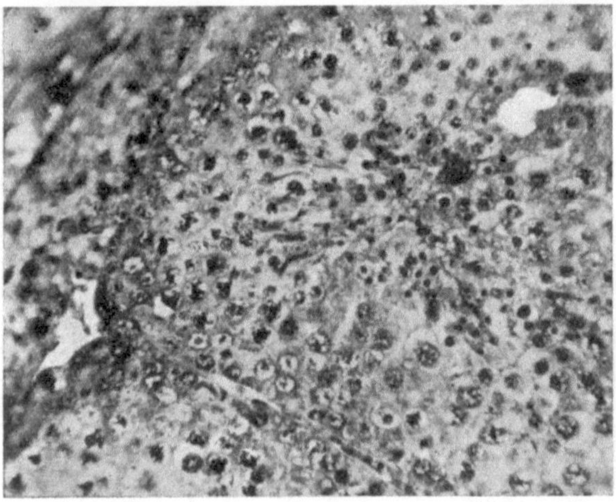

Fig. 11

Testicule développé aux dépens de la gonade droite d'une Poule (B 5) ovariectomisée depuis 5 mois et $^1/_2$ Tube séminifère. On voit un peu à gauche du centre de la figure quelques spermatozoïdes reconnaissables à leur tète allongée. A droite, des noyaux de spermatides en pycnose. (liquide de *Bouin*, G = 440 diam.)

ralement leur origine de formations préexistantes, et habituellement quiescentes, qui sont les restes de la 1e poussée embryonnaire de l'épithélium germinatif, et peut-être parfois de l'épithélium superficiel qui recouvre l'organe. Quant aux cellules interstitielles, éléments constants du testicule ainsi développé, elles proviennent elles aussi d'éléments spécifiques, les cellules interstitielles de l'ovaire rudimentaire droit, originaires, nous le savons, de l'épithélium germinatif. Ce sont donc en dernière analyse des formations vestigiaires provenant de l'épithélium germinatif qui assurent à droite, après ablation de l'ovaire gauche, l'édification d'un testicule.

2. Transformation en une glande de nature testiculaire d'un fragment de l'ovaire gauche.

Une réduction suffisante de la masse du parenchyme ovarien détermine l'apparition dans son sein de cordons et tubes sexuels mâles semblables à ceux qui ont déjà été observés dans les ovotestis des hermaphrodites. *Pézard* obtint le premier ce résultat par la voie expérimentale. Il observa en 1922 chez 2 Poules incomplètement ovariectomisées, à côté d'un fragment atrophié d'ovaire, des nodules dont la structure lui parut être celle de "séminomes". Et il émit l'hypothèse que les cordons sexuels d'aspect mâle contenus dans ces organes pourraient provenir d'un développement des vestiges des cordons médullaires, ou peut-être de l'épithélium ovarique. En 1925, *Caridroit* et *Pézard*, et un auteur anglais *Greenwood* publièrent à peu près en même temps leurs observations histologiques relatives a ce phénomène de masculinisation de l'ovaire. J'eus moi-même l'occasion de communiquer en 1926 mes observations sur ce processus. Enfin *Zawadowsky* retrouva lui aussi dans des greffons et des regénérats ovariens le développement de cordons sexuels mâles (1926).

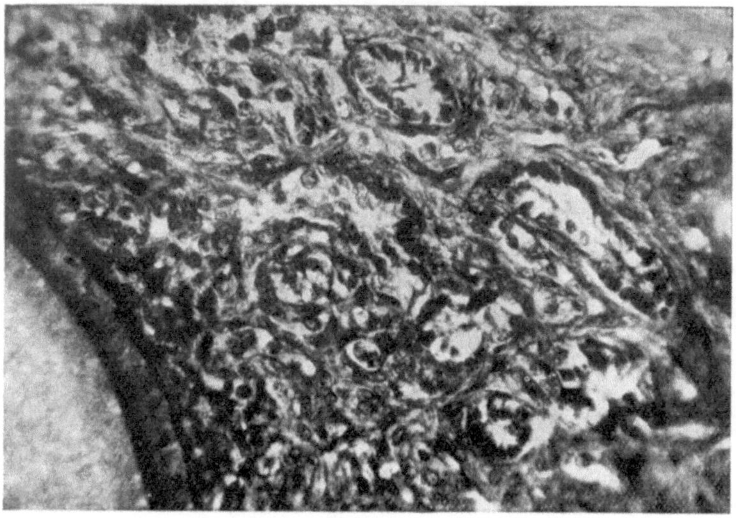

Fig. 12

Greffon ovarien d'une Poule (R 135) ovariectomisée et greffée d'un fragment de son ovaire à l'âge de 3 mois $^1/_2$; tuée 5 mois après. On aperçoit la transformation des éléments épithélioïdes de la thèque d'un follicule en cordons sexuels mâles. (liquide de *Bouin*, G = 455 diam.)

Voici très succinctement comment se réalise ce phénomène. Disons tout d'abord qu'une réduction considérable du parenchyme ovarien est nécessaire à son déclenchement. Lors donc que le nombre des ovocytes a été fortement diminué, on observe que la plupart des cellules interstitielles dites claires (parce que gorgées de lipoïdes dissous dans les réactifs ordinaires) contenues dans le stroma et les thèques perdent la plus grande partie de leurs inclusions graisseuses. Se divisent-elles ensuite mitotiquement, comme celles de la gonade droite? Je ne puis me prononcer en toute certitude sur cette question, car il est souvent difficile de distinguer les cellules interstitielles des éléments que nous allons maintenant considérer. Ceux-ci, qui sont les cellules épithélioïdes contenues dans le stroma et les thèques, et qui proviennent des parties périphériques pleines des cordons médullaires de l'embryon, se multiplient par mitose, s'agrégent en cordons puis en tubes, qui prolifèrent. L'épithélium de ces derniers devient élevé, palissadique; il est constitué par des éléments semblables aux "petites cellules épithéliales indifférentes" du testicule embryonnaire (cf. Fig. 12). Les tubes et cordons ainsi formés évoluent souvent en tubes plus volumineux, sertoliformes: l'épithélium y est plus élevé; il prend un aspect syncytial et filamenteux caractéristique de l'épithélium sertolien. Souvent ce stade succède directement à celui des cellules épithélioïdes encore quiescentes du stroma et des thèques. En outre de nouvelles cellules interstitielles se forment parfois aux dépens des petites cellules

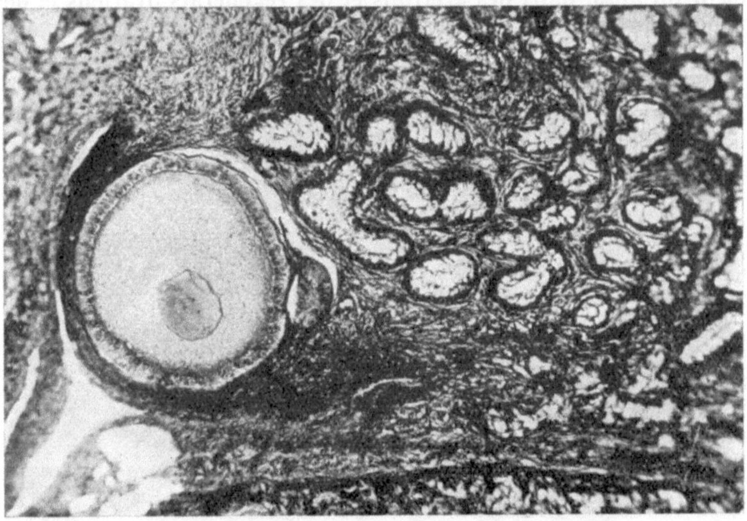

Fig. 13

Ovaire d'une Poule (M 40) ovariectomisée à l'âge de 10 jours et tuée au bout de 14 mois et 22 jours. A côté de l'ovocyte (le seul qui ait été trouvé dans la série des coupes) on observe des cordons sexuels mâles. (liquide de *Bouin*, G = 170 diam.)

des tubes, renouvelant ainsi un processus qui s'effectue an cours du développement normal de l'ovaire. Enfin il m'a quelquefois semblé que des cellules interstitielles contribuaient, par une différenciation inverse, à former des tubes sexuels mâles. J'ai eu d'ailleurs parfois, en examinant certaines images dans des gonades droites en développement, la même impression. Mais il s'agit là, s'il est réel, d'un processus histologique très délicat à suivre. Il me semble prudent de réserver momentanément cette question, que seuls des examens histologiques répétés permettront d'élucider.

Les tubes sexuels mâles tirent donc leur origine, dans l'ovaire gauche comme dans l'ovaire rudimentaire droit, du développement des vestiges des cordons médullaires. Mais il s'en forme aussi-plus rarement à mon avis-aux dépens d'une néoprolifération de l'épithélium ovarique (*Caridroit* et *Pézard*, 1925 — *Greenwood*, 1925 — *Caridroit*, 1926 — *Benoit*, 1926).

Pendant que s'effectuent ces processus, les follicules ovariens diminuent de nombre. (cf. Fig. 13). Finalement ils disparaissent totalement. L'ovaire a ainsi acquis une structure exclusivement testiculaire: chez une Poule castrée incomplètement à 2 mois et tuée à 1 an et 5 mois, j'ai retrouvé au lieu de l'opération un organe lobulé macroscopiquement semblable à un ovaire, mais qui ne contenait plus un seul ovocyte. Il renfermait uniquement des tubes sexuels mâles de type embryonnaire, des tubes sertoliens et des cellules interstitielles et seuls certains détails de son architecture permettaient de dire qu'il s'agissait d'un ovaire transformé.

J'ai à bon escient évité d'employer à propos des tubes épithéliaux de l'ovaire intersexué et de leurs éléments les termes de "tubes séminifères" et de "spermatogonies" dont certains auteurs font un usage imprudent. Les cellules des tubes "mâles" qui ressemblent à ceux d'un testicule embryonnaire sont des "petites cellules épithéliales indifférentes" si l'on veut, mais non point certainement des "spermatogonies". Il n'est en effet nullement prouvé que ces éléments possèdent dans le cas présent les potentialités des cellules germinatives. Tout ce que l'on peut dire, c'est que jusqu'à présent, dans aucune de mes expériences ni dans celles d'ailleurs de *Caridroit* et *Pézard,* de *Greenwood* et de *Zawadowsky,* elles n'ont évolué comme telles. Et si la théorie de la lignée germinale est un jour démontrée vraie (ce que nous ignorons encore à l'heure actuelle) si d'autre part aucune de ces petites cellules épithéliales ne provient par transformation des gonocytes primaires [1]), elles auront toutes alors une origine épithéliale coelomique, et seront destinées à devenir purement et simplement les éléments nourriciers, sertoliens, des cellules séminales. Par conséquent, étant donnée l'incertitude qui règne encore sur la question de l'origine des cellules germinatives, nous nous tiendrons sur une prudente réserve, et conserverons aux formations étudiées le terme volontairement imprécis de tubes sexuels mâles, en spécifiant que jusqu'à présent ils se sont révélés, dans les expériences sur l'ovaire gauche, dépourvus de cellules séminales.

Résumé de la Ie Partie.

L'étude histologique de la transformation expérimentale des 2 glandes génitales de la Poule en glandes de nature testiculaire, complète et établit sur de solides bases les connaissances souvent imprécises que nous avait permis d'acquérir l'examen des sujets hermaphrodites. Tout cet ensemble de faits nous conduit aux conclusions générales suivantes:

Lorsque, à la suite d'un trouble quelconque survenu dans l'ovaire ou d'une intervention opératoire, les ovocytes viennent à disparaître ou à subir une réduction numérique suffisante, les glandes génitales droite et gauche de la Poule subissent une inversion sexuelle complète, caractérisée par l'apparition de cordons ou de tubes sexuels mâles, de type embryonnaire, sertolien, ou séminifère. Ces formations mâles proviennent d'un développement ou d'une transformation des vestiges des cordons médullaires et de l'épithélium ovarique, (et aussi, dans un cas, d'éléments épithéliaux de type folliculaire, ç'est à dire d'éléments qui avaient déjà reçu une différenciation ovarienne caractéristique). Ces formations mâles proviennent donc en dernière analyse

[1]) Cette 2 e éventualité est fort probable, dans le cas où la 1 e serait réalisée, c'est à dire où la théorie de la lignée germinale serait exacte. En effet *Firket* a montré que les gonocytes primaires ne pénètrent pas dans ces portions périphériques des vestiges médullaires aux dépens desquelles se développent, dans les fragments d'ovaire étudiés, les tubes sexuels mâles.

d'une évolution particulière de dérivés de l'épithélium germinatif. Quant aux cellules interstitielles, elles subissent également des modifications cytologiques caractéristiques. Ces divers éléments perdent en somme le type ovarien et tendent à acquérir le type mâle que possèdent dans le testicule normal du Coq les éléments épithéliaux homologues.

Tels sont, ramenés à leurs éléments essentiels, les faits que nous allons maintenant nous efforcer d'interpréter.

IIe PARTIE INTERPRÉTATION DES FAITS.

Crew a proposé en 1923 une explication séduisante de l'inversion sexuelle chez la Poule, fondée sur l'hypothèse de *Goldschmidt*. *Goldschmidt* admet que chaque oeuf fécondé (il s'agit ici du Papillon Lymantria) possède 2 facteurs sexuels, mâle et femelle représentés par des enzymes ou des corps chimiquement semblables, et localisés dans les chromosomes sexuels de toutes les cellules somatiques de l'organisme. Ces enzymes seraient le point de départ de réactions chimiques dont les produits, hormones spécifiques mâle et femelle de la différenciation sexuelle, viendraient à entrer en concurrence. Ces réactions chimiques se poursuivraient en effet avec des vitesses inégales au cours du développement. Dans certaines conditions l'une pourrait à un moment donné (Drehpunkt) devancer l'autre, la réaction mâle par exemple l'emporterait sur la réaction femelle, et si des caractères sexuels étaient à ce moment en train de se différencier selon le type femelle, ils poursuivront dès lors leur différenciation dans le sens mâle (Umschlagsreaktion). La sexualité de tout caractère sexuel en développement (y compris les caractères primitifs ou gonades avec leurs gonocytes) serait donc commandée par la nature de la réaction sexuelle prédominante au moment où s'effectue ce développement. Appliquant ces idées au cas de la Poule, *Crew* admet que la réaction prédominante, pendant le développement embryonnaire, est la réaction sexuelle femelle. Donc, chez l'embryon femelle, toutes les formations sexuelles se différencieront selon le type femelle. Après la naissance, la substance déterminante mâle l'emporte sur la première. Toutefois elle est rendue inopérante par une action inhibitrice due aux ovocytes. Mais la disparition de ces derniers lui permettra de se manifester, et si des formations se développent alors aux dépens de l'épithélium superficiel de l'ovaire, elles évolueront en cordons et en tubes sexuels mâles, produisant même, dans des conditions favorables, une lignée séminale complète [1]).

Cette explication proposée par *Goldschmidt* et *Crew* des phénomènes d'intersexualité est à la vérité séduisante, ainsi que nous le notions tout à l'heure. Mais sa valeur objective doit nous préoccuper avant tout. Examinons donc si cette théorie est en accord complet avec les faits connus.

---

[1]) J'ajouterai que *Crew* laisse entendre — comme *Goldschmidt* lui-même en a émis l'idée, chez les Vertrébrés supérieurs — que les cellules interstitielles sont le siège de l'élaboration des substances qui déterminent le sexe. Il convient à ce propos de rappeler que *Bouin* et *Ancel* ont publié en 1903 une conception semblable: «. . . Aussi y a-t-il lieu de se demander si les éléments interstitiels ne jouent pas un rôle dans le déterminisme cytosexuel des éléments germinatifs encore indifférents.»

L'explication de *Crew* me parait pouvoir s'adapter dans ces grandes lignes au cas de la transformation testiculaire de l'ovaire gauche. En effet, à la condition d'admettre que les cellules interstitielles de l'ovaire élaborent après la naissance des substances masculinisantes, inhibées par les ovocytes, on peut aisément concevoir que la disparition des ovocytes permettra aux dites substances d'entrer en action. Mais l'application de ce raisonnement à la gonade droite se heurte à une difficulté: dans la gonade droite au repos d'une Poule normale, ç'est à dire en présence de l'ovaire, les cellules interstitielles sont en très petit nombre, et elles paraissent être la plupart du temps dans un état de repos physiologique ou tout au moins d'activité glandulaire très ralentie. Il est donc vraisemblable que les substances déterminantes mâles qu'elles peuvent être supposées sécréter le sont en quantité infime, sinon nulle, et cela aussi, naturellement, au moment de l'ovariectomie. Comment donc, dans ces conditions, et à partir de ce moment, la masculinisation pourra-t-elle s'effectuer? Mais nous savons que le premier phénomène histologique d'inversion sexuelle observé lors de l'évolution de la gonade droite en un testicule est ce que nous avons appelé le "réveil" des cellules interstitielles. Par conséquent, avant que les cellules interstitielles de la gonade droite puissent diriger (si c'est le cas!) la différenciation sexuelle mâle de cet organe, on voit qu'au préalable elles-mêmes s'hyperplasient et accélèrent leur activité sécrétoire. Ces modifications des cellules interstitielles semblent ainsi traduire la mise en oeuvre d'un mécanisme s p o n t a n é en quelque sorte, c'est à dire d'un mécanisme dont les conditions d'actualisation paraissent résider uniquement dans la suppression d'une inhibition due aux ovocytes, mais qui pourrait ensuite se dérouler de lui-même.

Cette remarque me conduit tout naturellement à développer une hypothèse que j'ai formulée dernièrement pour expliquer l'inversion sexuelle chez la Poule, en suivant d'aussi près que possible les faits établis par l'analyse histologique . J'envisagerai successivement l'origine des formations mâles stériles, ç'est à dire des cordons et tubes sexuels dépourvus de lignée séminale, et ensuite celle de la lignée séminale elle-même. (Cette manière de procéder présente quelques avantages. Non seulement l'exposé y gagnera en clarté, mais encore ces deux processus de développement de tubes stériles et de tubes spermatogènes semblent jouir d'une certaine indépendance. Je veux dire que les cellules séminales n'apparaissent pas, tant s'en faut, nous l'avons noté, dans tous les cordons sexuels qui se développent, ni chez tous les intersexués. De plus, nous ne sommes pas encore définitivement fixés sur la question de l'origine, germinale ou somatique, des cellules reproductrices. Mais si ces dernières sont d'origine germinale, il est de toute évidence que l'étude des tubes sexuels stériles et celle des tubes spermatogènes doivent être entreprises séparément.)

1°) Quelle hypothèse explicative du développement chez la Poule de c o r d o n s   s e x u e l s   m â l e s   s t é r i l e s et des modifications concomitantes des c e l l u l e s   i n t e r s t i t i e l l e s peut donc nous suggérer la considération des faits histologiques? Un premier groupe de faits nous est bien connu: Nous savons que les processus envisagés se déclenchent lorsque, pour une raison quelconque, les ovocytes viennent à diminuer suffisamment de nombre. Un deuxième groupe de faits nous sera fourni par l'étude de l'évolution et des différenciations présentées, au cours de l'ontogénèse normale, par les éléments qui précisément, lors de l'inversion sexuelle, donneront naissance aux formations mâles. Et la comparaison de ces 2 groupes nous conduira peut-être à une interprétation des phénomènes.

L'étude histogénique de l'ovaire de la Poule nous a permis de constater que les cellules, autres que les ovocytes, qui contribuent à l'édification de cet organe et qui proviennent de l'épithélium germinatif subissent des différenciations variées. Les cordons de 1e poussée ou cordons médullaires présentent à partir du 9e jour et surtout du 13e ou du 15e jour *(Firket),* des signes caractéristiques de dégénérescence, ou tout au moins suivent une évolution caractéristique de l'ovaire (apparition de fentes dans ces cordons, etc....). Pendant ce temps des cellules interstitielles se forment aux dépens des cordons médullaires. Un peu plus tard, lorsque les ovocytes corticaux s'accroissent, les petites cellules de la 2e poussée germinative qui les environnent se transforment pour un petit nombre en cellules interstitielles, et pour la plupart en cellules folliculeuses. Ces dernières prendront alors, sous l'influence des ovocytes en croissance, l'aspect caractéristique des éléments de la granulosa. Enfin, au cours des premiers mois de la vie de la jeune Poulette, de nouvelles proliférations de l'épithélium ovarique superficiel donnent naissance à de nouveaux éléments interstitiels. Au cours du fonctionnement de l'ovaire, cellules folliculeuses, interstitielles et cellules épithéliales (d'origine médullaire) contenues dans les thèques subiront des modifications structurales qui traduiront des variations dans les conditions du milieu où elles se trouvent. Bref, on a l'impression, au cours de l'évolution organique et fonctionnelle de l'ovaire, que les différenciations variées que nous venons de rappeler sont commandées, provoquées par l'action qu'exercent sur elles les ovocytes en croissance, et les conditions métaboliques particulières créées par ceux-ci dans l'ovaire. Mais ces différenciations semblent être constamment entretenues pour ainsi dire par la présence des ovocytes. Elles ne constituent pas en effet des qualités définitivement acquises, et tendent à disparaître ou plutôt à se transformer lorsque le nombre des ovocytes viendra à diminuer. Ce qu'elles deviennent, nous le savons. Nous connaissons la métaplasie sertolienne ou la transformation en tubes sexuels de type embryonnaire des cellules folliculeuses, des vestiges médullaires, des cordons issus d'une néoprolifération de l'épithélium ovarique, et peut-être même(?) de certaines cellules interstitielles. Les différenciations réalisées en présence des ovocytes, et qui sont caractéristiques de la structure de l'ovaire semblent donc se transformer d'elles-mêmes, d'une manière spontanée, lors de la disparition des ovocytes, en des différenciations qui sont celles observées normalement dans le testicule. J'ai qualifié dernièrement ces 2 sortes de processus de "différenciations provoquées" et de "différenciations spontanées", termes créés par *Brachet* pour expliquer certains faits d'embryologie causale étudiés par *W. Roux* et par lui-même. Partant de ces données, j'ai émis l'hypothèse de travail suivante, pour expliquer le développement normal de l'ovaire et son inversion sexuelle:

Les cellules, autres que les cellules germinatives femelles, qui constituent les cordons cellulaires issus par prolifération de l'épithélium germinatif [1]) tendraient normalement à évoluer, par différenciation spontanée, si les cellules germinatives étaint absentes, comme elles le font dans le testicule: les unes se différencieraient en cellules interstitielles; les autres, groupées en cordons ou en tubes, deviendraient semblables aux petites cellules épithéliales du testicule embryonnaire, ou donneraient des éléments plus évolués, sertoliens. Mais la présence des cellules germinatives femelles modifierait ces différenciations. Elles inhiberaient le développement spontané des cordons cellulaires susdits en formations d'aspect mâle, et provoqueraient la différenciation de leurs éléments en cellules folliculeuses, interstitielles et épithéliales intrathécales. Que les ovocytes, causes de ces différenciations provoquées, viennent à disparaître, et celles d'entre ces cellules qui seront susceptibles de modifier leur différenciation se transformeront, et prendront le type structural correspondant à leur différenciation spontanée, c'est à dire le type sexuel mâle.

Quel jugement convient-il de porter sur cette hypothèse? Je me suis efforçé de la dégager le plus strictement possible des faits d'observation histologique. Toutefois, si les différenciations observées dans l'ovaire normal paraissent bien être en effet "provoquées" plus ou moins directement par les ovocytes, il n'est pas aussi certain que celles consécutives a leur disparition soit réellement spontanées. Les modifications des cellules interstitielles, les transformations des vestiges médullaires en cordons sexuels mâles semblent se produire, comme nous l'avons fait ressortir, par le fait seul de la disparition des ovocytes. Elles ont l'apparence d'une manifestation spontanée mais il est possible qu'une cause intervienne pour diriger ces différenciations, cause qui nous échappe et qui pourrait être du genre de celle que stipule la théorie de *Goldschmidt*.

2) Il nous faut maintenant tenter de rendre compte de l'apparition dans les glandes génitales des Poules intersexuées, d'une lignée séminale. Mais avant d'entreprendre l'étude de cette question, et afin de la bien délimiter, je ferai remarquer que j'envisagerai uniquement les cellules séminales qui apparaissent dans les vestiges des cordons médullaires. Aussi bien n'est-il pas péremptoirement démontré actuellement que les néoproliférations tardives de l'épithélium ovarique peuvent produire des cellules séminales. Ce processus est admis par quelques auteurs chez les hermaphrodites naturels, mais il n'a pas encore été réalisé chez les sujets expérimentés. Je crois donc plus prudent de réserver la discussion d'un phénomène que je ne considère certes pas comme impossible, mais comme insuffisamment démontré. En revanche je puis affirmer avec certitude que des cellules séminales apparaissent dans les vestiges médullaires de la gonade droite, et je crois que celles qui ont été observées à gauche chez certains hermaphrodites naturels se sont développées le plus souvent (si-

1) Ces cellules représentent les "cellules végétatives" de *Benda*, par opposition aux "cellules germinatives".

non toujours) dans les parties profondes, juxta-hilaires des vestiges médullaires, c'est à dire dans des parties strictement homologues *(Firket)* des lacunes de la gonade droite. 3 faits me paraissent appuyer cette opinion: 1) J'ai constaté chez un hermaphrodite une continuité directe entre les tubes séminifères, le rete et les canaux efférents. 2) *Crew* et *Fell* ont remarqué, nous en souvenons, que les tubes spermatogénétiques des ovotestis étudiés par eux étaient généralement localisés dans la région profonde de l'organe. 3) Je rappelle que jusqu'ici aucun expérimentateur n'a relevé la présence d'une lignée sémniale dans les tubes sexuels issus de la transformation des vestiges médullaires périphériques, intrathécaux. Nous admettrons donc que les lacunes médullaires de la gonade droite et les parties profondes des mêmes formations de l'ovaire gauche contiennent en puissance, depuis qu'elles se sont constituées chez l'embryon, des cellules germinatives susceptibles de se transformer, dans certaines conditions, en cellules séminales; et c'est sur ces cellules germinatives que portera notre attention.

Quelle peut être tout d'abord la nature sexuelle de ces cellules germinatives? J'ai considéré naguère qu'elles constituaient un germen mâle, distinct du germen femelle, et rigoureusement fixé, de même que ce dernier, quant à son déterminisme cyto-sexuel. Mais je tiens aujourd'hui — ainsi que je l'ai publié récemment (1926, e) — cette opinion pour improbable. Il est plus acceptable de considérer que les cellules séminales de la Poule résultent tout simplement d'une évolution mâle, déterminée par des conditions extérieures, de cellules germinatives femelles. De semblables inversions sexuelles ont été obtenues, dans les deux sexes, chez les Batraciens: la transformation de cellules germinatives mâles en cellules ovocytaires a été obtenue par *Witschi* (1913), *Champy* (1921), *Guyénot* et *Ponse* (1923), *Wagner* (1923), et la transformation inverse par *Witschi* (1923, 1924). Les cellules germinatives des Batraciens apparaissent donc comme sexuellement bipotentes, c'est à dire qu'elles sont capables d'évoluer, dans certaines conditions de milieu, vers l'ovogénèse ou la spermatogénèse[1]). Mais quelles peuvent être ces conditions de milieu qui commandent ainsi à la différenciation sexuelle des gonocytes? *Witschi* a montré en 1913 qu'en élevant des larves de Grenouille à une température assez basse (10 et 15 °) l'évolution des gonocytes chez les mâles était profondément troublée. Au lieu de pénétrer dans les cordons sexuels et d'évoluer en cellules mâles, de nombreuses cellules sexuelles restent dans l'épithélium germinatif et y commencent une différenciation ovocytaire. *Witschi* admet que l'épithélium germinatif exerce une in-

---

1) Ces deux processus ne sont d'ailleurs peut-être pas aussi dissemblables qu'on pourrait le croire. "Il n'est pas impossible, écrit *Dalcq* (1923) dans un travail sur la physiologie de l'oeuf en maturation, que la distinction entre l'ovogénèse et la spermatogénèse tienne à une différence physique ou chimique minime qui produit ses effets à un moment critique où les remaniements nucléaires préparatoires à la réduction chromatique sont accomplis, où la taille de la cellule est encore proportionnée à ses "facultés mitotiques", qui empèche alors la dissolution de la membrane nucléaire et aiguille ainsi le gamète sur la voie d'une croissance prolongée". Loin de considérer les processus spermatogénétique et ovogénétique comme séparés par une cloison étanche, il conviendrait donc plutôt d'admettre qu'ils évoluent parallèlement jusqu'à un certain moment, et qu'alors intervienne ou non un mécanisme qui orientera définitivement les cellules reproductrices vers l'ovogénèse ou la spermatogénèse.

fluence déterminante sur le sexe, en ce que les cellules germinatives mâles qui y sont contenues prennent l'aspect, lorsqu'elles y séjournent longtemps, d'ovogonies et d'ovocytes. Il est vraisemblable que nous observons chez la Poule des phénomènes du même ordre. Il semble qu'au début du développement de la glande génitale femelle, les cellules germinatives qui pénètrent avec les cordons de 1e poussée à l'intérieur de l'ébauche ovarique trouvent là des conditions défavorables à leur évolution ovocytaire, et favorables au contraire, mais sous condition de la disparition préalable des ovocytes corticaux, à une évolution en cellules séminales. Ces conditions favorables peuvent être réalisées par les substances masculinisantes de *Goldschmidt-Crew*, ou bien par des substances chimiques localisées dans l'épithélium nourricier des cellules germinatives. Rappelons en effet que les tubes sexuels se développent, dans la gonade droite en évolution testiculaire, plusieurs semaines avant l'apparition des cellules séminales. Un milieu spécial peut ainsi être préparé, qui influencera la différenciation des cellules germinatives lorsqu'elles s'y développeront [1]).

REMARQUE.

Quelles sont la nature et la valeur de la gonade droite normale de la Poule?

J'ai écrit en 1923 que l'expérimentation et l'examen des sujets hermaphrodites me conduisaient "à supposer que la glande sexuelle droite de la Poule aurait la valeur d'une glande testiculaire rudimentaire", puisque, nous l'avons vu, elle donne, quand elle se développe,

---

1) Nous avons jusqu'à présent laissé de côté la question de l'origine précise, somatique ou germinale, des cellules germinatives femelles qui se transforment en cellules mâles. Je veux cependant attirer l'attention sur des faits d'ordre embryologique et expérimental qui me paraissent être plutôt favorables à la théorie de la lignée germinale. Lors de l'organogénèse de l'ovaire rudimentaire droit les gonocytes primaires pénètrent tous dans les cordons de 1 e poussée (qui nous le savons se forment seuls) et quittent entièrement l'épithélium germinatif *(Firket)*. Or les cellules séminales n'apparaissent dans la gonade droite en voie de masculinisation que dans les tubes développés aux dépens des vestiges médullaires. En ce qui concerne l'ovaire gauche, les gonocytes primaires se logent électivement, lors de la première poussée, dans la portion "basilaire", creuse des cordons médullaires; on n'en voit jamais dans la portion périphérique, pleine, qui sera englobée dans le cortex ovarien *(Firket)*. La répartition des cellules séminales dans l'ovotestis gauche des sujets hermaphrodites nous paraît correspondre à cette disposition: les tubes séminifères sont le plus souvent centraux, les tubes périphériques le plus souvent stériles. Mais, argument plus puissant, les cordons sexuels mâles qui se forment aux dépens des extrémités périphériques des vestiges médullaires, après les expériences d'ovariectomie incomplète ou de greffes de petits fragments ovariens, n'ont jamais présenté jusqu'à présent de cellules séminales, ni ovocytaires d'ailleurs. Or ces faits s'expliqueraient aisément si l'on admettait que les éléments qui deviennent les cellules séminales de la Poule ne sont autres que les gonocytes primaires. Nous retiendrons donc que ces faits constituent une présomption en faveur de la théorie de la lignée germinale. A l'encontre de ces arguments favorables on pourrait objecter qu'au début les tubes sexuels de la gonade droite sont dépourvus de "grandes cellules germinatives", qu'ils sont constitués uniquement par de petites cellules épithéliales d'aspect indifférent et que ces dernières, provenant de l'épithélium germinatif, sont d'origine somatique. A cela je répondrai, en accord avec de nombreux auteurs, que l'aspect morphologique peut fortement induire en erreur, et que les cellules des tubes en question, bien qu'apparemment semblables, peuvent être de 2 espèces et de 2 origines différentes. La théorie de la lignée germinale reprend d'ailleurs du terrain, depuis quelque temps, et le lecteur trouvera, dans un travail de *Bouin* et *Ancel* publié récemment (C. R. Ass. Anat., 1926) des arguments nouveaux qui appuient fortement cette théorie chez les Mammifères.

naissance à un testicule. Et j'ai ajouté que cet organe devait contenir des cellules sexuelles mâles dont le sexe était déterminé aussi rigoureusement que celui des ovocytes. *O. Riddle* a critiqué en 1925 ces deux interprétations. J'ai dit au cours du présent travail que j'avais abandonné cette idée de 2 germens, et que les cellules mâles de la Poule intersexuée provenaient très vraisemblablement à mon avis d'une inversion sexuelle des cellules germinatives femelles. Ceci étant établi, demandons nous quelle est la valeur de cet organe droit. Il est habituellement rudimentaire, dit *Riddle,* chez les Oiseaux. Et pour déterminer sa nature sexuelle, normalement imprécise, cet auteur examine les cas où l'ovaire droit n'est pas rudimentaire: il note alors qu'il renferme beaucoup plus fréquemment des ovocytes que des spermatozoïdes. Donc, conclut-il, l'organe rudimentaire droit normal est bien un ovaire. *Riddle,* ce faisant, envisage précisément les exceptions en dehors desquelles j'estime que l'on doit raisonner. C'est parce que l'ovaire rudimentaire droit de la Poule est normalement dépourvu d'ovocytes et réduit aux cordons médullaires de 1e poussée, et que, quand il se développe, il donne régulièrement naissance à un testicule, que j'ai dit qu'il avait la v a l e u r d'un testicule. Il va sans dire que dans les cas, exceptionnels chez la Poule, plus fréquents chez d'autres Oiseaux, où la 2e poussée germinative, ovigène, se produit, la gonade droite est alors un ovaire typique. Mais c'est bien parce que cette glande droite n'a pas normalement chez la Poule la v a l e u r réelle d'un ovaire qu'elle reste rudimentaire. Concluons donc que l'ovaire rudimentaire droit normal de la Poule est un ovaire nettement atypique, puisque dans la très grande majorité des cas il est dépourvu d'ovocytes, qu'il a si l'on veut la nature d'un ovaire, quant à la constitution héréditaire, génotypique, des éléments qui le constituent, mais qu'il possède la valeur évolutive d'un testicule, car il donnera, lorsqu'il se développera, un testicule, à la condition naturellement qu'une deuxième poussée n'ait pas eu lieu au cours de son organogénèse.

J'ai délibérément négligé de parler, au cours de ce travail, des transformations profondes que subissent les caractères sexuels secondaires chez les Poules intersexuées. C'est là une importante et vaste question que je n'ai pas la place de traiter ici. Je me bornerai à dire que l'inversion des caractères sexuels secondaires, consécutive à l'inversion sexuelle des gonades, paraît être complète. Je possède actuellement des Poules-Coqs qui ont le plumage mâle, les organes érectiles du Coq, et le chant du Coq. Seul leur instinct sexuel est encore peu développé. Mais *Zawadowsky* a observé que certaines poules ovariectomisées coïtaient comme des mâles, et un bon nombre des hermaphrodites étudiés jusqu'à ce jour possédaient au complet l'ensemble des caractères sexuels du mâle. Je puis ajouter que les caractères internes subissent eux aussi des modifications importantes. J'ai pu observer chez un hermaphrodite et chez des Poules ovariectomisées que l'oviducte s'atrophie, corrélativement à la disparition des follicules, et que les canaux efférents, ainsi que le canal de l'époophoron se mettent à sécréter. L'hormone mâle est donc bien apparue au cours des transformations histologiques des glandes sexuelles que nous avons étudiées.

Résume de la IIe Partie.

1) Pour expliquer la transformation en tubes sexuels mâles aspermatogènes des vestiges des cordons médullaires, et parfois aussi de l'épithélium ovarique et même de cellules folliculeuses, dans les ovaires droit et gauche de la Poule, j'ai suggéré l'hypothèse de travail suivante: Les cellules épithéliales "végétatives" *(Benda)* issues de l'épithélium coelomique et constitutives des ovaires droit (rudimentaire) et gauche obéiraient, chez la Poule normale, à des différenciations "provoquées", conditionnées par les ovocytes, et se présenteraient sous différents types morphologiques: cellules folliculeuses, cellules interstitielles, cellules des formations médullaires vestigiaires. La disparition des ovocytes permettrait à certains de ces éléments, encore susceptibles d'évolution, de se transformer, par différenciation "spontanée", en cellules de type sexuel mâle, qui constitueraient des tubes sexuels embryonnaires ou des tubes sertoliens. Mais il est possible que cette différenciation d'éléments sexuels mâles ne soit "spontanée" qu'en apparence, et conditionnée en fait par une certaine substance chimique masculinisante telle que celle dont *Goldschmidt*, et *Crew* à sa suite, supposent l'existence dans leur théorie de l'inversion sexuelle.

2) Les cellules séminales spontanément apparues dans l'ovaire droit de poules ovariectomisées proviennent vraisemblablement de cellules germinatives génotypiquement femelles, mais qui, pour des raisons encore inconnues, présenteraient, consécutivement à la disparition des ovocytes, une évolution phénotypique mâle.

3) L'ovaire rudimentaire droit de la Poule est, dans la tres grande majorité des cas, un ovaire nettement atypique, dépourvu d'ovocytes. Il a, si l'on veut, la nature d'un ovaire, quant à la constitution héréditaire, génotypique des éléments qui le constituent, mais il possède la valeur évolutive d'un testicule, car il deviendra, lorsqu'il se développera, un testicule pourvu de tous les éléments de la lignée séminale. Dans les cas, très rares d'ailleurs, où il contient des ovocytes, il est de toute évidence, et à tous les points de vue, un véritable ovaire.

Cette courte étude nous montre à quel point le sexe de la Poule est susceptible de se transformer. Il n'est donc pas définitivement et inéluctablement fixé lors de la fécondation. Il peut, dans certaines conditions, à un moment quelconque de la vie de l'animal, se transformer complètement dans le sexe opposé. Mais ces constatations — il est important de le faire remarquer — concernent seulement le phénotype sexuel. Il est fort probable que le génotype sexuel des gamètes reste inchangé. L'analyse cytologique chromosomiale des mitoses de maturation du testicule de la Poule sexuellement inversée pourra déjà donner des indications à ce sujet. Mais surtout l'analyse de la descendance des sujets sexuellement inversés et supposés féconds, permettra de dire si les facteurs génétiques contenus dans les spermatozoïdes d'une Poule correspondent toujours à la costitution génotypique de l'animal qui les a produits.

Index Bibliographique.

Ancel et *Bouin*. — 1926. — Recherches expérimentales sur l'origine des gonocytes dans le testicule des Mammifères. (C. R. Ass. Anat., p. 1).

Benoit. — 1923, a. — Transformation expérimentale du sexe par ovariotomie précoce chez la Poule domestique. (C. R. Ac. Sc., 1923, T. 177, p. 1074).

„ — 1923, b. — Sur la structure histologique d'un organe de nature testiculaire développé spontanément chez une Poule ovariotomisée. (Ibid., p. 1243).

„ — 1924. — Sur la signification de la glande génitale rudimentaire droite, chez la Poule. (Ibid., T. 178, p. 341).

„ — 1926, a. — Etude histologique du développement de la glande génitale droite de la Poule ovariotomisée en un testicule. (Ibid., T. 182, p. 240).

„ — 1926, b. — Sur l'origine des cellules interstitielles de l'ovaire de la Poule. (C. R. S. Biol., T. XCIV, p. 873).

„ — 1926, c. — Origine des cordons sexuels d'aspect mâle apparus dans des régénérats et des greffons ovariens chez la Poule. (Ibid., T. XCIV, p. 875).

„ — 1926, d. — Différenciations spontanées et provoquées dans les glandes génitales chez les Gallinacés. (C. R. Ac. Sc., T. 182, p. 1571).

„ — 1926, e. — Une Poule gynandromorphe. (C. R. Ass. Anat., p. 68).

Bouin et *Ancel*. — 1903. — Sur l'histogénèse de la glande interstitielle du testicule chez le Porc. (C. R. Soc. Biol.).

Caridroit. — 1926. — Etude histophysiologique de la transplantation testiculaire et ovarienne chez les Gallinacés. (Bull. Biol. France et Belg., T. LX, p. 137).

Caridroit et *Pézard*. — 1925. — Poussée testiculaire autonome à l'intérieur des greffons ovariens autoplastiques chez la Poule domestique. (Ibid., T. 180, p. 2067).

Champy. — 1921. — Changement expérimental du sexe chez le Triton alpestris. (C. R. Ac. Sc., T. 172, p. 1204).

Crew. — 1923. — Studies in Intersexuality. II. Sex-Reversal in the Fowl. (Proceed. of the Royal Soc. Biol. Sc. Serie B, Vol. 95, p. 256).

Dalcq. — 1923. — Recherches sur la physiologie de l'oeuf en maturation. (Arch. de Biol., T. XXXIII, p. 79).

Domm. — 1924. — Sex-Reversal following Ovariotomy in the Fowl. (Proc. of the Soc. for Exper. Biol. and Medicine, T. XXII, p. 28).

Fell. — 1923. — Histological Studies on the Gonads of the Fowl. I. The histological Basis of Sex-Reversal. (The British Journ. of Exper. Biol., T. I, p. 97).

Firket. — 1914 et 1919—20. — Recherches sur l'organogénèse des glandes sexuelles chez les Oiseaux. (Arch. de Biol., T. XXIX, p. 201 et T. XXX, p. 395).

Goldschmidt. — 1920. — Mechanismus und Physiologie der Geschlechtsbestimmung. (Gebrüder Bornträger, Berlin).

Goodale. — 1916. — Further developments in ovariotomized Fowls. (Biol. Bull., T. 30, p. 286).

Greenwood. — 1925. — Gonad Grafts in the Fowl. (The British Journ. of Exper. Biol., T. II, p. 469).

Guyénot et *Ponse*. — 1923. — Inversion expérimentale du type sexuel dans la gonade du Crapaud. (C. R. Soc. Biol., T. 89, p. 4).

Pézard. — 1922. — Modifications périodiques ou définitives des caractères sexuels secondaires et du comportement chez les Gallinacés. (Annales des Sc. Nat.).

„ — 1925. — Le déterminisme des caractères sexuels secondaires chez les Gallinacés. Le gynandrmorphisme expérimental. (Revue gén. des Sc., p. 38).

Richards, *Hulpien*, and *J. B. Goldschmith*. — 1926. — A restudy of the germ-cell history in the fowl. (Anatom. Record, T. 34, p. 158).

O. Riddle. — 1925. — On the sexuality of the right ovary of birds. (Anat. Record, T. 30, p. 365).

Swift. — 1914. — Origin. and early History of the primordial Germ-Cells in the Chick. (The Americ. Journ. of Anat., t. 15).

Wagner. — 1923. — Experimentelle Untersuchungen über die Umwandlung des Geschlechts beim Frosch. (Archiv für Entwicklungsmech., T. 97, p. 386).

Witschi. — 1913. — Über Geschlechtsdifferenzierung bei Rana temporaria. (Sitzungsber. d. Gesellsch. für Morphol. u. Physiol. in München, T. XXIX, p. 40).

„ — 1923. — Über die genetische Konstitution der Froschzwitter. (Biol. Centralblatt, T. 43, p. 83).

„ — 1924. — Die Beweise für die Umwandlung weiblicher Jungfrösche in männliche nach uteriner Überreife der Eier. (Arch. f. mikroskop. Anat., T. 102, p. 168).

Zawadowsky. — 1922. — Das Geschlecht und die Entwicklung der Geschlechtsmerkmale. (Moscou, Imprimerie gouvernementale).

„ — 1926. — Bisexual Nature of the Hen and experimental Hermaphroditism in Hens. (Transactions of the Laboratory of exper. Biol. of the Zoopark of Moscow, T. II, p. 164).

Einfluß der Steinach'schen Operation auf die Cataracta senilis bei Hunden.

Von *Vlad. Bergauer*, Prag

In seiner klassischen Abhandlung über Verjüngung aus dem Jahre 1920 hat *Steinach* unter anderen Fragen auch darauf hingewiesen, daß es sehr wichtig wäre, den Einfluß der Unterbindung auf die Aufhellung der Augenmedien mit Rücksicht auf die Entstehung des Stares zu studieren. Auch vom Standpunkte der Protoplasmahysterese im Sinne *Ružička's* ist der Altersstar eine interessante Erscheinung, denn bei seiner Entstehung kann man sehr viele hysteretische Vorgänge beobachten. Als Protoplasmahysteresis wurde diejenige Tatsache bezeichnet, daß während des Lebens die lebendige Substanz sich fortschreitend verdichtet, wobei zahlreiche physikalisch-chemische Veränderungen der Biokolloide entstehen. Die Dispersität der Organkolloide vermindert sich infolge der stetigen Abnahme der elektrischen Ladung der Kolloidpartikelchen, es kommt zu einer Dehydratation und Viskositätszunahme und zu einer leichteren Ausflockbarkeit der Biokolloide durch Alkohol; die Reaktion der Körpersäfte verschiebt sich fortschreitend nach der alkalischen Seite hin und die lebendige Substanz wird stets minder löslich. Diesen Vorgang kann man durch verschiedene Eingriffe verändern. So kann dieser Prozeß durch Hungern beschleunigt, oder dagegen durch Steigerung der inkretorischen Tätigkeit der Schilddrüse oder noch besser der Keimdrüsen verlangsamt oder gar auf einen niedrigeren Grad gebracht werden.

Die Verjüngungsversuche- die wir in dieser Richtung angestellt hatten, haben uns gezeigt, daß tatsächlich nicht nur die Biokolloide der Geschlechtsdrüsen, sondern auch die des ganzen Organismus eine höhere Dispersität als vordem besaßen.

In einem solchen Falle konnte ich auch die Aufhellung des Altersstars beobachten und das hat mich zu einem genaueren Studium dieser Erscheinung gebracht.

Der Hund, an welchem ich die einseitige Unterbindung des Samenstranges unternommen habe, war 14 Jahre alt, mit zahlreichen Merkmalen der Senilität. Auf dem rechten Auge war eine Cataracta senilis totalis, auf dem linken eine Cataracta centralis im Durchmesser von etwa 1 mm. Natürlich war die Sehkraft, besonders die des rechten Auges abgeschwächt. Zur Feststellung der [H] wurde ihm vor der Operation das Blut aus einer Ohrenvene entnommen und im Serum (verdünnt mit dest. Wasser im Verhältnis 1:10) das pH = 7,4 konstatiert. Um die Stabilität der Serumkolloide festzustellen, wurde zu 1 ccm des verdünnten Serums das 96% Alkohol tropfenweise solange zugegeben, bis eine eben sichtbare Trübung entstand. Die verbrauchte Alkoholmenge war 0,4 ccm.

Den 26. Tag nach der Operation ist die Cataracta centralis auf dem linken Auge vollkommen verschwunden, während die totale des rechten Auges stationär blieb. Der Hund war reger, sein Gebell war schallend und hat an Gewicht zugenommen. Auch sein Haar nahm an Glanz zu. Also dieselben Beobachtungen die *Sand* u. a. gemacht haben. Die Alkoholmenge, nötig für die Feststellung der Stabilität der Kolloide wurde jede 3 Wochen gemessen und war endlich nach ungefähr 3 Monaten doppelt so groß, wie vor der Operation (0,8 ccm). Die Stabilität der Kolloide war also größer. Die Biokolloide waren von ihrem isoelektrischen Punkte viel weiter, als vordem entfernt.

Im zweiten Falle handelte es sich auch um einen 14jährigen Hund, dessen Sehkraft, Gehör und Geruch stark herabgesetzt waren. Sein Gewicht war 9,6 Kg.

Vor der Operation wurde der Hund von Assistenten der Augenklinik *Dr. Kurz* und *Dr. Knapová* ophthalmologisch untersucht und es wurde folgendes konstatiert:

Am rechten Auge: Bei der phokalen Untersuchung ist die Linse diffus milchig getrübt ohne besondere Struktur. Bei Durchleuchten wird sie überall gut durchsichtig, nur in der Umgebung des Zentrums ist eine weißliche Trübung, hauptsächlich im hinteren Cortex in der Umgebung des Poles, die sich allmählich in der Richtung nach dem Äquator der Linse vermindert. In der Richtung nach dem Zentrum der Linse auf der Temporalseite sind zwei dunklere, punktförmige Trübungen im Durchmesser ungefähr von $^1/_4$ mm vorhanden. Im Glaskörper ist eine Menge von schimmernden Cholesterinkristallen und hie und da Fadentrübungen. Am linken Auge war annähernd derselbe Befund, nur die Trübung war ein wenig größer. Im Glaskörper war eine Synchisis scintillans. Die Diagnose war also beiderseitige Cataracta nuclearis mit Synchisis scintillans am linken Auge.

Die Vasoligatur wurde (in einer Morphium-Narkose) am linken Samenstrange, der etwa in der Hälfte zwischen dem Hoden und der Vorstehdrüse durchgetrennt wurde, unternommen.

Nach zwei Monaten konnte man zwar eine Verbesserung des Allgemeinbefindens beobachten, dagegen aber keine solche der Katarakte. Der Hund hat auch an Gewicht zugenommen (10,5 kg). Es wurde also eine zweite Operation auf der anderen Seite, 10 Wochen nach der ersten durchgeführt. Nach 12 Tagen konnte man durch phokale Untersuchung beobachten, daß die punktförmigen Trübungen am rechten Auge sich ziemlich aufgehellt hatten, ohne jedoch vollkommen zu verschwinden. Die totale Trübung blieb fast unverändert.

Leider ist der Hund nach 5 Tagen plötzlich an Lungenoedem untergegangen, sodaß eine weitere Untersuchung der Katarakten unterbrochen wurde.

Weitere Fälle liegen noch zu kurze Zeit zurück, um einen Versuchserfolg zu ermöglichen.

Diese Beobachtungen sprechen für die Meinung, daß der Altersstar keine lokale Erkrankung ist, sondern daß er im Zusammenhange mit der inneren Sekretion steht. Die Katarakte ist gewöhnlich mit allgemeinen Störungen, besonders deren des Stoffwechsels verbunden. Im Jugendalter begleitet sie die Erkrankungen infolge der Störung des Kalziumgleichgewichtes, wie z. B. die Tetanie. *Landsberg* (1888) hat eine Katarakte, die zusammen mit einer Chorioiditis zwei Jahre nach einer Schilddrüsenexstirpation entstanden ist, beschrieben. Ähnlicher Weise auch *Bennet* (1913), *Risley* (1913/14) und *Edmunds* (1916), der die Entstehung einer Katarakte bei einem Hunde 2 Jahre nach totaler Thyreoidectomie beobachtete. *Kerr, Hosford* und *Shepardson* haben mit Erfolg den Star mit Thyreoidea-Extrakten behandelt.

Was die Cataracta senilis betrifft, sieht *Burden-Cooper* (1922) in regressiven Altersveränderungen im ganzen Organismus eine Basis für die Entwicklung eines Altersstares.

Es ist auch sehr auffallend, daß der Altersstar gewöhnlich gerade im Klimakterium, also in der Zeit, wo die Tätigkeit der Keimdrüsen aufhört, entsteht.

Darum ist es gar nicht überraschend, daß *Ascher* (1924) die senile Katarakte bei Frauen durch Ovarialextrakte in mehreren Fällen zur Besserung bringen konnte.

Diese Erfahrungen würden daher für die Annahme sprechen, daß die senile Katarakte mit der senilen Involution der Keimdrüsen im Zusammenhange steht. Damit wurde auch eine Hoffnung gegeben, daß man durch Wiederbelebung der inkretorischen Tätigkeit der Geschlechtsdrüsen den Altersstar mindestens beeinflussen, wenn nicht selbst heilen kann. Tatsächlich ist es dies durch Anwendung der Vasoligatur nach *Steinach* gelungen.

So referiert *Wilhelm* (1923) in seiner 2. Note, daß er bei einem 13jährigen Hunde (Prot. No. 18) nach der Operation eine totale Verschwindung des Gerontoxon beobachten konnte. Freilich handelt es sich hier um keine echte Katarakte. Dagegen bei dem Versuchstiere No. 20, dessen beide Augen von einer Art des Altersstars und Arcus senilis betroffen waren („Los ojos presentan ambos una especie de cataracta, arco senil bien manifesto"), verminderte sich zwei Monate nach der Operation der Arcus senilis und die Augenmedien wurden klarer. („Los medios oculares se han puesto más transparentes").

Auch *Schmidt* führt in seinem interessanten Buche, wo er die Resultate der *Steinach'schen* Operation an 100 Männern beschrieben hat, an, daß in einigen Fällen sich die Sehkraft, besonders für die Entfernung gebessert hat. (Fälle Nr. 6, 22, 34, 42, 50). Ob diese Besserung des Sehvermögens durch eine Aufhellung der Augenmedien oder durch eine Hebung der Elastizität der Linse stattfand, läßt *Schmidt* dahingestellt sein. Wie derselbe Autor erwähnt, hat dieselbe Besserung auch *Sakaki* beobachtet.

Eine präzise ophthalmologische Untersuchung über die Aufhellung der Augenmedien nach der Vasoligatur hat neulich *Nordmann* (1926) in einer umfassenden Arbeit über die Katarakte veröffentlicht. Die Operation wurde an einem 14jährigen Hunde, dessen beide Augen mit einem fast reifen Star betroffen waren, unternommen. Nach zwei Monaten konnte man eine wie subjektive, so auch objektive Besserung der Katarakten konstatieren.

Den Einfluß der Keimdrüsen auf den Altersstar kann man also für unstreitbar halten. Freilich ist die Besserung nur in dem Falle möglich, wenn die Veränderung der Linse noch reversibel ist.

Der Grad der Reversibilität hängt von dem Grade der Hysterese im Sinne *Ružičkas* ab. Denn die eigene Ursache der Entstehung einer

Katarakte liegt, wie allgemein angenommen wird, in einer Zunahme von schwer oder unlöslichen Substanzen gegenüber den löslichen, gerade so, wie bei der Hysterese.

Die Steigerung des Stoffwechsels infolge Steigerung der inneren Sekretion übt ihren Einfluß auf alle Teile des Organismus und dadurch — da die Keimdrüsen zu den „dissimilatorischen" Drüsen gehören — wird der Abbau aller assimilationsfähigen Stoffen verursacht. Natürlich werden in erster Reihe die leicht löslichen Stoffe berührt, bis endlich der Eiweißverbrauch auch aus den schwerlöslichen Substanzen, welche die Hysterese bedingen, gedeckt wird. Die größeren kolloidalen Komplexe zerlegen sich in kleinere, sodaß die Dispersität sich vergrößert, d. h. die Stabilität der Organkolloide nimmt zu — es ist dann eine größere Alkoholmenge zur Trübung nötig.

Der totale, reife Altersstar gehört natürlich zu den am schwersten löslichen Strukturen, sodaß es fast unmöglich ist, denselben zur Aufhellung zu bringen. Dies ist aber bei den beginnenden oder punktförmigen Katarakten nicht der Fall. Die können, wie wir gesehen haben, sehr häufig nach der Vasoligatur verschwinden.

Man kann also auf Grund dieser Erfahrungen für unstreitbar halten, daß durch *Steinach'sche* Operation die Möglichkeit der Reversibilität gewisser Lebensprozesse gezeigt wird.

Literatur.

Ascher, Klin. Monatsbl. f. Augenheilk. 71, 339, 1923.

Bennett, A case of recurrent hemorrhage into vitreous in a young patient cured by administration of thyroid extract, Ophthalmoscope Lond. 11, 20—22., 1913.

Bergauer, Un intéressant résultat de la vasectomie chez un chien, C. R. de la Soc. de Biologie 93, 1925.

Burden-Cooper, Etiology of cataract, Brit. J. Ophth. 6., 1922.

Edmunds, Double cataract following exper. total thyroidectomy in a dog, Ophthalmoscope 14, 140, 1916.

Kerr, Hosford, Shepardson, Treatement of senile cataract with thyroid extract, Endocrinology X., 2, 1926.

Landsberg, Zentrbl. f. prakt. Augenheilk. 1888, S. 39.

Nordmann, Contribution à l'étude de la cataracte acquise, Maloine, Paris 1926.

Ruzicka, Protoplasmahysteresis und Verjüngungsproblem, Deut. med. Woch. 48, 1922.

Schmidt, The theory and practice of the Steinach Operation, Heinemann, London 1924.

Steinach, Verjüngung durch exp. Neubelebung d. alternden Pubertätsdrüse, Arch. f. Entwickl. mech. 46, 1920.

Szily, Ztrbl. f. d. ges. Ophthalm., Berlin 5, 97, 1921.

Wilhelm, Contribución al estudio histofisiológico de los llamados fenómenos de rejuvenecimiento, 1923.

Quels sont les éléments testiculaires qui élaborent l'hormone sexuelle mâle?

Par *P. Bouin* et *P. Ancel*

Professeurs à la Faculté de Médecine de Strasbourg.

Avec 19 figures.

Le problème que nous nous proposons de résoudre consiste à rechercher laquelle des trois catégories d'éléments qui composent la gonade mâle adulte: cellules séminales, cellules nourricières ou de Sertoli, cellules interstitielles ou de *Leydig,* est la source de l'hormone testiculaire. Dès nos premières études, faites en 1903, nous avions porté notre attention sur les cellules interstitielles, parce qu'elles possèdent une morphologie glandulaire et parce qu'elles présentent dans leur ensemble l'architecture d'une glande endocrinienne diffuse. Nous ne ferons ici aucune incursion ni dans le domaine de leur structure, ni dans celui de leur histogenèse, ni sur leur répartition apparemment plus ou moins abondante chez les diverses catégories de mammifères. Nous insisterons seulement sur ce fait que ces éléments se rencontrent dans tous les testicules, dont elles représentent un élément constant, au même titre que les cellules séminales et que les cellules de Sertoli; et nous ajouterons que les études anatomo-comparatives faites par nos collaborateurs ont permis de montrer qu'on rencontre leurs homologues morphologiques chez tous les Vertébrés, du moins à certaines périodes de l'activité saisonnière de leur glande génitale. L'existence constante et la structure de ces éléments permettent déjà de supposer qu'elles possèdent une grande importance fonctionelle. Nous poursuivons depuis longtemps des recherches sur la nature de leurs fonctions et nous avons été amenés dès nos premières études à la conclusion qu'elles sont la source de l'hormone testiculaire. Les recherches nouvelles que nous vous présentons dans cette communication apportent des arguments en faveur de notre ancienne manière de voir.

I. — L'action endocrine testiculaire n'est pas due aux cellules séminales.

A. — Pour le biologiste qui se pose la question de savoir à laquelle des trois catégories d'élements qui constituent le testicule adulte doit être attribuée la fonction endocrinienne, le premier et le plus important problème à résoudre est celui de savoir si cette action n'est pas due aux cellules séminales, qui s'imposent à l'attention par leur masse innombrable et leur évolution caractéristique. C'est là une opinion qui maintenant encore est défendue par un grand nombre de chercheurs qui s'occupent d'endocrinologie génitale. Et cependant, tel n'est pas le cas. Nous ne voulons pas revenir ici sur les observations et les expériences qui démontrent que les cellules séminales sont inutiles pour assurer le maintien des caractères sexuels secondaires.

Elles son trop connues pour qu'il soit nécessaire d'insister autrement qu'en mentionnant leurs résultats essentiels. A cause de leur extrême sensibilité aux actions délétères les plus diverses, les cellules séminales peuvent être rapidement et entièrement détruites dans les gonades adultes. Dès 1903, nous faisions connaître nos observations sur certains cryptorchides naturels, sur les chevaux et les porcs cryptorchides notamment (Fig. 1, 2 et 3), dont la masculinisation est aussi développée

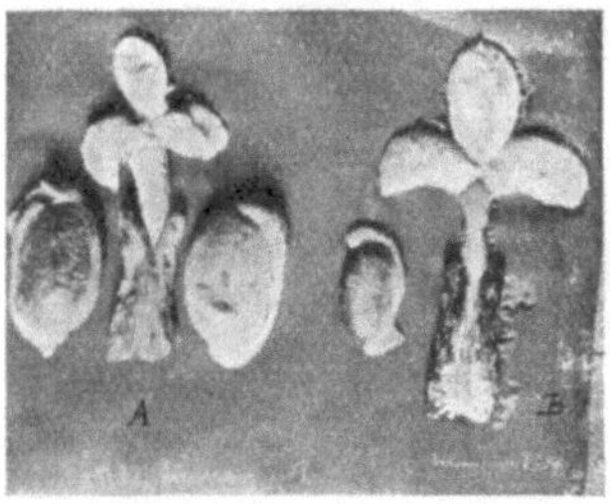

Fig. 1

Fig. 2

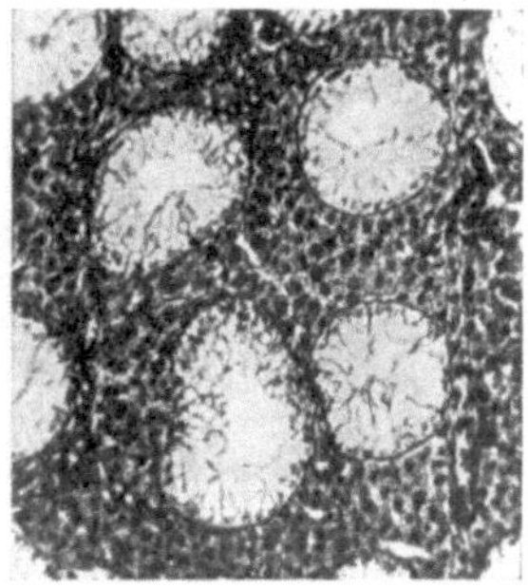

Fig. 3

Fig. 1.

A. Testicule et tractus génital de Porc normal de 80 Kgr, moins le pénis, montrant la vessie, les glandes vésiculaires, les glandes de Cooper.

B. Testicule (unique) de Porc cryptorchide, et tractus génital avec les mêmes organes annexes dont le développement est au moins égal à ceux de A. Poids 70 Kgr. L'âge des deux animaux est d'environ 10 à 11 mois.

Fig. 2.

Tractus génital de Porc castré pendant l'état impubère. Le tractus génital et les glandes annexes sont demeurés à l' état infantile.

Fig. 3.

Testicule de Porc cryptorchide abdominal. Les tubes sexuels renferment seulement le syncytium Sertolien. Glande interstitielle entre les tubes sexuels.

que chez les entiers du même âge, dont les testicules renferment une glande interstitielle normale et dont les tubes sexuels sont le plus souvent vides de leurs cellules séminales et sont uniquement munies de leur syncytium sertolien [1]).

Une telle disparition des éléments séminaux a été obtenue par beaucoup de procédés expérimentaux: cryptorchidie expérimentale de *Kund Sand,* résection partielle du testicule de *Lipschütz,* transplan-

[1]) Il faut faire ici l'observation que dans des cas très rares, certains cryptorchides avec testicules pourvus de leur glande interstitielle et de leur syncytium sertolien présentent un développement incomplet de leurs caractères sexuels secondaires, fait que nous avions déjà signalé dans nos premières publications. Nous pensons que cette inhibition de la fonction endocrinienne du testicule est due à l'action délétère du milieu abdominal, lequel agit non seulement sur les cellules sexuelles qu'il détruit, mais encore sur les autres éléments du testicule. La réalité de cette action nocive est montrée par les expériences de cryptorchidie expérimentale faites sur des animaux impubères, des lapins par exemple, qui présentent d'ordinaire un assez grand retard dans leur masculinisation, laquelle peut se produire 2 à 3 mois plus tard que chez les sujets normaux. On a le droit d'admettre que cette action nocive peut aller jusqu'à l'annihilation de la fonction interne testiculaire, peut être en empêchant la transformation de la glande interstitielle embryonnaire en glande interstitielle adulte.

tation des gonades de *Steinach, Kund Sand,* etc. ... action des rayons de Röntgen *d'Albers Schönberg, Frieben, Villemin, Regaud* et *Blanc* etc...., sténose des voies excrétrices du testicule de nous mêmes, *Kund Sand, Steinach,* etc. Tous les animaux ainsi privés de leurs cellules séminales conservent indéfiniment leurs caractères sexuels secondaires (Fig. 4 et 5). Ces faits sont tous concordants, d'une netteté absolue,

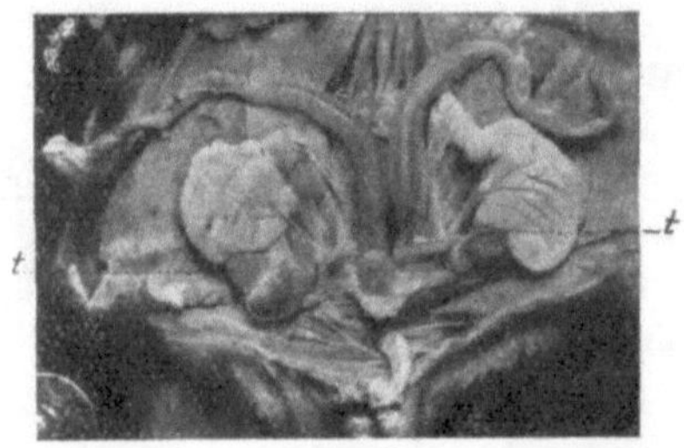

Fig 4

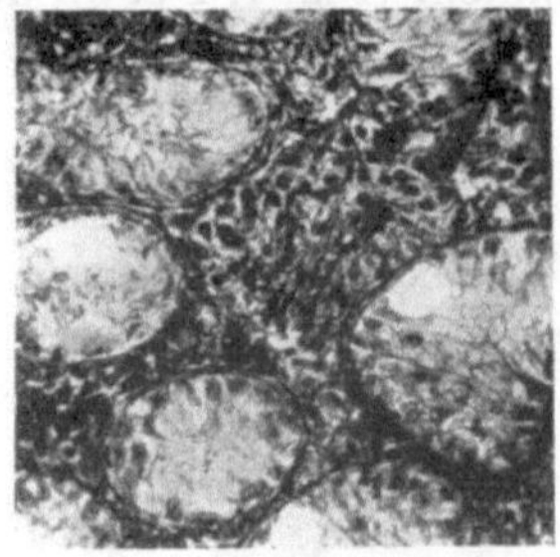

Fig. 5

Fig. 4.

Cobaye opéré de cryptorchidie expérimentale double à l'âge de 8 semaines; sacrifié 5 mois et 8 jours aprés l'opération. t, t, testicules trés petits. On remarquera le développement normal du tractus génital et des vésicules séminales.

Fig. 5.

Testicule de cobaye opéré de cryptorchidie expérimentale à 8 semaines, sacrifié à l'âge de 5 mois et 8 jours. Glande interstitielle entre les tubes sexuels réduits à leur syncytium sertolien.

d'une vérification aisée, et il est difficile de comprendre les critiques dont ils ont été l'objet, car dans les expériences bien conduites, par exemple au moyen des Rayons X dont l'action est si élective et si complètement efficace, on obtient toujours les résulats que nous venons d'indiquer.

Il semble, d'après les observations de nombreux auteurs, que l'expérience la plus discutée est la vasoligature. Peut-être les résultats peuvent-ils varier avec l'espèce animale et l'activité de la spermatogenèse et surtout avec le mode de sténose et l'endroit où celle-ci est pratiquée sur les voies excrétrices. C'est ainsi par exemple que la ligature posée sur les canaux efférents à leur sortie du testicule détermine plus rapidement une involution des éléments spermatiques que celle pratiquée sur le canal déférent. La dégénération de l'épithélium séminal est en outre assez longue, parceque'elle se produit dans doute sous l'influence de la stase spermatique, comme nous-mêmes l'avons montré et comme *Knud Sand* l' a observé également dans ses expériences sur la ligature du vas deferens chez les Rats, Cobayes et Lapins. Peut-être aussi faut il tenir compte d'une réflexion verbale que *M. Lipschütz* nous faisait dernièrement, à savoir que souvent, au cours de ces opérations, on provoque, du moins chez les Rongeurs, une ectopie testiculaire à laquelle il faudrait attribuer la dégénération complète de l'épithélium séminal. Quoi qu'il en soit, le fait que les éléments séminaux peuvent subsister dans les testicules des mammifères longtemps après la sténose du canal déférent n'infirme en rien les conclusions qu'on a le droit de tirer de toutes les expériences rappelées plus haut. Il est simplement la suite d'une involution séminale incomplète. Si les auteurs qui ont pratiqué la vasoligature, comme *Retterer* et *Voronoff* par exemple, s'étaient adressés en même temps à d'autres procédés expérimentaux, nul doute qu'ils auraient obtenu la dégénération totale de l'épithélium séminal, observé l'intégrité des caractères sexuels et terminé l'exposé de leurs recherches par des conclusions contraires à celles qu'ils se sont cru le droit de formuler.

Nous pouvons donc répéter encore une fois notre ancienne conclusion, à savoir que, chez les mammifères adultes, les caractères sexuels et l'instinct génésique se maintiennent indéfiniment en l'absence totale des cellules séminales. Elle nous amène à cette conception que les cellules séminales, spermatogonies, spermatocytes, spermatides et spermatozoïdes ne sont pas l'origine de l'hormone testiculaire.

B. — Nous allons voir maintenant que ces mêmes éléments n'ont aucune influence sur le développement progressif des caractères sexuels secondaires au cours de la croissance. Pour faire cette démonstration, nous avons réalisé des expériences nouvelles sur lesquelles nous allons insister maintenant, parce qu'elles apportent à la question posée une réponse catégorique et définitive. Nous rapellerons tout d'abord qu'en 1923, nous avons signalé des résultats expérimentaux qui nous ont permis de montrer que, chez les mammifères, la masculinisation apparaît et se maintient alors que les éléments sexuels sont totalement détruits dès leur différenciation. Cette destruction a été obtenue par l'action des Rayons X sur des animaux jeunes, Cobayes de $4^{1}/_{2}$ à 5 semaines, au moment où s'installe la préspermatogenèse (Fig. 6 et 7).

Fig. 6

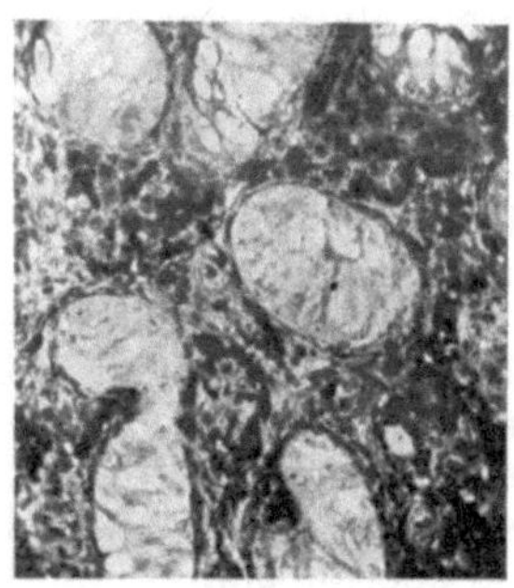

Fig. 7

Fig. 6.

Cobaye soumis à l'action des rayons X à l' âge de 4 semaines $^{1}/_{2}$. Sacrifié 10 mois aprés l'expérience. Développement normal du tractus génital et des glandes annexes (vésicules séminales), malgré la destruction des cellules sexuelles au début de la préspermatogenèse.

Fig. 7.

Testicule du Cobaye irradié à l'âge de 4 semaines $^{1}/_{2}$. Pas de cellules séminales; glande interstitielle abondante entre les tubes sexuels.

Nous venons de compléter cette démonstration par une série d'expériences nouvelles qui ont eu pour objet d'empêcher la différenciation des éléments sexuels de type adulte dans les gonades mâles. Nous avons pratiqué sur des Cobayes impubères, âgés de 25 jours, des irradiations très fortes, répétées 3 jours de suite, à la dose journalière de 2000 R, les mensurations étant faites à l'aide de l'ionomètre de *Solomon*. On a utilisé

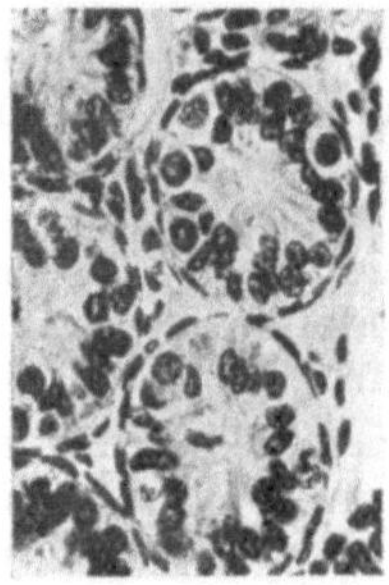

Fig. 8

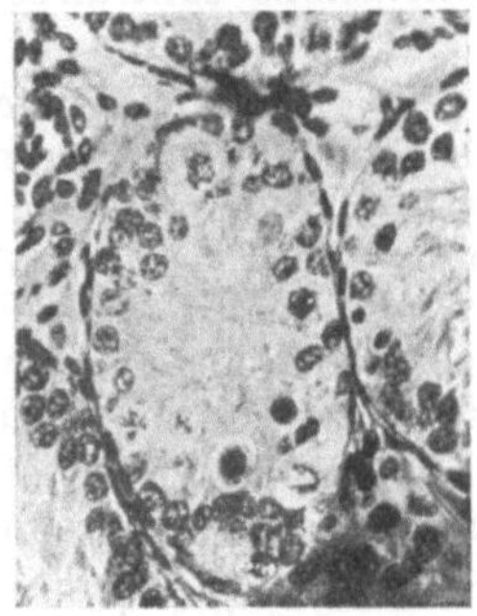

Fig. 9

Fig. 8.

Coupe de testicule de Cobaye jeune, (25 jours) montrant que les tubes sexuels renferment deux sortes de cellules, les grandes cellules germinatives ou gonocytes primaires et les petites cellules sexuelles, ou cellules végétatives.

Fig. 9.

Coupe de testicule de Cobaye jeune, 8 jours aprés la dernière irradiation par les rayons X; on voit que les grandes cellules germinatives sont en voie de dégénérescence.

un tube Coolidge, avec étincelle équivalente de 23 cm, avec $2^1/_2$ M. A., avec filtre d'aluminium de 2 mm d'épaisseur, avec distance objet — anticathode de 18 cm. Les organes étaient préalablement sortis du sac crémastérien et maintenus en place dans le tissu cellulaire souscutané par la fermeture du sac et la suture du tégument externe. Les irradiations ont été faites sur des animaux protégés par une lame de caoutchouc plombé perforée d'une petite ouverture qui laissait seulement à découvert la région des bourses. Au moment de la première irradiation, les gonades de nos jeunes animaux sont constituées par des tubes sexuels qui renferment les éléments caractéristiques de l'organe impubère, c'est-à-dire des grandes et petits cellules germinatives, appelées encore gonocytes primaires, ovules mâles, grandes cellules sexuelles, spermiogonies abortives d'une part; cellules folliculeuses, petites cellules épithéliales, cellules indifférentes, cellules végétatives d'autre part (Fig. 8). Les examens cytologiques des testicules de ces animaux, pratiqués à intervalles variables après la dernière irradiation, nous font assister à l'atrophie rapide des grandes cellules germinatives qui, à la dose utilisée, sont seules détruites par l'action des rayons X. On voit qu'elles entrent en cinèse au moment où doit se déclencher la préspermatogenèse, qu'elles parviennent le plus souvent à la phase spirème, puis qu'elles succombent presque toujours à ce stade et disparaissent très vite sans avoir donné naissance à aucune cellule-fille. Il semble que la lésion cellulaire, produite sur les gonocytes au repos, attende pour se révéler le déclenchement de l'activité cytodiérétique. L'étude cytologique faite 5 à 8 jours après la dernière irradiation nous montre les grandes cellules germinatives en pleine dégénérescence (Fig. 9) ; et la même étude, exécutée 15 jours après la dernière irradiation, nous fait observer que les tubes sexuels sont uniquement peuplés par les petites cellules végétatives (Fig. 10). Il

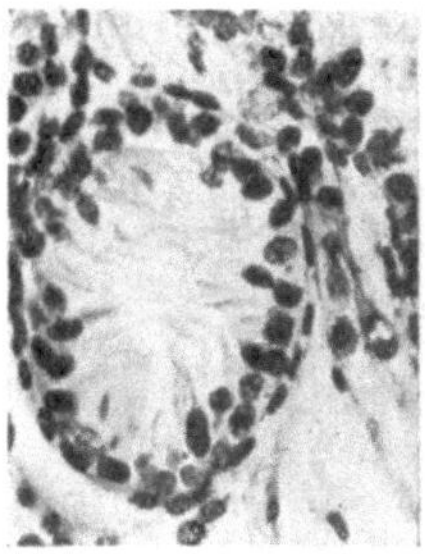

Fig. 10

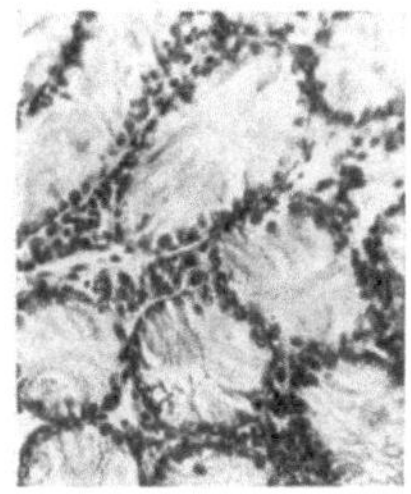

Fig. 11

Fig. 10.

Testicule de Cobaye irradié à l'âge de 25 jours, sacrifié 15 jours aprés la dernière irradiation. Les grandes cellules germinatives ont disparu; la spermatogenèse ne s'est pas installée; les petites cellules ont subi l'évolution sertolienne. Cellules interstitielles entre les tubes séminaux.

Fig. 11.

Testicule de Cobaye irradié à 25 jours, sacrifié 9 mois aprés l'irradiation. Les tubes sexuels renferment seulement le syncytium sertolien. Glande interstitielle intacte entre les tubes.

faut insister sur la remarquable différence de radiosensibilité de ces deux sortes cellulaires, car si la dose de Rayons X employée a suffi pour tuer toutes les grandes cellules, elle a laissé indemnes les petites, qui poursuivent leur évolution et se transforment en éléments sertoliens typiques. Ceux-ci se maintiennent indéfiniment dans les tubes séminifères, et des examens pratiqués de nombreux mois après l'irradiation (9 et 14 mois) montrent qu'elles sont demeurées intactes et que leur nombre est normal (Fig. 11). La glande interstitielle, bien qu'assez radiosensible, résiste d'ordinaire à la dose employée de Rayons X et ses cellules constitutives montrent l'aspect cytologique de l'activité sécrétoire. Des recherches semblables aux nôtres ont été réalisées en 1924 par *Schinz* et *Slotopolsky* sur des Chiens impubères. Comme nous, ils ont observé, à la suite d'irradiations très fortes, la stérilisation complête des tubes séminifères. Mais ils interprétent d'une façon différente de la nôtre le mécanisme de cette stérilisation.

Les faits que nous venons de signaler conduisent à deux conclusions différentes.

La première consiste dans ce fait que les spermatogonies ne se forment pas et par suite que la spermatogenèse ne se déclenche pas quand les grandes cellules germinatives ont été totalement détruites par une dose appropriée de Rayons X. Ce fait nous conduit à admettre que les grandes cellules germinatives sont les cellules ascendantes des spermatogonies, puisque les petites cellules germinatives sont incapables de leur donner naissance. Ce résultat confirme l'opinion de *Benda, Hermann, Valdeyer, Rubaschkin,* etc. suivant la quelle les grandes cellules germinatives, ou gonocytes primaires, sont les cellules-mères des spermatogonies, tandis que les petites cellules végétatives se transforment en cellules de Sertoli.

En second lieu, l'étude de nos animaux parvenus à l'état adulte nous apprend qu'ils se sont développés comme dans les conditions normales: leurs caractères sexuels secondaires ont évolué comme chez les sujets témoins (Fig. 12); leur masculinisation est devenue totale,

Fig. 12.

Cobaye mâle ayant subi l'action de fortes irradiations de rayons X, à l'âge de 25 jours. Sacrifié 9 mois après l'irradiation. Développement complet du tractus génital et des organes annexes, malgré que la spermatogenèse n'ait jamais apparu dans les testicules de cet animal, par suite de la destruction des gonocytes primaires.

et leur instinct génésique, parfaitement intact, se manifeste toutes les fois qu'on les place en présence de femelles qui viennent de mettre bas. Or, cette masculinisation s'est produite sous l'influence de testicules dans lesquelles ne s'est formé aucun représentant de la lignée spermatogénétique; elle s'est réalisée en l'absence totale des cellules séminales: c e l l e s - c i s o n t d o n c i n u t i l e s p o u r a s s u r e r l e d é v e l o p p e m e n t n o r m a l d e s c a r a c t è r e s s e x u e l s s e c o n d a i r e s. Cette observation nous permet d'éliminer d'une façon définitive l'influence endocrinienne possible des éléments reproducteurs, auxquels beaucoup de biologistes, ne tenant aucun compte d'expériences nombreuses, précises et toujours concordantes, attribuent encore la double fonction d'être les agents de la transmission héréditaire et l'origine de la substance hormonique du testicule. Nous pouvons dès lors en toute sécurité scientifique énoncer la conclusion suivante l e s c a r a c t è r e s s e x u e l s s e c o n d a i r e s é v o l u e n t, p u i s s e m a i n t i e n n e n t i n d é f i n i m e n t e n l'a b s e n c e c o m p l è t e d e s c e l l u l e s s é m i n a l e s. I l s u f f i t q u e s o i e n t p r é s e n t s d a n s l e t e s t i c u l e u n e g l a n d e i n t e r s t i t i e l l e n o r m a l e e t d e s t u b e s s e x u e l s m u n i s d e l e u r s y n c y t i u m s e r t o l i e n.

II. — L'action endocrine est-elle due aux cellules interstitielles ou aux cellules de Sertoli?

Puisque les cellules séminales ne possèdent pas le rôle d'élaborer l'hormone testiculaire, ce rôle appartient à l'une ou à l'autre, ou encore à l'une et à l'autre des deux catégories cellulaires qui subsistent dans la gonade, cellules de Sertoli et cellules interstitielles.

Dans nos premières recherches nous nous sommes appuyés, pour nous faire une opinion au sujet de ce problème, sur l'existence d'une hypertrophie compensatrice que nous avons observée chez les porcs cryptorchides unilatéraux, hypertrophie qui parvient souvent à donner au testicule restant un poids égal aux deux testicules quand la cryptorchidie est double et qui nous a paru se produire aux dépens de la glande interstitielle. Nous avions tiré de ce fait un argument en faveur du rôle général joué par cette dernière. On a beaucoup discuté sur la réalité de cette hypertrophie compensatrice depuis le moment où nous en avons signalé l'existence. Niée par les uns, elle a été retrouvée par les autres, soit chez des sujets cryptorchides unilatéraux, soit chez des animaux soumis à des interventions expérimentales. Nous pensons que les uns et les autres ont raison et que le phénomène de l'hypertrophie se produit dans certains cas et ne se produit pas dans d'autres, parce qu'il est subordonné à des conditions physiologiques particulières. Nous dirons seulement ici que le facteur âge paraît jouer un rôle dominant, comme l'indiquent les expériences récentes de castration unilatérale faites en série par *Benoît* sur le coq domestique: l'hypertrophie compensatrice se réalise complètement chez le jeune animal jusqu'à un âge déterminé, à partir duquel le même phénomène ne se manifeste plus. Le problème de l'hypertrophie compensatrice nous paraît nécessiter de nouvelles études au point de vue des conditions dans lesquelles il se produit et des facteurs qui le déterminent.

Mais d'autres notions récentes s'inscrivent en faveur du rôle fondamental de la glande interstitielle au point de vue de l'élaboration de l'hormone testiculaire. Elles s'appuient sur l'observation de cas d'eunuchoïdisme plus ou moins accentué chez des animaux dont la glande interstitielle a subi une atrésie soit spontanée, soit obtenue par la voie expérimentale.

Nous rapellerons tout d'abord les cas d'eunuchoïdisme observés chez des Lapins par *Lipschütz* et ses élèves, *Wagner, Bormann* et *A. Loeper,* avec testicules dont les tubes séminifères se trouvaient en activité spermatogénétique normale et dont la glande interstitielle présentait une atrophie très accusée: l'activité normale des tubes séminaux n'a pas provoqué chez ces animaux l'évolution des caractères sexuels secondaires, qui sont demeurés à l'état infantile. Ce sont là des faits singulièrement suggestifs pour démontrer l'absence de participation des tubes séminifères à l'action testiculaire endocrinienne et pour suggérer l'idée que les cellules interstitielles sont nécessaires pour déterminer cette action. Courrier vient de faire une observation semblable chez une Pipistrelle mâle observée en septembre, chez qui la spermatogenèse s'est produite d'une façon normale, aboutissant à l'élaboration des spermies et montrant encore dans certains tubes la fin du processus de spermiogenèse. Mais chez cet animal, la glande interstitielle n'a pas suivi son évolution cyclique annuelle. Elle est constituée, non pas comme c'est la règle à cette époque de l'année par de gros éléments à cytoplasme abondant avec nombreuses enclaves lipoïdiques labiles, mais par des cellules très petites, composées de noyaux entourés d'une écorce cytoplasmique très mince: ces cellules interstitielles dans leur ensemble rapellent l'image des points lymphoïdes; elles sont semblables à celles que renferme le testicule pendant les intervalles du rut; elles sont au repos sécrétoire. Or, les caractères sexuels secondaires ne sont pas développés chez cet animal: l'épididyme, les vésicules séminales, la prostate ne montrent aucun signe d'activité glandulaire, alors que chez les sujets normaux ces organes possèdent tout leur plein développement et sont en activité sécrétoire dès la deuxième moité du mois d'août. Nous observons donc ici encore une relation évidente entre la présence d'une interstitielle normale et l'épanouissement annuel des caractères sexuels secondaires.

Bien que nous soyons restés jusqu'ici dans le domaine des Mammifères, nous rapprocherons cependant de ces observations des constatations du même ordre, qui ont été faites par *Benoit* sur des Oiseaux, mais qui sont de nature expérimentale. Il a exécuté chez beaucoup de jeunes poulets mâles de race *Leghorn* une ablation plus ou moins complète des glandes testiculaires et il a observé que certains nodules régénérés peuvent être entièrement dépeuplés de leurs éléments séminaux et sont constitués de tubes réduits à leur syncytium sertolien et entre ces tubes de cellules interstitielles glandulaires; les régénérats ainsi structurés exercent une action conditionnante sur les caractères sexuels secondaires (Fig. 13). Mais les nodules de régénération, développés

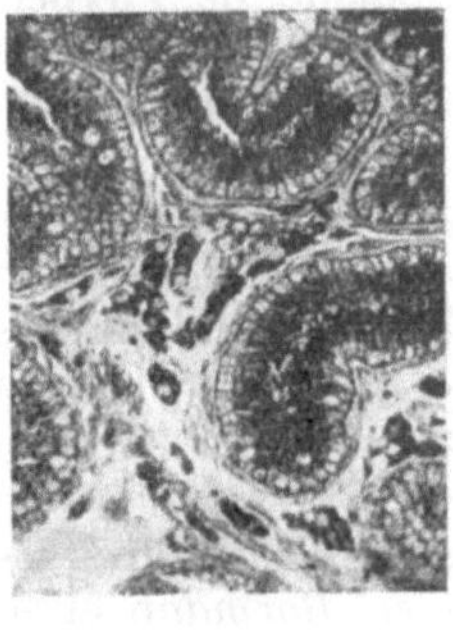

Fig. 13

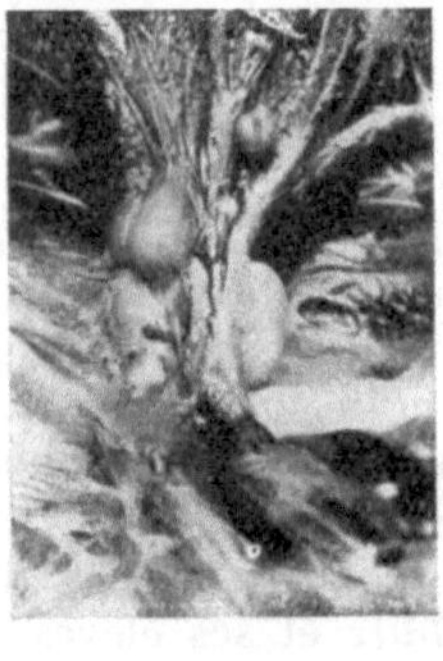

Fig. 14

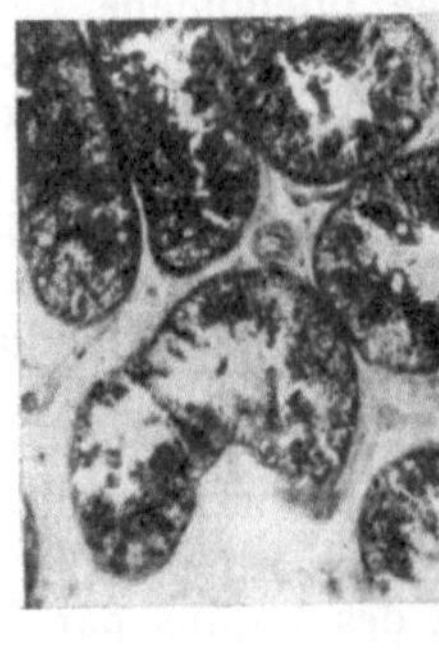

Fig. 15

Fig. 13.

Coupe de nodule testiculaire de régénération d'un Coq partiellement castré. Cellules interstitielles glandulaires bien développées. La crête de l'animal présentait depuis un mois $^1/_2$ une croissance conditionnée par les nodules de régénération. (Prép. *Benoit*).

Fig. 14.

Nodules testiculaires de régénération, Poids: 0 gr 70 cent. (prép. *Benoit*).

Fig. 15.

Coupe des nodules testiculaires de régénération de la Fig. 14. Tubes sexuels munis de l'épithélium sertolien. Absence de cellules interstitielles entre ces tubes sexuels. (Prép. *Benoit*).

chez trois sujets castrés jeunes (à l'âge de 20 jours, 3 mois et 4 mois), et sacrifiés au bout de 3 ans (Fig. 14), présentent entre les tubes sexuels aspermatogènes des espaces conjonctifs où les cellules interstitielles glandulaires sont presque inexistantes (Fig. 15); malgré leur masse plus que suffisante, ces nodules n'ont pas provoqué le développement conditionné des organes érectiles (Fig. 16). Et *Benoît*

Fig. 16.

Coq castré bilatéralement à 5 mois; sacrifié à l'âge de 3 ans et 2 mois. Crète de castrat; elle est demeurée en l'état montré par la photographie pendant toute la vie de l'animal. (Potogr. *Benoit*).

conclut que l'hypoplasie interstitielle est très vraisemblablement en rapport avec la déficience hormonique de ces nodules et que l'interstitielle glandulaire représente un facteur essentiel dans la sécrétion de l'hormone sexuelle mâle.

A l'appui de ces faits exceptionnels et des expériences de *Benoît*, nous allons apporter d'autres résultats expérimentaux qui sont encore peu nombreux, mais qui nous paraissent fortifier singulièrement l'opinion que les cellules interstitielles sont, chez les mammifères, des éléments indispensables pour la genèse de l'hormone testiculaire. En faisant agir sur les testicules de Cobayes jeunes, impubères ou au moment de la préspermatogenèse, de puissantes irradiations de rayons X, nous sommes parvenus à léser profondément ou à détruire l'interstitielle, sans affecter les petites cellules germinatives. Ces deux sortes d'éléments présentent chez ces jeunes animaux un haut degré de sensibilité différentielle à l'action des rayons X, ce qui est un cas particulier d'un fait bien connu par les expérimentateurs radiologues, et qu'*Ancel* et *Wintemberger* ont bien mis en évidence dans leurs études sur le mode réactionnel des oeufs en développement, où la réaction se manifeste après l'irradiation au moment de l'entrée en jeu du travail cellulaire. Pour réaliser cette expérience, on s'est servi du dispositif utilisé pour la destruction des grandes cellules germinatives, en prenant toujours soin de protéger l'animal aussi complètement que possible et en ne laissant à découvert que la petite région occupée par les glandes génitales. L'irradiation a été répétée trois à quatre fois de suite, à plusieurs jours d'intervalle, avec filtre d'aluminium de 2 m/m, distance objet - anticathode 18 cm, étincelle équivalente 23 cm, $2^1/_2$ M. A., de façon à obtenir une dose d'irradiation atteignant 8.500 à 10.000 R.

Parmi les animaux soumis à ce traitement, 5 ont présenté une croissance normale; ils ont été sacrifiés 2 mois ½ à 4 mois après l'exposition aux Rayons de Röntgen. L'examen histologique des testicules et celui des caractères sexuels nous a donné les résultats suivants: on voit tout d'abord, non seulement que la spermatogenèse ne s'est pas installée, mais que les petites cellules germinatives ont continué leur évolution et se sont transformées en cellules de *Sertoli;* on remarque aussi, et c'est sur ce fait que nous attirons l'attention, que les cellules de *Leydig* ont été presque complètement ou complètement détruites par l'irradiation. La destruction a été le plus souvent incomplète et de petits amas de cellules interstitielles subsistent, surtout dans la région testiculaire postérieure, du côté opposé à la face soumise directement à l'effet des rayons; elle a été complète dans un cas où les testicules n'étaient plus composés que de tubes séminaux munis de leur épithélium sertolien. L'examen des caractères sexuels secondaires permet de constater ce fait remarquable que le développement de ces caractères a toujours été considérablement inférieur au développement normal et que tous les animaux ont présenté une hypomasculinisation accentuée, avec verge restée presque infantile, prostate et vesticules séminales petites, celles-ci n'ayant sécrété que très peu de liquide. D'autre part, l'animal ne possèdant plus que le syncytium sertolien, donc entièrement privé d'interstitielle, est demeuré à l'état infantile, il est totalement eunuchoïde (Fig. 17). Comme le complexe syncytium sertolien — glande interstitielle suffit pour assurer une masculinisation totale, et comme la destruction de l'interstitielle seule, faite

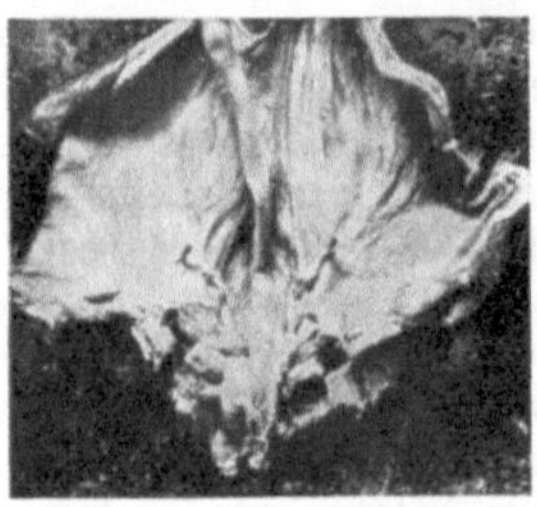

Fig. 17.

Cobaye traité à l'âge de 25 jours par de très puissantes irradiations au moyen des rayons X. Sacrifié à 4 mois $^1/_2$. Absence de développement des caractères sexuels, tractus génital et glandes annexes. Le testicule était réduit au syncytium Sertolien.

dans le très jeune âge, empêche cette masculinisation de se produire, nous pouvons conclure, mais avec la réserve que nous impose le petit nombre de cas étudiés, que le syncytium sertolien à lui seul est incapable de conditionner le développement des caractères sexuels secondaires, et que la présence d'une glande interstitielle active est indispensable à la sécrétion de l'hormone testiculaire.

III. — Observations et expériences sur les mammifères dont l'activité génitale est cyclique et chez les autres Vertébrés.

Les recherches faites chez les mammifères dont l'activité génitale est cyclique, et chez les autres classes de Vertébrés par nos collaborateurs *Aron, Benoît* et *Courrier,* confirment les résultats auxquels nous avons été conduits par nos expériences sur les mammifères dont l'activité sexuelle est constante. Nous dirons seulement ici que, dans leurs recherches faites chez des mammifères sauvages, chez les amphibiens et chez les poissons, ils se sont efforcés d'une part d'établir les concordances qui existent entre l'évolution saisonnière de la glande interne du testicule et les caractères sexuels secondaires, et d'autre part de réaliser des expériences qui montrent l'action de cette glande sur leur conditionnement. Si l'on envisage dans leur ensemble les résultats de ces investigations, on voit qu'il existe dans les classes de Vertébrés ci-dessus mentionnées une concordance rigoureuse entre l'évolution de la glande interne testiculaire et celle des caractères sexuels saisonniers [1]). Nous remarquons aussi qu'il n'existe aucun rapport chronologique entre l'apparition saisonnière des caractères sexuels et la poussée spermatogénétique annuelle, celle-ci pouvant se produire ou bien pendant la période d'intervalle entre deux ruts, comme chez les amphibiens d'après *Aron,* et chez les poissons d'après *Courrier,* ou bien pendant la période du rut, comme chez certains mammifères cycliques, certains chéiroptères, le hérisson (Fig. 18 et 19), la marmotte par

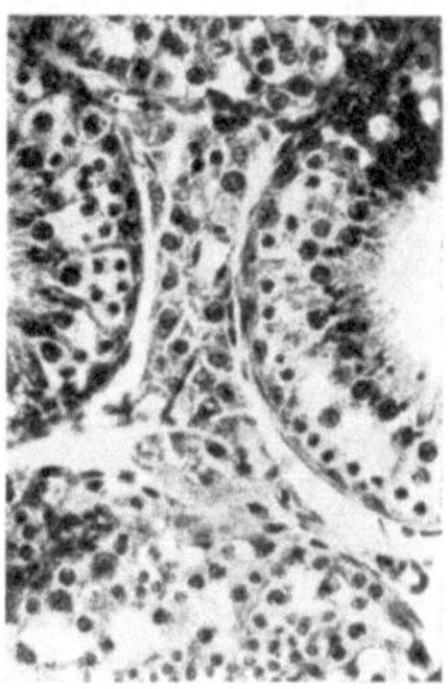

Fig. 18

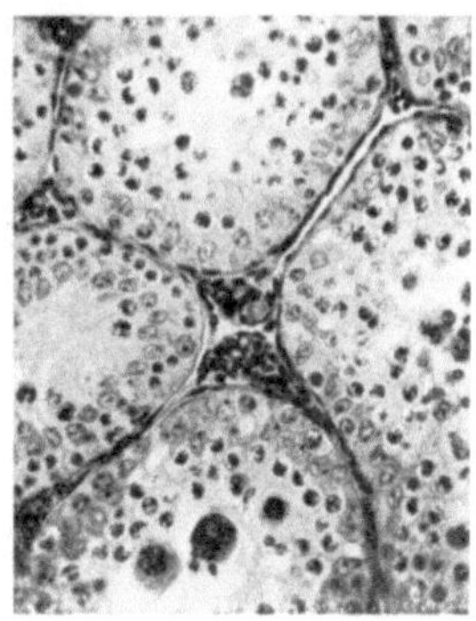

Fig. 19

Fig. 18.

Testicule de Hérisson sacrifié le 6 Mai, pendant la période d'activité sexuelle. Spermatogenèse et glande interstitielle bien développées. (préparat. *Courrier*).

Fig. 19.

Testicule de Hérisson, sacrifié le 24 octobre, pendant la période de repos sexuel. Eléments de la lignée spermatogenétique encore abondamment représentés; Eléments interstitiels involués, apparemment réduits à leurs noyaux, et figurant des sortes de points lymphoïdes. (préparation *Courrier*).

exemple, selon *Courrier.* Ce parallélisme entre l'évolution de la glande interne testiculaire et celle des caractères sexuels secondaires est un phénomène biologique important, auquel il convient d'attribuer

---

1) Quelques Mammifères font une exception apparente à cette règle, comme la Taupe par exemple, chez qui la glande interstitielle n' involue pas pendant la période de repos sexuel. Une étude approfondie montrerait sans doute que les cellules interstitielles possèdent pendant le rut une structure particulière; les recherches de *Pelegrini* ont d'ailleurs fait voir qu'à ce moment ces éléments sécrètent en abondance des lipoïdes labiles décelables par la méthode de *Ciaccio.*

plus que la signification d'un rapport chronologique, et qui fait naître l'idée d'une relation de cause à effet. Mais les expériences faites par *M. Aron* chez les amphibiens urodèles apportent une réponse précise puisque, comme on le verra d'autre part dans la communication qu'il présente à ce Congrès, la destruction ignée de la glande interne testiculaire qui se différencie aux dépens des cellules sertoliennes appartenant aux cystes qui viennent de se vider de leurs spermies, provoque la régression rapide des caractères sexuels secondaires, aussi rapide que celle déterminée par la castration. Cette expérience démonstrative, avec celles que nos venons de réaliser chez les mammifères grâce à l'action des rayons de *Röntgen,* nous conduisent à émettre cette conclusion: que l'hormone sexuelle mâle ne peut prendre naissance dans le testicule en l'absence de cellules de nature glandulaire, cellules interstitielles chez la plupart des Vertébrés, cellules de *Sertoli* chez quelques Vertébrés inférieurs, lesquelles cellules de *Sertoli* doivent préalablement subir une transformation morphologique et physiologique qui en fait des éléments endocrines, homologues des cellules interstitielles des autres Vertébrés.

Les Lois de l'action de l'hormone sexuelle et leurs conséquences morphologigues.

Par *C. Champy*, Paris

Avec 13 figures.

Les caractères morphologiques qui différencient les sexes dans la série animale sont extraordinairement variés, mais cependant ils présentent un certain nombre de traits communs, si on les envisage du point de vue de leur développement. Ces traits communs sont intéressants en ceci qu'ils résultent des lois générales présidant à la croissance des organes constituant ces caractères sexuels.

Parmi les divers groupes zoologiques, et bien qu'il s'agisse de faits généraux, je m'arréterai d'abord à celui des Insectes coléoptères pour les raisons que voici: Le développement se fait chez eux en seul temps. à la nymphose; tous les organes et appendices fortement chitinisés acquièrent dès ce moment leur taille définitive qui n'est plus influencée dans la suite par les fluctuations nutritives. De plus, certaines familles de Coléoptères: Coprides, Onthophages, Dynastides, Lucanides présentent les différences sexuelles les plus accentuées et les plus variées et sont favorables de ce fait.

J'appelerai variant sexuel tout phénomène de croissance, qui est différentiel des sexes dans une espèce donnée. Remarquons que toutes sortes d'organes peuvent être, à l'occasion, variants sexuels: tarses, élytres, antennes, mandibules. Il importe de considérer dans ces organes le phénomène de croissance qui a varié: ainsi dans un fémur d'insecte ce peut être tantôt un allongement, tantôt un épaississement qui fait différer le mâle de la femelle.

Si divers qu'ils soient, les variants sexuels ont des régions de prédilection; tête et région médio-dorsale. On trouve là des appendices variés et ce qui est curieux c'est qu'on les rencontre dans des régions analogues chez des groupes zoologiques très éloignés. Ainsi certains Mammiféres ou Reptiles sont pourvus d'appendices propres au mâle dont l'homologie avec ceux des Insectes s'impose même au vulgaire. Il faut admettre que leur apparition est déterminée par des variations dans la régulation embryogénique et dans des phénomènes assez simples pour être tout à fait généraux [1]).

Le variant sexuel considéré dans un groupe zoologique un peu étendu se montre généralement facultatif, c'est à dire qu'un même appendice peut être variant sexuel dans une espèce et ne l'être plus dans une espèce toute voisine. Ainsi les cornes céphaliques

---

1) J'ai insisté sur ce point comme sur divers autres que je ne puis traiter ici dans: „Sexualité et Hormones“ (Paris-Doin).

caractérisant le mâle de certains Coprides existent dans les deux sexes chez d'autres espèces; les cornes du cerf sont propres au mâle, celles du renne existent aussi chez la femelle.

* * *

Les recheches physiologiques sur les animaux commodes pour l'expérimentation ont démontré que, dans tous les cas d'analyse praticable, le soma est équipotentiel et que les différences sexuelles sont dues à l'action de facteurs humoraux dit hormones sexuelles.

Chez les Tritons j'ai montré moi même l'équipotenialité du soma *Zawadowski* et *Pézard* l'ont montré chez les Oiseaux; *Steinach* chez le *Rat, Sand* chez le Cobaye. Dans tous cas le facteur hormonique est issu de la glande génitale.

Chez les Insectes on n'a pu démontrer que l'hormone sexuelle avait une semblable origine et l'expérimentation est plutôt contraire à cette idée; mais la plupart des expériences sont passibles de critiques que je ne puis développer ici et rien ne s'oppose à ce qu'il y ait chez les Insectes un facteur excitant issu de n'importe quelle partie du corps ce qui est au fond l'essentiel pour ma démonstration.

Fig. 1.
Deux mâles du coléoptère *Xylotrupes gideon* montrant la grande variation de volume des appendices propres au mâle (au dessous une femelle).

Ce qui a attiré mon attention sur les Insectes, c'est l'allure générale de leurs variants sexuels ceractérisés par de trés grosses différences de taille selon les individus. Ceci est à premiére vue en contradiction avec les lois établies chez les Vertébrés.

* * *

En effet chez les oiseaux *Pézard* a montré que l'hormone mâle agit selon la loi du tout ou rien. J'ai eu l'occasion de vérifier ce fait aussi bien sur les Oiseaux que sur les grenouilles. Les observations de *Lipschütz* sur les cobayes sont favorables à la même idée. L'étude histologique de la crête des oiseaux en diverses conditions hormoniques (*Champy* et *Kritch*) confirme cette notion peut être même avec plus de précision que l'étude des longueurs de crête: un certain minimum de testicule suffit à produire l'effet hormonique t o t a l et à maintenir le variant sexuel a u c o m p l e t. C'est là un fait incontestable.

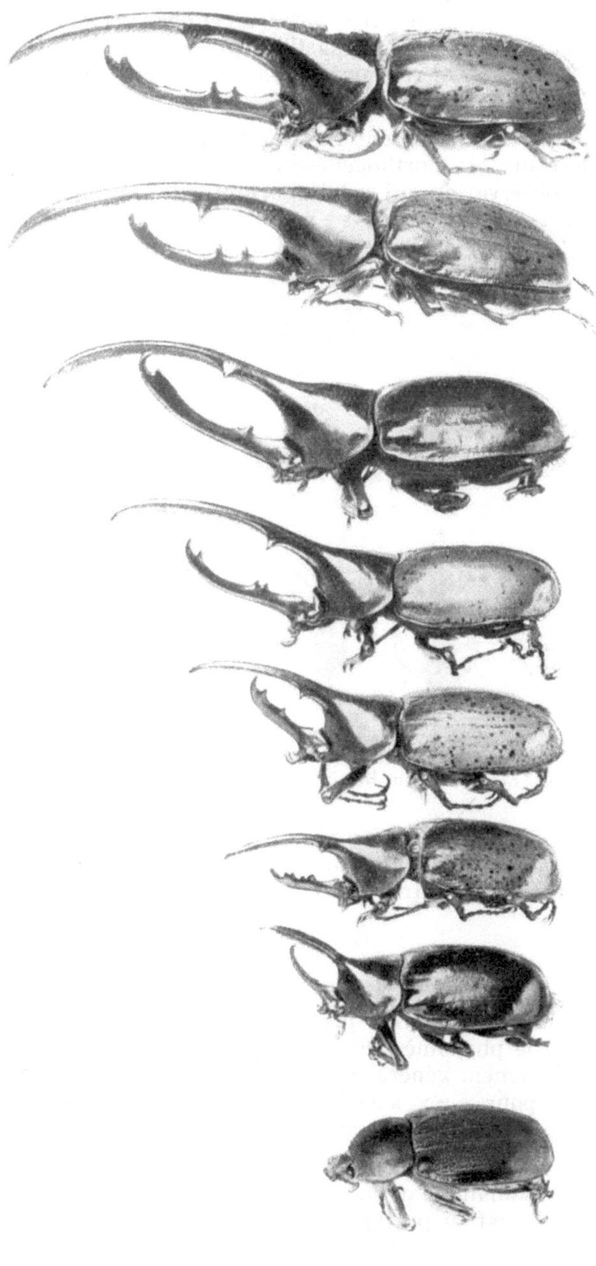

Fig. 2.
Exemple de dysharmonie de caractères sexuels propres au mâle. Serie de males de taille croissante de Dynastes hercules. (En bas une femelle.)

Or les variants sexuels des insectes sont au contraire de tailles trés diverses. D'aileurs le volume des glandes génitales ne varie nullement *(Lucanus Cervus)* est tout à fait typique à cet égard; mais les Coprides les Onthophagus, la tribu des Dynastides présentent, des exemples encore plus saisissants. On retrouve d'ailleurs le même phénomène chez divers Hémiptères ou Névroptères.

Les zoologistes interprétent habituellement ce fait qu'ils ont remarqué comme un fait d'orthogénése c'est à dire un phénomène évolutif. Ils ont observé, ce qui est important, que la taille du variant sexuel varie d a n s l e m ê m e s e n s que la taille somatique. Mais il est bien certain qu'il ne s'agit pas ici d'un phénomène évolutif: chez

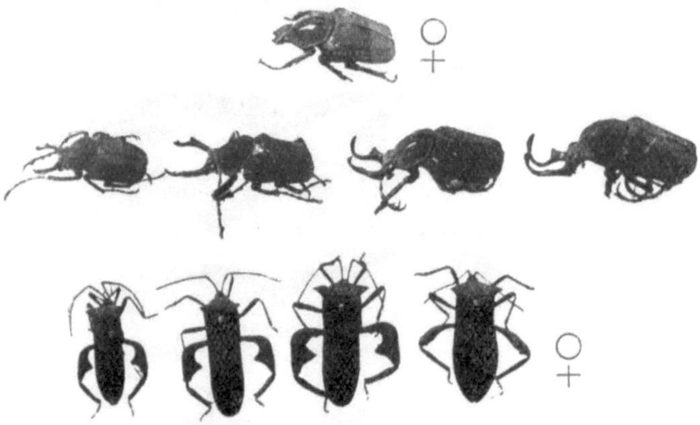

Fig. 3.

Deux exemples de dysharmonie de caractère sexuel propre au male. En haut chez un Goliathide (cornes). En bas chez un Hemiptère (élargissement des fémurs postérieurs).

tous les Coléoptères, une même ponte donne des animaux de tailles diverses selon la manière dont on nourrit les larves. Il s'agit d'un simple phénomène de nutrition et de partage des matériaux entre les organes.

* * *

Un examen plus détaillé montre que si le variant sexuel croit avec la taille, il croit bien plus vite que proportionnellement à elle. C'est ce que j'appelle le phénomène de d y s h a r m o n i e d e c r o i s s a n c e. Il est extrèmement général en ce qui concerne les variants sexuels et se retrouve pour e u x s e u l s, comme nous le verrons tout à l'heure, dans la plupart des groupes zoologiques.

Si on essaye de faire un graphique du phénomène portant en abcisses le volume somatique et en ordonnées le volume du variant sexuel (ceci est assez délicat en pratique à cause de la difficulté des mesures exactes) on obtient une courbe régulière qui se rapproche de la forme parabolique. Ceci me parait à retenir parce que si on analyse ce graphique on constate qu'un membre qui varierait proportionnellement au volume somatique s'inscrirait en une droite. Pour arriver à une para-

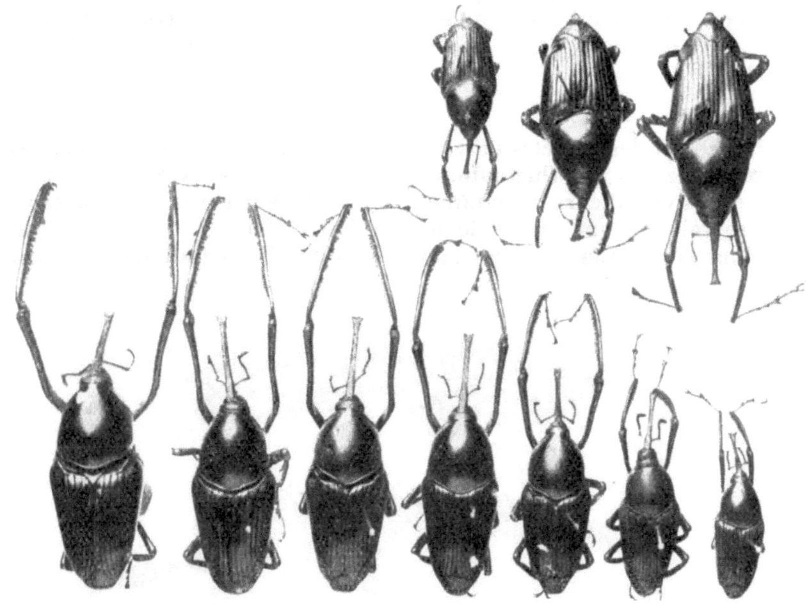

Fig. 4.
Exemple de dysharmonie d'un caractère propre au mâle (allongement des membres antérieurs chez de Charancon (Cyrtotrachelus dux). En face trois femelles de tailles différentes chez qui les membres antérieurs restent proportionnels.

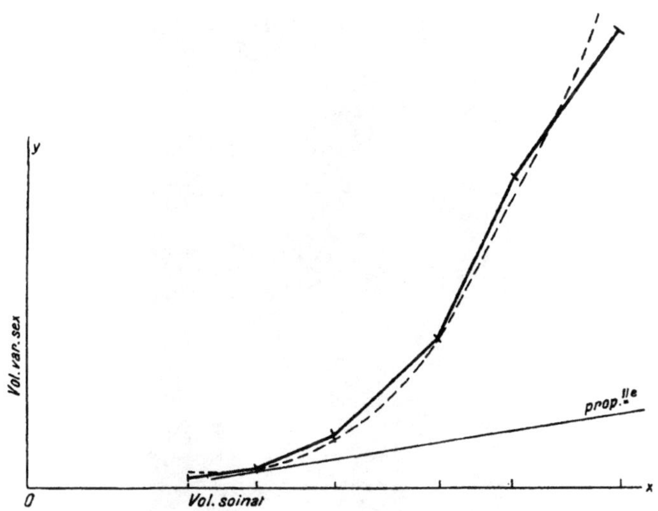

Fig. 5.
Graphique du phénomène de dysharmonie chez le Dynaste. (En pointillé la parabole la plus approchée; en trait fin: inscription d'un membre qui resterait proportionnel.

bole, il faut imaginer que le phénomène sexuel est influencé par une accélération constante. Or une accélération constante, c'est l'une des expressions de la loi du tout ou rien démontrée par l'expérimentation.

* * *

J'ai choisi des Insectes parce que le phénomène de dysharmonie est plus pur chez eux, les fluctuations nutritives étant sans influence, mais on le retrouve ailleurs, notamment chez les Vertébrés dont la croissance se fait suivant un mode tout à fait différent. Les cornes des caméléons et des Cervidés, les appendices de divers Gallinacés en sont

Fig. 6.

Regression de la crête de triton punctatus par le jeûne (Dysharmonie nutritive)

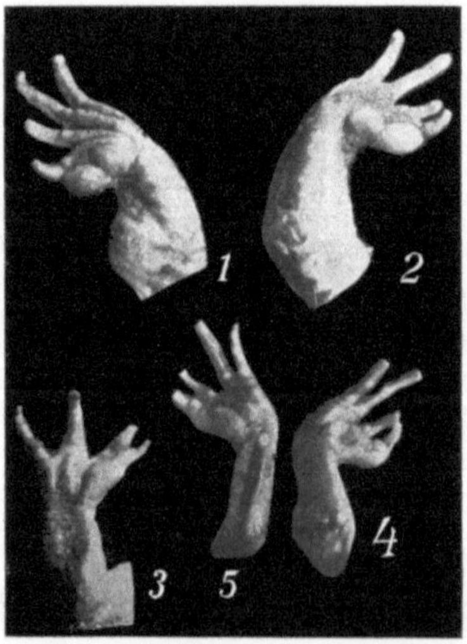

Fig. 7.

Série de bras antérieurs de grenouilles (Rana temporaria) de maigreur plus ou moins marquée montrant la variation dysharmonique du coussinet du pouce propre au male.

des exemples très nets; seulement ici le même animal passe successivement par des tailles somatiques qui, chez les Insectes holométaboliens ne peuvent être représentés que par des individus différents. Pour chacune de ces tailles il prend le volume de variant sexuel qu'indique la loi de dysharmonie.

Les fluctuations provenant de variations de l'état nutritif sont peu sensibles chez les homéothermes qui ne peuvent supporter sans mourir une inanition un peu sévére. Au contraire chez les Amphibiens qui supportent un amaigrissement réduisant leur poids de plus de moitié, ces fluctuations nutritives deviennent prépondérantes. Les variations de taille de la crête des Tritons ou des glandes du pouce des Grenouilles selon l'état de nutrition sont tout à fait caractéristiques. Elles vont jusqu'a une réduction presque aussi grande que celles qu'on obtient par la castration totale.

Ce matériel étant favorable à l'expérimentation j'ai pu montrer sur les grenouilles [1]) que le volume des glandes du pouce est maintenu intégralement par un fragment de testicule très petit si la grenouille est bien nourrie. Donc la loi tout ou rien est vraie ici.

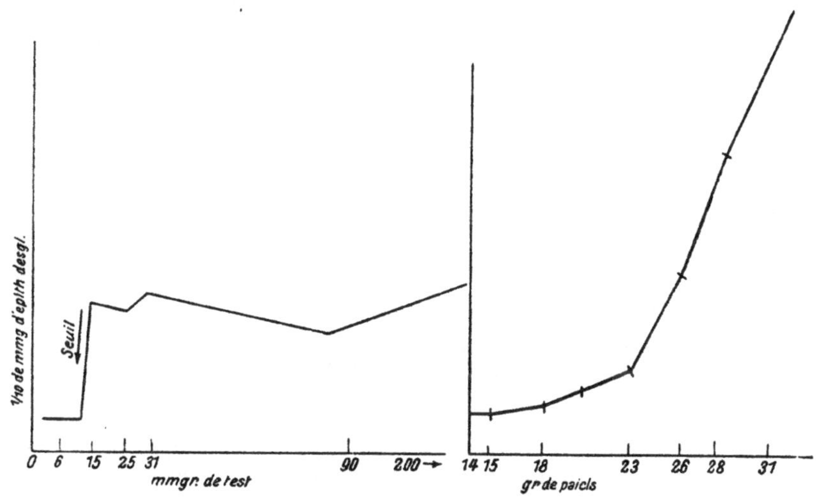

Fig. 8.

Courbes des variations du volume de l'épithélium des glandes du pouce.
A gauche courbe faite en portant en abcisses les poids de testicule (dans des castrations partielles) et en ordonnées le volume de l'épithélium (surface sur les coupes). On saisit bien l'existence du seuil (loi du tout ou rien) les irregularités de la partie haute du graphique tout dues à ce que les grenouilles ne sont jamais dans un état de nutrition exactement identique.
A droite, courbe faite avec des grenouilles d'un même lot semblables au début, qu'on a laissé s'amaigrir plus ou moins. En abcisses: poids des grenouilles; en ordonnées: volume des glandes. On voit que cette courbe ressemble aux courbes de dysharmonie des Insectes.

Mais si la grenouille s'amaigrit, le volume peut diminuer autant que chez le castrat. C'est encore un des aspects, du phénomène de

[1]) Bulletin biologique de la France et de la Belgique, 1926.

dysharmonie: la grenouille très maigre n'a qu'une très petite quantité de variant sexuel comme un cerf très jeune ou un Lucane très petit.

L'expérimentation confirme donc bien que l'hormone agit selon la loi du tout ou rien, mais que le résultat quantitatif dépend des conditions nutritives. On saisit bien ici le rôle respectif des deux conditions hormonique et nutritive.

* * *

Mais il y a lieu de s'attarder à l'étude de la dysharmonie chez les Insectes. Ils fournissent des documents précieux qui ont la valeur d'experiences toutes faites. Le groupe des Onthophagus par exemple nous montrera, si nous examinons une longue série d'espèces, que l'appendice qui est un variant sexuel facultatif n'est dysharmonique que lorsqu'il est variant sexuel et cesse de l'être dans les espèces où il est semblable dans les deux sexes. Le groupe des Phanaeus donne aussi d'excellents exemples du même fait.

Fig. 9.

Comparaison de deux expèce de Phanaeus. Chez celle du haut (Ph. conspicillatus) la femelle (verticale) n' a pas de corne; chez celle du bas (Ph. lancifer) elle est cornue. On voit que chez la 1ere espèce la corne est dysharmonique et qu'elle ne l'est pas chez la 2e.

Sur trois cornes, que présente telle espèce d'Onthophagus, si l'une se trouve dysharmonique chez les mâles, les autres ne l'étant pas, on peut être assuré que la premiére est absente de la femelle tandis que les deux autres sont présentes. Le phénomène est d'une telle rigueur qu'on peut aisément, en examinant une série de mâles de tailles diverses, prévoir exactement l'aspect de la femelle.

Fig. 10.

Série de males et une femelle d'un Goliathide (Enema) chez qui la femelle (à droite) possède une corne cephalique tandis qu'elle n'a pas la corne prothoracique que possède le male. Chez les males on voit que la corne prothoracique est dysharmonique, tandis que la corne céphalique ne l'est pas.

La même chose se retrouve chez les Dynastides et fort loin des Insectes chez les Caméléons et chez les Cervidés. C'est donc bien en tant que variant sexuel qu'un phénomène de croissance quelconque est dysharmonique [1].

* * *

Il est cependant quelques variants sexuels qui ne le sont pas. C'est fort rare pour ceux qui caractérisent le mâle, du moins en dehors des organes copulateurs. C'est fréquent pour ceux qui sont propes à la femelle.

Mais l'expérimentation nous apprend, que beaucoup d'entre eux sont dus à l'intervention de facteurs inhibiteurs ou chalones. Or le phénomène de dysharmonie ne peut s'expliquer qu'avec l'intervention d'un facteur accélérateur, d'une hormone *sensu stricto* [2].

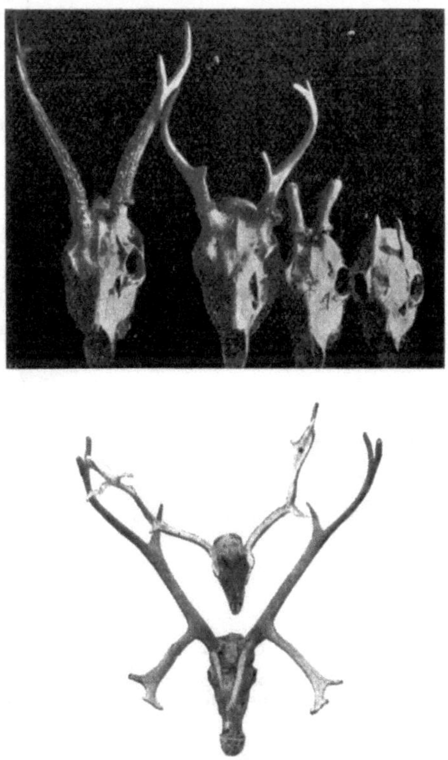

Fig. 11.

Comparaison de deux cervidés: · En bas le renne où les cornes ne sont pas variant sexuel; elles restent sensiblement proportionnelles; En haut le chereuil où la corne est propre au male; elle varie dysharmoniquement quand la taille croit.

---

[1]) Ceci est intéressant pour l'étude des matériaux paléontologiques et peut permetre d'affirmer que telle forme décrite comme une espèce spéciale correspond à la forme femelle d'une espèce connue.

[2]) Il y a aussi des caractées sexuels qui ont un determinisme complexe. Voir à ce sujet: Na Kamura, Arch. de Biol. france et belgique 1927.

Il est remarquable que dans les expériences négatives faites sur les Insectes, on s'est servi constamment de caractères non dysharmoniques pour lesquels ont peut prévoir a p r i o r i qu'il n'intervient pas une hormone.

Il est cependant chez les femelles des exemples, à vrai dire assez rares, de caractères sexuels présentant nettement le phénomène de dysharmonie: l'élargissement des élytres des Lycus, de diverses femelles de Longicornes et d'une façon générale les caractères non adaptatifs et purement ornementaux que les femelles présentent assez rarement. Il est assez logique de supposer que, dans ces cas là seulement, intervient un facteur excitant.

En fait, le phénomène de dysharmonie joue non seulement dans une espèce, mais si on considère les choses du point de vue de l'évolution dans un phylum. L a m e e r e a observé déjà que les grandes espèces présentent en général des variants sexuels plus développés que les petites espèces voisines, de même que les grands individus en ont de plus développés que les petits dans la même espèce. Ceci est vrai, en moyenne, et dans les groupes les plus divers aussi bien par exemple chez les Cervidés que chez les Insectes. Seulement il y a ici de nombreuses exceptions à la régle.

Fig. 12.

Dysharmonie d'un phénomène de croissance propre aux femelles: Elargissement des elytres chez Lycus ampliatus. Série de femelles de taille de croissante. En bas et à droite ùn mâle.

Cette fois s'est bien d'orthogénése qu'il s'agit, mais d'orthogénése en ce qui concerne la taille; la variation des appendices sexuels n'en est que la conséquence.

* * *

Il est curieux, non seulement de souligner que la plupart des caractères sexuels obéissent à des lois morphogéniques assez spéciales, mais de remarquer en même temps que ces lois sont la conséquence directe de phénomènes physiologiques simples mais généraux.

Fig. 13.

Phénomène de Lameere. Dysharmonie dans une série d'espèces de Prionides de tailles croissantes (Les animaux du haut sont empruntès à des espèces différentes mais voisines) comparable à celle qu'on observe chez les individus de taille variable d'une même espèce (Les animaux du bas sont des individus d'une même espèce.)

Ainsi toute une partie importante de la morphologie se trouve expliquée par la physiologie de la croissance et n'est pour ainsi dire que l'inscription naturelle de phénomènes très généraux de mécanique du développement.

En ce qui concerne l'hormone sexuelle, il est important de saisir l'intervention de deux facteurs l'un hormonique qui joue selon la règle du tout ou rien, l'autre nutritif qui influe sur la quantité du variant sexuel

Thė Scrotum: A Temperature-regulating Mechanism.

By *F. A. E. Crew*, Edinburgh

The testes of the vertebrates are developed in contact with the ventral surface of the kidneys behind the peritoneal lining of the body cavity. In most forms they remain in or near this position permanently, but in the majority of the mammals the testes leave this primitive lodgment during the course of ontogeny and, migrating posteriorly and ventrally to the terminal periphery, ultimately protrude at the surface of the body-wall. This protrusion constitutes the scrotum which in some groups takes the form of an ill-defined, slightly elevated area, and in others of a capacious, well-defined, pedunculated sac, standing well away from the general body surface and shaded by the thighs and tail. The scrotum is peculiar to the mammal, but is not present in all. In the monotremes, many edentates, certain insectivores and ungulates (elephant, rhinoceros, hyrax) and in the aquatic sirenians and cetacians the testes remain permanently intra-abdominal and there is no scrotum. The scrotum of the marsupials is prepenial and in other ways also differs from that of the typical mammal. In certain forms there is commonly a seasonal gametogenic cycle which is associated with a seasonal migration of the testes. The gonads proceed to complete gametogenesis only when they have descended into the temporary scrotum; when they are returned to the abdominal cavity spermatozoa are not elaborated. This periodicity in descent necessitates an "open" form of inguinal canal, a persistently patent communication twixt abdominal cavity and subintegumental position. This type of open canal is found among the rodents. In the terrestrial carnivora, the majority of the ungulates, and the primates the inguinal canal is closed and the return of the testis from scrotum to abdomen is thus prevented. The various positions of the testis encountered in different forms mark the stages in a complete migration from the primitive position near the kidneys to the bottom of a pedunculated scrotum.

The typical mammalian scrotum is a pouch composed of skin and dartos tunic. The skin is characteristically thin, well supplied with sebaceous follicles and beset with scattered hairs. It is an area in which transpiration proceeds in a marked degree. The dartos is a thin layer of non-striated muscle, continuous around the base of the scrotum with the two layers of superficial fascia of the groin and perineum. From it a septum extends from the median raphe, which superficially divides the surface of the scrotum into symmetrical halves, and the under surface of the penis as far as its root, to divide the scrotal cavity into two halves, each of which includes a testis. The tunic is closely applied to the overlying skin and is separated from the subjacent structures by delicate fat-free areolar tissue upon which it glides with the greatest freedom. The scrotum that contains functioning testes is fat-free: the scrotum of the castrate is fat-laden.

The appearance of the scrotum varies with different conditions of body and external temperature. Under the influence of external heat and subsequent upon bodily exercise, the scrotum is flaccid, elongated, and its surface is relatively plain; under the influence of external cold it becomes contracted and its surface corrugated, whilst the testes are drawn up in closer contact with the body wall or even within the inguinal canals. The area of the scrotal surface exposed to the air varies and the amount is immediately controlled by the action of the dartos muscle.

In the present-day mammal in which migration of the testis occurs, the gonad is linked up with one or other of the mammary areas, suprapubic, inguinal, perineal, or scrotal, at first by the inguinal fold, later by the gubernaculum testis, the canal-former, the guide, which is attached by its cephalad end to the *Wolffian* duct, the epididymis, and at the point where globus minor and vas deferens meet and by its caudad end to the subcutaneous tissues in the groin, the scrotum, the root of the penis, and on the pubis. The gubernaculum is an actively growing mass of fibro-muscular tissue, which, starting from the muscular stratum of the mesorchium and inguinal fold in the inguinal fossa, invades the abdominal wall, every layer of which it carries along with it as a prolongation within the scrotum. Upon the peritoneum thus displaced the testis is drawn like a log upon a sledge. The gubernaculum forms the inguinal canal which pierces the abdominal wall by the growth of its wedge-shaped end along the line of the lymph sinuses and the canal is formed before the testis passes. The final position of the migrating testis is decided in great part by the relative development of the different gubernacular insertions. There is some divergence of opinion concerning the actual nature of the gubernaculum as the mechanism producing testicular migration. Some authorities hold that the testis is actually pulled by the muscular action of the gubernaculum, whereas others maintain that the gubernaculum merely anchors the testis to the bottom of the scrotum and that it is a disproportion in the growth of the body on the one hand and of the gubernaculum on the other that leads to a disturbance of anatomical relationships. The fact that in certain forms the testis periodcally moves from abdomen to scrotum and vice versa inclines one to the former interpretation. It is difficult to conceive that periodic alterations in intra-abdominal pressure could be responsible for the timeous movement of the gonads.

The phylogenetic history of the scrotum and of the migration of the testis is obscure. Many and varied have been the opinions expressed. The general conclusions reached are illustrated in the musings of *Herbert Spencer* (1866). ". . . There remain many unsolved problems. Take, as an instance, the descent of the testis in the *Mammalia.* Neither direct nor indirect equilibration accounts for this. We cannot consider it an adaptive change, since there seems no way in which the production of the sperm-cells, internally carried on in a bird, is made external by adjustment to the changed requirements of mammalian life. Nor can we ascribe it to the survival of the fittest, for it is incredible that any mammal was overadvantaged in the struggle for life by this changed position of these organs. Contrariwise, the removal of them from a place of safely to a place of danger would seem to be negatived by natural selection. Nor can we regard the transposition as a concomitant of re-equilibration, since it can hardly be due to some change in the general physiological balance". There certainly appears to be no compensatory physiological advantage offering benefits which outweigh the possible physical disadvantage and it would seem that the migration of the testes has not been developed in relation to ulterior ends but that it is simply the inevitable concomitant of some other constant feature of the animal's existence.

It is possible that mechanical forces resulting from the changing methods of progression tended to persuade the dense compact suspended testis to pass from the primitive position towards the inguinal region of the abdominal cavity *(Woodland,* 1903) where it would come to be in the line of the lymph sinuses in the groin. Then with increasing impulsiveness of movement and with increased intra-abdominal pressure consequent upon the development of the diaphragm, it is possible that the testis would come to be exposed to forces which tended to impel it along this lymph-track so that it would occupy a subintegumental position in the groin *(Bramann,* 1884; *Eberth,* 1904; *Keith,* 1921). It is possible that in this way a definite hernial sac of the integument including the testis could be formed. If this process were repeated in the life history of every male and if the change in position of the testis in no way affected its functioning or, on the other hand, if the testis could adjust itself to function in the new position, then nothing would embarrass the further spread of this new characterisation through the race and the process would be repeated in every generation until at last mutation succeeded modification and migration became incorporated in the life processes of the individual and anticipated by the development of a mechanism which would produce the descent of the testes during foetal life. *Cunningham* (1921), considering this problem, confesses that "the evolution of the scrotum can only be explained either on the theory of mutation or some *Lamarckian* hypothesis", whilst *Wiedersheim* (1906), disregarding the method, states dogmatically that "originally, the descent of the testis did not occur until sexual maturity in all cases, but in many Mammalia (e. g., Marsupials, Ungulates, Carnivores, Primates) the process has gradually become shifted backwards ontogenetically to earlier periods, so that the formation of the scrotum takes place independently in the embryo in the form of the external genital folds".

It is essentially reasonable to assume that the testis, formerly intra-abdominal, became, through later acquired genetic alterations, scrotal in certain forms, even though it is impossible to trace the history of this transformation. This being so, it is a significant fact that the testis which normally is scrotal in position is not capable of functioning completely within the abdominal cavity. Gametogenesis is complete only when such a testis is subintegumental in position.

It follows then that the testes of the primitive and of the modern forms of mammals in which migration of the testis is now the rule differ in this respect and that there has been an adaptation or the part of the spermatogenic tissues or else a mutation has occurred, for the testes of modern mammals cannot proceed to spermatogenesis when in, or near, the primitive position. That the imperfectly descended testis is aspermatic (save in extremely rare and it must be stated rather uncritically recorded instances) is attested by the records of many experienced surgeons and biologists. Observations of this kind too all indicate that the degree of completeness of spermatogenesis is most intimately related to the degree of the completeness of descent of the testis into the scrotum.

„It is certain that in the majority of cases the imperfectly or abnormally descended testicle is functionless, at any rate as regards spermatogenesis. But though the function of spermatogenesis is absent, that of producing the internal secretion necessary for the development of the secondary sexual characters of the male is generally, but not always, carried out. That the function of spermatogenesis is lost is shown by the fact that such persons are unable to beget offspring and is also confirmed by the histological examination of retained testes after removal."

"In rare cases the spermatogenetic function is not lost, even when there is a double imperfect descent with very small testes or when both organs are arrested within the abdominal cavity: this has been proved both by the presence of normal tubules and active spermatozoa, and also by the fact that these persons have proved capable of procreation. Many examples of this are recorded in medical literature. There is, however, evidence that those in which spermatogenesis is normally carried out are young men mostly under thirty years of age. In men over this age the imperfectly descended testis is nearly always functionless. In the majority of cases under thirty the spermatogenetic function is absent and the proportion of functional organs is probably small". *(Turner, P.,* 1919). "After careful observations extending over many years, I only once found spermatozoa in an undescended testis." *(Bland-Sutton,* 1910).

It is not rare to find spermatozoa in testicles which have remained in the lower part of the inguinal canal, but in those in the upper part, and in those taken from the abdomen, this is exceptional". *(Hobday,* 1914). "The nearer the testis comes to be to the normal scrotal position, the more likely it is that functional spermatozoa will be found therein. Testes removed from the lower part of the inguinal canal, though smaller in size than the normal and inclined to be of an unusual shape, are in the majority of cases imperfectly functional; testes removed from the abdominal cavity (of the horse), so far as my experience goes, are invariably the seat of tumour growth, benign or malignant, even in the case of two-year old horses; testes removed from the upper part of the canal are usually atrophic and normal spermatozoa can be found therein only very exceptionally. It would seem that when a testis occupies its normal position in the scrotum the conditions are such that the activities of the other component tissues of the gland are restrained by the dominating activity of the germinal epithelium, but that when the testis is brought to rest in an abnormal situation, the function of spermatogenesis being in abeyance, the other tissues of the gonad take on an uncontrolled growth" *(Crew,* 1922).

These conclusions are confirmed by the observations of *Goubaux* and *Follin,* (1855); *Godard* (1856); *Monod* and *Arthaud* (1887); *Regaud* and *Policard* (1901); *Felizet* and *Branca* (1898); *Bouin* and *Ancel* (1904); *Corner* (1904); *Whitehead* (1908); *Hanes* (1911); *Goddard* (1920), and others; and if in minor points there is some disagreement of opinion, it will be recognised that this is in all probability due to the fact that in a particular case the testis may not permanently stay in one place, a testis removed from the upper part of the canal may have commonly moved into the lower part or even into the scrotum.

That the testis is a sensitive organ in which the gametogenic function is readily disturbed is illustrated by the records of disease. Complete absence of spermatozoa commonly characterises the testes in cases of pyrexia *(Busch,* 1882; *Hansemann,* 1895; *Cordes,* 1898; *Mills,* 1919; *Wolbach,* 1919; and *Stigler,* 1914). This relationship of raised body-temperature and absence of spermatozoa is not without significance.

One fact clearly emerges from these considerations. Whatever may have been the phylogenetic history of the migration of the testis it is now definitely established that the testis which normally is subintegumental in position cannot proceed to complete spermatogenesis within the body cavity. It is true that in the case of birds, the testiconda, reptilia, amphibia, and so forth, the testis is normally intra-abdominal and in this position is completely functional, and that the ovaries of all vertebrates are intra-abdominal and there are completely functional, but that this is so does not affect the problem now being considered. The ovary and the normally intra-abdominal testis are adapted to function within the abdominal cavity; the scrotal testis is not, and the present study concerns itself with the relation between the complete functioning of the normaly scrotal testis and its position. It is manifest that some significant difference exists between the conditions within the scrotum and those within the abdominal cavity.

To explain this accepted relation between imperfect descent and imperfect gametogenesis, two theories have been advanced: one, that the imperfection in functioning is the cause of the imperfect descent; the other that it is the result. The first postulates that there is some abnormality of the germinal epithelium which prevents the normal development and migration of the testis. *John Hunter* (1837), for example, states that "It is not easy to ascertain the cause of this failure in the descent of the testicle; but I am inclined to suspect that the fault originates in the testicles themselves"... "When one or both testicles remain trough life in the belly, I believe that they are exceedingly imperfect, and probably incapable of performing their natural function, and that this imperfection prevents the disposition for descent from taking place."

"Arrest of descent is commonly regarded as a symptom of arrest of testicular development. *John Hunter* regarded arrested descent of the testicle as due to an imperfection in its development; all recent observations support his opinion". (*Keith,* 1921). "It is commonly believed that the imperfection of an undescended testicle is due to its failure to reach the scrotum. This I believe to be an error. An undescended testis fails to reach the scrotum because of its imperfection". (*Bland Sutton*). If this is so, then manifestly spermatogenesis will remain incomplete even though surgical measures are taken and the testis placed in its proper position in the scrotum. The second theory postulates that full growth and differentiation up to the time of sexual naturity is possible in an abnormal situation but that at the time when the final stages of spermatogenesis should be completed and the individual become thereafter fecund, the abnormality in position in some way reacts upon the testis so that these stages cannot proceed.

This view was maintained by Crew (1921) who argued that since it is commonly accepted that the testis itself plays but a passive rôle in migration, it is difficult to accept the view that the conditions commonly found in a maldescended testis constitute a sufficient cause for its imperfect descent. Imperfection of the local peritoneum coexistent with the development of the inguinal fold and mesorchium; imperfection of the gubernaculum, of the inguinal canal or of the scrotum itself; these conditions must also end in imperfect descent; overaction of the cremaster muscle must be considered as another possible cause, for it is known that in infants and children the action of this muscle occasionally draws the testicle up even beyond the external ring. Instances are recorded in the human subject in wich the testis periodically disappeared into the abdominal cavity, (*Murard,* 1919). It is difficult to see how imperfection in the histological structure of the testes which does not affect its size, shape or attachments can affect its migration along a passage prepared for it. It is reasonable to hold that commonly the fault in imperfect migration must lie with the powers or with the passage and not with the passenger.

If the fault lies with the position and not with the testis, if the imperfection is the consequence of mal-position, then surgical interference which secures the testis within the scrotum should permit the gonad to complete its differentiation and function normally.

That it was reasonable to take this view seemed to be supported by the records of certain experimental work of Griffiths who in 1893 demonstrated that, if the scrotal testis of a puppy was returned to the abdominal cavity without injury to its vas deferens and blood and nerve supplies, it developed but a little way beyond its embryonic stages of differentiation, never elaborating spermatozoa, although the opposite and undisturbed testis developed and functioned normally, and that, if the testis of an adult sexually potent dog was replaced within the abdomen, all the germinal tissue disappeared within a few months and only the single layer of Sertoli cells remained. He satisfied himself that the histological organisation of the ectopic testes was not due to any inherent defect of the gonad but that it was developed as a response to a changed environment. "What, then", he asks, "can be the reason that in some, a limited number of animals, the scrotal position is essential to structure and function? ... Can it be that the very turbulence of the region is requisite for its perfect development and the maintenance of its functions in certain animals? ... So far as I am aware, no satisfactory answer has ever been offered to this most interesting question".

In 1921 Crew first put forward the suggestion that the essential difference between the scrotal and intra-abdominal environments must be one of temperature. He argued that the later stages of spermatogenesis in the case of the testis which normally descends into a scrotum require a temperature lower than that which obtains in the abdominal cavity; that the temperature within the scrotum was definitely and significantly lower than that within the abdomen; that, as *Benedick and Slack* (1911) had foreshadowed, there was a temperature gradient from scrotum along the inguinal canal to the primitive position of the testes and that in short the scrotum was a temperature-regulating mechanism. Moore who in 1922 had arrived independently at the same conclusion, has elaborated the argument in so critical a fashion that to-day it is commonly accepted that this interpretation is the correct one. In this paper the results of five years' experimentation carried out by the present writer are described and discussed, and it will be seen that in every way they amply confirm the hypothesis originally put forward in a tentative way by Crew and so ably explored and raised to the dignity of a scientific theory by Moore and his colleagues, and more recently by *Fukui* in Kyoto, who, also independently, had constructed a similar interpretation.

In order to explore this matter thoroughly, many and varied experiments and observations were made. That the methods employed were very similar indeed to those of *Moore* and *Fukui* is not surprising since they are those which suggest themselves when once the conception of the scrotum as a temperature-regulating mechanism for spermatogenesis is considered.

1. The relative temperature within the abdominal cavity and scrotum.

In the rat, rabbit, and guinea pig the inguinal canal is open. Under local anaesthesia two small incisions, one immediately cephalad to the other and each just large enough to admit the bulb of a thermometer, were made near the symphysis in the mid-ventral line. A thermometer registering to 50° C. and graduated in tenths of a degree was inserted through each incision into the abdominal cavity. When the readings on both were identical and steady the bulb of the posteriorly placed thermometer was insinuated gently through the inguinal ring into the scrotum, there to lie against the testis. When the reading of these was steady, the bulb was withdrawn again into the abdominal cavity. Readings of both thermometers were recorded at one minute intervals and the average period of time consumed was 20 minutes. The room temperature at the time was also recorded. Invariably the temperature within the scrotum was lower than that within the abdominal cavity. The difference in the case of the rat was frequently as much as 7° C., in the rabbit and the guinea pig it averaged about 2.5° C. The difference was never less than 1.5° C. These figures agree very closely with those of *Moore* and *Quick* (1922) who employed the same method.

In the pig, goat, and sheep, it is inconvenient to thrust a thermometer bulb trough the inguinal canal from the abdomen to the scrotum, and in these forms it was necessary to make the incision commonly used for the radical cure of hernia and insert the thermometers through this into the abdominal cavity, thereafter withdrawing one and inserting it into the scrotum and later returning it to the abdomen. Though this operative procedure is not so satisfactory as that employed in the case of the rodents, the fact emerged that in these forms also there was a difference of at least 1.5° C. between the temperatures of the two regions. In certain cases the difference was as much as 5.5° C. It can be accepted that there is a significant difference between the temperatures within the scrotum and the abdominal cavity, that within the scrotum being distinctly lower,

2. The effect upon the germinal epithelium of the testes of the application of heat to the scrotum.

Heat can be applied to the scrotum in several ways. The scrotum can be exposed to the action of powerful electric light (e. g., a 100 Watt lamp) the rest of the body being covered, the scrotum being shielded with a small sheet of plate glass and the animal being kept under light general anaesthesia. The scrotum can be coated twice or thrice a day with melted paraffin of a melting point of about 50° C. The hind quarters of the rabbit can be enclosed in a hot air chamber. Wet heat can be exhibited in the form of pads of lint wrung out in hot water. It does not matter in what form the heat is applied, the general effects are the same. The general effects are the same also, no matter what animal is used, though for the sake of convenience the rabbit was mainly employed.

It can be stated that exposure of the scrotum to a temperature of 5° C. or more above the general body temperature (about 39° C. in the rabbit) is followed by a characteristic degeneration of the germinal epithelium of the testis. The degree of this degeneration varies with the kind of heat (dry is less potent than wet); with the mode of application, one longer continuous application inducing more severe degeneration than several shorter and discontinuous exposures; with the degree of the temperature above that of the body, (the higher the temperature, the more profound its effect); with the interval between the exposure of the scrotum to heat and the time of examination of the testis, (degeneration begins to be marked about the fifth day after the application and reaches its maximum by the fourteenth day); with the size of the testis (the application of heat affects especially those areas of a testis which are nearest to the skin to which application is made with the result that, in the case of a large testis, it is the external and peripheral parts that are most severely affected, the median portions often escaping; for the same reason a small testis is more prone to extensive damage than is a large one); and with the condition of the testis at the time of exposure (the degeneration affects more profoundly the more differentiated germinal elements, spermatogonia being less readily and less profoundly damaged than spermatocytes, and these latter than spermatozoa; Sertoli cells and interstitial cells relatively are much more residant.

Exposure to temperatures ranging between the normal body temperature and four degrees above this also induces degenerative changes in the testis but the period of exposure which is required is so prolonged that experimentation is rendered distinctly difficult. For reasons that must be regarded as sentimental, the present writer did not care to undertake an experiment which would require several days continuous treatment, but it was demonstrated that a total of 450 hours' exposure of the scrotum of the rabbit to a temperature of 41° C., i. e., one degree higher than that within the rectum, and given in the form of discontinuous periods of 10 minutes, twice a day, induces distinct degenerative changes in the testis, and that the application of heat equal to that of the body produces in a given time the same degree of degeneration as does artificial cryptorchidism.

Fukui (1923) however, has carried out this part of the investigation much more thoroughly and finds that hot air bathing of the scrotum at 40° C. requires 200 hours for the production of typical testicular degeneration; at 41° C., 100 hours are necessary, at 42° C., 72 hours, and at 43°, 32 hours; and that warm water bathing at 44°—45° requires only 3 hours, at 45°—46° but 1 hour, at 46°—47° C. 1/2 hour, at 47°—48° C. and at 48°—49° C. only 20 minutes. *Fukui* expresses this intimate relationship between the temperature and the period of exposure and the resulting histological disturbance in the testicle in the form of a curve which illuminates this question in the clearest possible manner.

The results obtained by the present writer are in close agreement with those of *Moore* and of *Fukui* and it can be accepted that the application of heat to the scrotum induces characteristic degeneration of the germinal epithelium of those parts of the testes which are exposed to its action .

3. The effects of the application of heat directly to the testes.

The testis or testes can be withdrawn through a laparotomy incision and immersed in hot saline. The effects are the same as those which follow the application of heat to the scrotum save that, as would be expected, the tendency is for the testis to be affected equally at all points upon its surface and for the degeneration to be most severe peripherally and least marked near the centre of the gonad. The extent and degree of the damage varies as they did in the case of the application of heat to the scrotum. In the case of the guinea-pig testis it was found that 10 minutes' exposure at any point in the range 35—43° C. was not followed, certainly not within 7 days, by any kind or degree of degeneration, whereas exposure to a temperature of 44° C. or over for the same period of time resulted in degeneration, the extent and degree varying with the degree of temperature and with the time of exposure. Five minutes at 47° C. or 10 minutes at 46° C. meant complete degeneration of all germinal tissue. These results are in line with those obtained by *Moore*.

4. The effects of the insulation of the scrotum.

If it be assumed that the scrotum functions as a temperature regulating mechanism, then its appropriate insulation should prevent this functioning and spermatogenesis should be embarrassed if not inhibited.

It is not difficult to insulate the sessile scrotum of the pig, and though to achieve the same result in the case of the goat, in which the scrotum is pendulous, is not so easy, it can be done. A loosely fitting bag made of several layers of lint and collodion was fitted snugly over the scrotum and securely fixed with adhesive tape and braces, the whole being waterproofed. This bag, renewed if and when necessary, was kept on individuals, known to be fecund immediately preceding this interference, for fifty days during the normal breeding season. At the end of this time unilateral castration was performed and the testis subjected to histological examination. In all of the four cases there was a complete absence of spermatozoa and the majority of the seminiferous tubules exhibited signs of marked degeneration, all the germinal epithelium having become disintegrated. Not one of these animals, though kept for a further year, ever sired offspring again although in their behaviour and appearance they were sexually quite active. These results are in accord with those of *Moore* and *Oslund* (1924) who used the sheep as experimental material.

5. The effects of temperature upon gametogenesis in forms other than the mammal.

There is an abundance of evidence which in a general way goes to show that reproductive activity is intimately related to external temperature among the lower forms of life. In the case of the perch, for example, there is reason to hold, as *Meek* (1920) has shown, that the beginning of the annual decline in temperature is contemporaneous with the seasonal volumetric increase in the testes and that the beginning of the seasonal decrease in the testis is contemporaneous with the beginning of the seasonal rise in temperature. It is reasonable to assume that growth and reproduction in this fish vary in length and periodicity with temperature and though undoubtedly other factors are involved, it is enough to recognise that temperature itself plays a part.

In order to examine this question of the effect of high temperature upon gametogenesis somewhat more thoroughly, use was made of that most convenient laboratory material, Drosophila melanogaster. Cultures were exposed to temperatures that in different cases ranged from 5 to 10 degrees higher than the optimum. It was found that at a temperature of 33° C. males and females of the second generation of certain stocks were completely infecund, whilst at 29° C. only 94 per cent. of the males were infecund, and only 14 per cent. of the females were affected. It was found that different strains exhibited different degrees of tolerance to high temperature, and that males were affected before females as the temperature was raised. Cytological examination of the testes of sterile males failed to reveal any spermatozoa in the greater part of the gonad and in the areas where spermatozoa were present these were fewer in number, irregular in arrangement, and shrunken. No spermatozoa could be found in the ventral receptacles of untreated females mated with these males although copulation had occurred. It was found further that this infecundity persisted so long as the flies were kept at this raised temperature: that after a period of 8 days or more at this temperature the infecundity persisted permanently in the majority of cases even though the males were transferred to an incubator and maintained at the optimum temperature: and that if the males were placed in the optimum temperature before 8 days fecundity was restored, its completeness seeming to vary with the time of removal from the higher temperature. These results are in agreement with those of *Northrop* (1919) and of *Plough* and *Strauss* (1924).

It is of interest to note that even in this form gametogenesis is affected by differences in temperature and that the testis is affected more easily and more profoundly than is the ovary.

6. The effects upon the testis of artificially produced cryptorchidism.

The testis of the rodent with the open type of inguinal canal can be returned permanently to the abdominal cavity by severing the gubernaculum which extends from the region of the epididymis to the bottom of the scrotum, pushing the testis gently through the inguinal canal, and then closing this by means of a pursestring suture. Another method, one which perhaps involves less damage to the testis, is that of invaginating the whole of the tunica vaginalis and its contents through the inguinal canal and then suturing it to the body wall. However this return of the testis to the body cavity is induced, the effects upon the histological organisation of the testis are the same, there is rapid disintegration of the more differentiated germinal elements, the degree and extent of this degeneration varying with the length of time the testis remains within the abdomen and the depth at which it lies; with the species, since in different forms there is a different temperature gradient from scrotum to primitive position, it being steeper in the rat than in the rabbit and associated with this is the fact that guinea-pig testes in the abdomen are injured much more severely in a given time than are those of the rat; and with the condition of the testis in respect of gametogenesis at the time of the operation; thus if the testis of a guinea-pig less than 21 days old and therefore not containing spermatozoa is returned to the abdomen, it retains its undifferentiated organisation for a very considerable period of time if its fellow testis is left indisturbed within the scrotum, wheres if the guinea pig is 5 or 6 weeks old the testis will contain differentiated spermatocytes, spermatids, and spermatozoa, and all these rapidly disintegrate; in the first case further differentiation of the germinal elements is inhibited, in the second the differentiated elements are destroyed. The Sertoli cells are affected relatively slightly. These effects are equally well seen in the case of the goat following artificial cryptorchidism.

At the end of the first week following the operation, if the testis was fully differentiated when returned to the abdomen and had not slipped back into the inguinal canal or passed again into the scrotum, Sertoli cells and scattered spermatogonia alone remain, the more differentiated elements of the germinal epithelium having become totally disorganised and the lumina of the tubules being filled with the products of their degeneration, these taking the form of multinucleated masses and isolated cells, many of these latter exhibiting ragged outlines, nuclear fragmentation and chromatolysis with vacuolation of the cytoplasm. Here and there scattered areas in which a few spermatozoa remain may be identified. By the end of the second week the tubules have become emptied of their degenerated contents and in section remain as rounded empty spaces with only the Sertoli reticulum and nuclei and infrequent spermatogonia remaining therein. No spermatozoa are to be found anywhere. There is an apparent increase in the number of interstial cells but no attempt was made to examine the question as to wheter or not the actual amount of the interstitial tissue in the testis had become increased. After this the testis becomes progressively reduced in size and the diameter of the tubules diminishes. It is not uncommon to find evidence of spermatogonial mitosis during the first three months after artificial cryptorchidism so that one is permitted to assume that the earlier stages of spermatogenesis can and do proceed even though at a much retarded rate. The products of such mitosis, however, invariably degenerate, and such mitosis is absent after six months. Sertoli cells can be identified after as long a period as twelve months' retention. It is of importance to note that it was demonstrated that the same degree of degeneration exhibited by a testis artificially returned to the abdomen could be produced in a scrotal testis by the exposure of the scrotum to a temporature equivalent to that of the body for the same period of time as that during which the first testis was intra-abdominal.

In the case of a testis that is fixed in the inguinal canal, the portion which lies outside the abdominal cavity retains its normal organisation, whilst that part that is within the abdominal cavity exhibits the typical signs of degeneration described above, and the portion within the canal itself exhibits an intermediate condition.

If the testis which, having been returned to the abdominal cavity, has undergone the degenerative changes described above, is then replaced within the scrotum within three months, it will proceed to complete spermatogenesis again. It is not the time element, however, that is all important: for complete recovery it is essential that the power of spermatogonial mitosis shall not have been lost. In the case of the testis which is replaced in the abdominal cavity before it has undergone complete differentiation, the testis of the fortnight old guinea-pig, for example, complete recovery follows replacement of the testis in the scrotum within a period of about three months, certainly after six months' residence intra-abdominally. A point of some practical importance emerges from this observation, as is pointed out by *Moore,* in that the operation of orchidopexy in the human demands a knowledge of the length of time the human infant testis can remain intra-abdominal and yet retain its powers of proceeding to complete differentiation when placed within the scrotum.

7. The effect of cooling the artificial cryptorchid testis.

If both testes of a rabbit are returned to the abdominal cavity and each is placed in a similar position against the integument but on opposite sides of the body, and if the skin over one of them is continuously cooled it will be found that whilst the testis of the opposite side rapidly undergoes degeneration as far as its germinal elements are concerned, the peripheral part of the cooled testis near the skin retains its normal structure for a considerably longer period of time.

Himalayan rabbits were used since they exhibit the *Schultz's* reaction. This rabbit is in early infancy all white, but later the fur on the nose, feet, and tail, becomes black. If an area on the white part of the body is shaved, the colour of the new fur in this area depends upon the temperature of the room in which the rabbit is kept during this time; at 6° C. it is black; at 11° C. it is white. The area of skin over one of the testes returned to the abdomen was shaved, the animal kept in the cold and this part of the skin was sprayed with ethyl chloride at frequent intervals during the day and damped with alcohol as often as was convenient during the night. The black fur as it grew was shaved off regularly. Four days after the operation the testes exhibited signs of degeneration whereas the more superficial part of the cooled testis was still normal in its organisation.

These findings are in general agreement with those of *Fukui* who used the dog as well as the rabbit and in the case of the dog cooled the skin over one testis by means of continuously running cold water for 10 days.

Conclusions.

The results of this experimentation are in the closest agreement with those obtained by *Moore* and his colleagues in America and by *Fukui* in Japan. It is established that the testis which normally resides within a scrotum does not and cannot completely function in an environment widely different from that within the scrotum. It is established that the essential difference between scrotal and abdominal cavities in this respect is one of temperature and that the temperature within the scrotum is lower than that within the abdomen. The scrotum is a temperature-regulating mechanism necessary for the efficient elaboration of functional spermatozoa, a process which in these cases demands an optimum temperature lower than that which obtains within the abdominal cavity.

This and similar studies provide information well worthy of the notice of the surgeon and sanitarian. It would appear that, if the implantation of testicular material is to be successful in respect of spermatogenesis, the testis must be placed in the scrotum or in some situation equivalent to this. It would appear also that the histological organisation of the testis to be implanted must be considered, since the more undifferentiated this is at the time of the operation the less disintegration of its elements may be expected. The fact that the cryptorchid testis can assume its gametogenic property when skilfully withdrawn into the scrotum is of considerable interest as is also the suggestion that orchidopexy can be expected to be followed by satisfactory results if carried out within six months of birth. It would seem that such conditions as elephantiasis of the scrotum must inevitably lead to infecundity.

Indications emerge from these studies which bear directly upon such questions as the relation of occupation to fecundily in stokers, bakers, boiler-men, turkish-bath attendants and the like; the hygiene of very hot baths and of clothing. Finally there would seem to be reason for thinking that possibly refinements in the technique of heat therapy may later be used for purposes of temporary contraception.

Literature.

Since Moore, in the Quarterly Review of Biology, vol. 1, no. 1, p. 4—50, 1926, has recently provided a most comprehensive bibliography on this subject there is no need for one here. Those that do not appear in this paper of Moore's are as follows:: —

Crew. 1921. Thesis. Edinburgh University.
Hobday, 1914. Castration and Ovariotomy. Edinburgh.
Murard. 1919. Lyon. Chirur. no. 16.
Northrop. 1919—20. Journ. Gen. Physiol. 11. 313.
Plough et *Strauss*. 1923—24. ibid vi. 167.
Stigler. 1914. Pflüger's Archiv, Bd. 155. 201.
Turner. 1919. Inguinal Hernia. London.

Unität oder Pluralität weiblicher Sexualhormone.

Von *Edwin St. Faust*, Basel

Während meines kurzen Konnexes mit der chemischen Großindustrie hatte ich vor einigen Jahren und dann auch wieder neuerdings Veranlassung, mich mit demjenigen Thema zu beschäftigen, das in unserer biologischen Sektion dieses Kongresses einen sehr breiten, wenn nicht d e n breitesten Raum einnimmt.

Die Liste der angekündigten Vorträge zeigt unzweideutig, wie aktuell das Thema „weibliche Sexualhormone" (Ovarial-Plazenta-Hormon) ist. Der Aktualität des Themas, an dem Wissenschaft und Technik in gleichem Maße interessiert sind, entspricht auch die vielseitige Beteiligung an der Lösung hierhergehöriger Fragen; und die intensive Mitarbeit der Gynäkologen, Chemiker und Pharmakologen oder auch biologisch interessierter Kreise im allgemeinen, zeitigte dann auch r a s c h e u n d s e h r b e m e r k e n s w e r t e F o r t s c h r i t t e. Das gilt meines Erachtens ganz besonders für die wissenschaftliche Forschung auf diesem Gebiete; die praktisch-therapeutische Anwendung der wissenschaftlichen Errungenschaften hingegen, läßt, wie mir scheint, noch zu wünschen übrig.

Man fragt sich da, ob d a s nicht vielleicht an der Verschiedenartigkeit der vielen auf den Markt geworfenen Präparate liegt und ob für deren vorgehende Prüfung im Tierversuch vielleicht die Methoden noch nicht genügend scharf ausgearbeitet sind. Vor allem wird aber sicherlich die Situation dadurch ungünstig beeinflußt, daß die chemische Forschung nach dem oder den wirksamen Bestandteilen und deren Natur noch nicht abgeschlossen ist. Zwar ist auch in dieser Richtung viel geleistet worden, wie z. B. die in allerletzter Zeit erschienene Arbeit von *Hartmann* in der Biochemischen Zeitschrift zeigt. Man nähert sich hier dem Ziel ganz entschieden. Vorerst müssen aber die pharmakologische und die klinische Forschung noch ihre eigenen Wege gehen. Dabei kommt es für die Praxis in erster Linie darauf an, zuverlässige Methoden für die Wertbestimmung und den Wertigkeitsvergleich verschiedener Präparate zu finden. Der bemerkenswerteste Fortschritt in d i e s e r Richtung ist wohl entschieden die Einführung der *Allen* und *Doisy*'schen Methode, bei kastrierten kleineren Tieren (Nagern) Brunsterscheinungen hervorzurufen durch Injektion des zu prüfenden Präparates. *Allen* und *Doisy* und spätere Autoren geben an, daß als Teilerscheinung der Brunst der Charakter des Vaginalsekrets sich in bestimmter, morphologisch kontrollierbarer Weise verändert. Bis *Allen* und *Doisy* hatte man, wie ich das auch noch zu Beginn des vergangenen Jahres tat, als Kriterium für die Wirksamkeit weiblicher Sexualhormone im Tierversuch nur Wachstum des Genitale angesehen und annehmen müssen. Nachteile dieser alten, aber sicheren Methode sind: lange Versuchsdauer, großer Tierverbrauch und wie auch schon angenommen wurde, mangelnde Spezifität. Es war also dringend erforderlich, die neue Prüfungsmethode von *Allen* und *Doisy* auch auf das mich besonders interessierende und von mir speziell bearbeitete Handelspräparat Sistomensin — anzuwenden. Hierbei mußte besonders interessieren, ob dieses Präparat die praktisch wichtige U t e r u s wirkung (Wachstum) mit der B r u n s t wirkung, gemessen an der Beschaffenheit des Vaginalsekrets, in sich vereinigte. Lassen Sie mich hierzu sagen:

D i e V e r s u c h e f i e l e n p o s i t i v a u s.

An Hand einiger Abbildungen — Diapositive — wurden die durch „Sistomensin" hervorgerufenen Brunsterscheinungen (Veränderungen des Vaginalsekretes) demonstriert; zum Vergleich auch Abbildungen nach *Allen* und *Doisy* und nach *Zondek*.

Nachdem nun durch ein und dasselbe, vorhin genannte Präparat sowohl Genitalwachstum als Brunst hervorgerufen werden kann, fragt es sich, ob b e i d e W i r k u n g e n auf e i n u n d d e n s e l b e n, nicht w a s s e r- wohl aber ö l - löslichen chemischen Körper zurückzuführen sind; denn ich habe in meiner ersten einschlägigen Arbeit in der Schweizerischen medizinischen Wochenschrift im Jahre 1925 e i n e n e i n z i g e n Körper als Träger der Wirkung bezeichnet. Man fragt: handelt es sich bei den weiblichen Sexualhormonen um die Wirkungen von zwei oder gar mehr verschiedenen Körpern — also P l u r a l i t ä t — oder um einen einzigen wirksamen Körper — also U n i t ä t?

Auf Grund chemischer Befunde, hauptsächlich von *Hartmann*, die auch gerade in den letzten Wochen bestätigt wurden durch *Ralls*, *Jordan* und *Doisy* (Journ. of Biological Chemistry, Vol. 69, H. 2, p. 357, 1926) ist die Frage dahin zu beantworten: Es handelt sich um einen Körper. Jedenfalls hat die chemische Verarbeitung außerordentlich großer Materialmengen (mehr als 50 kg Trockensubstanz) keinen zweiten wirksamen Körper zu Tage gefördert.

Wie soll man nun aber unter diesen Umständen die scheinbare Verschiedenartigkeit der Wirkungen erklären?

Manche längst gut bekannte pharmakologische Tatsachen erleichtern diese Erklärung sehr. Wir kennen eine ganze Anzahl pharmakologisch wirksamer Stoffe, die an den verschiedensten Organgebieten angreifen, z. B. das Atropin (Auge, Herz, Darm, Drüsen). Umso einfacher erscheint die Sachlage, wenn scheinbar verschiedenartige Wirkungen nur verschiedene Teile desselben Organs betreffen.

Beim weiblichen Sexualhormon dürfte die Sache so liegen:

Ein Teil der wirksamen Substanz entfaltet auf die Uterusmuskulatur einen sogen. formativen (trophischen) Reiz. Die Uterusmuskulatur wächst in die Länge und Breite, sie wird massiver und nimmt zusammen mit dem Gesamtorgan an Volumen zu. Ein Teil der wirksamen Substanz gelangt aber auch bis an die Innenfläche des Uterus, bis an das Epithel des Cavum uteri und dort passiert folgendes:

Die Epithelzellen erfahren ebenfalls den gleichen formativen Reiz wie die Muskelzellen. Resultat: Je nach der Intensität der Wirkung langsameres oder rascheres Wachstum der Epithelzellen; rapide, maximale Entwicklung, darauf Absterben — vielleicht Nekrose — dann Ablösen oder Abstoßen der überlebten oder toten Zellen. Gleichzeitig setzt als weitere Folge des funktionell formativen Reizes bei manchen Tieren Hypersekretion in dem drüsigen Teil des Uterus ein. Bei den zu diesen Versuchen meist verwendeten Nagetieren in der Regel aber Hyposekretion und sog. „Schollenbildung" (Diapositive). Das gibt dann zusammen das geschilderte Bild des Vaginalsekretes, charakteristisch für die oestrogene Wirkung unseres Präparates, zu verfolgen an den morphologisch charakterisierbaren Bestandteilen des Sekretes. —

Wir fragen weiter: Ist es verständlich, daß diese Resultate quantitativ und zeitlich schwanken können und tatsächlich auch variieren?

Gewiß: Es kommt alles darauf an, wie sich Resorption und Verteilung der wirksamen Substanz in den Erfolgsorganen — hier Uterus und Ovar — im konkreten Falle gestalten. Man kann sich sogar sehr wohl den Fall denken, daß ausschließlich nur die eine oder die andere Wirkung eintreten kann. Dabei ist auch von wesentlicher Bedeutung, speziell für den zeitlichen Verlauf, wie die wirksame Substanz verabreicht wird, und vor allem auch in welchem Vehikel, ob etwa in wirklich wässeriger, pseudowässeriger Lösung oder Suspension, oder in öliger Lösung. Nach bekannten Beispielen dürfte in letzterem Falle die Resorption doch wohl immer eine langsamere sein. Ich erinnere an das bestbekannte Beispiel: Injektionen von Lösungen des gewöhnlichen Kampfers in Öl.

Ich fasse meine Mitteilungen in folgende Schlußsätze zusammen:

1. Es kann auf Grund chemischer, pharmakologischer und klinischer Erfahrungen keinem Zweifel unterliegen, daß das von mir und meinen Basler Kollegen, sowie von vielen klinischen Stellen geprüfte Handelspräparat Sistomensin im vorhin geschilderten Sinne wirksam ist, d. h. es fördert einerseits das Wachstum des weiblichen Genitale inkl. der sekundären Geschlechtsorgane und wirkt oestrogen.

2. Beide Wirkungen sind bedingt durch nur einen wirksamen Körper, dessen vollständige chemische Aufklärung zwar sehr weit gediehen, aber noch nicht vollendet ist.

3. Es wird die Möglichkeit eingeräumt, daß von dem sub 2 genannten einen wirksamen Körper im Organismus — und besonders leicht in vitro, auch bei dem schonendsten Darstellungsverfahren — sich diesem chemisch nahestehende Produkte bilden können. Der Grundcharakter der Wirkung ist aber bei diesen evtl. Spalt- oder Abbau-Produkten durchaus gleich demjenigen der Ursubstanz, welche sich sowohl im Ovarium als auch in der Plazenta findet.

4. Schließlich bleibt als höchst erstrebenswertes Ziel und idealer Abschluß dieser Arbeiten die sichere quantitative Dosierung nach Gewicht chemisch reiner, einheitlicher, wirksamer Substanz. Wie bekannt, sind die biologischen Meßmethoden bedauerlicherweise mit manchen Unsicherheiten und Fehlerquellen behaftet. Das Hauptpostulat muß also jetzt lauten: Sichere Isolierung und Reindarstellung wirksamer Substanz.

5. Auf Grund meiner Erfahrungen und heutiger Ausführungen, soll hier aber schließlich nicht behauptet werden, daß neben dem mit dem Wachstumhormon identischen Brunsthormon nicht noch andere auf die Sexualfunktionen wirkende Substanzen vorkommen. Manche klinische Erfahrungen, so z. B. diejenigen von *Seitz* und *Wintz, Steiner* und *Braun* und auch anderer Autoren sprechen entschieden dafür.

Diskussion.

B. P. Wiesner: Ich will hier nicht auf die Prioritätsfragen eingehen, die hauptsächlich mit Herrn *Zondek* und Herrn *Aschheim* zu bereinigen sind, sondern ich möchte auf etwas eingehen, was vor allem Herr *Laqueur* scharf hervorgehoben hat, nämlich auf die Möglichkeit, mit kleinen Dosen die Erscheinungen der Hormone sozusagen quantitativ genau zu beurteilen. Das ist in einem gewissen Grade sicher auch möglich. Aber es ist leider nicht darauf geachtet worden, daß man neben dieser quantitativen Bestimmung auf die qualitative Identifikation des Hormons Wert zu legen hat. Man hat sich damit begnügt, Substanzen zu erzeugen, die östrifizieren, die jene von *Stockard* und *Papanicolaou* bezw. von *S. E. de Jongh* beschriebenen Erscheinungen hervorrufen. Man wußte, daß diese Erscheinungen vom Ovarialhormon abhängen, und nun war der weitere Schluß naheliegend, man habe es mit dem Ovarialhormon zu tun bezw. mit einer Reihe von Ovarialhormonen, und die ganze Frage nach der Pluralität oder Unität dieser Hormone richtete sich danach, ob man es immer mit der Reihe der sogenannten Östralerscheinungen zu tun habe und ob, wie gefragt wurde, jene Hormone wirklich nur diese Erscheinungen hervorzurufen haben oder aber ob nicht noch eine andere Reihe von Erscheinungen von wesentlicher Bedeutung ist.

Der große Fortschritt, den man hier zu sehen hat und der von *Marshall* in seiner Untersuchung von 1904 angebahnt wurde, läßt sich so definieren, daß man darauf gekommen ist, zu sagen, man hätte es nicht schlechthin mit Entwicklung, mit Wachstum in den Genitalien zu tun, sondern mit einer Reihe von Veränderungen, der *Heape* den Namen Sexualzyklus gegeben hat.

Es ist nun richtig, daß *Allen* auf die Hervorrufung des Sexualzyklus ausgegangen ist. Glücklicherweise und unglücklicherweise hat er dazu die Maus gewählt — also Muriden —, und damit ein Tier, bei dem normalerweise überhaupt nur eine Hälfte jener Erscheinungen eintritt, die wir zum Sexualzyklus zu rechnen haben, nämlich das, was man seit *Heape* als Östralzyklus bezeichnet. Diese Erscheinungen sind äußert wichtig für Ratten und Mäuse, nicht aber für den Menschen. Ich habe gezeigt und werde Gelegenheit haben, hier noch ausführlicher darauf zurückzukommen, daß wir es bei den Muriden mit einem von mir sogenannten Zweiphasenzyklus zu tun haben, daß hier jene so wichtige regelmäßige und für das Individuum so bedeutende Reihe von Veränderungen — nämlich des Sexualzyklus — zwiegeteilt ist in eine erste und in eine zweite Phase. Normalerweise d. h. unter den Versuchsbedingungen, unter denen wir gewöhnlich arbeiten, tritt überhaupt nur die erste Phase ein. Die Leute, die mit Ovarialhormonen arbeiten, sperren die Weibchen in einzelne Prüfkäfige, spritzen sie ein und beobachten sie eine Zeit lang. Gut, dann tritt immer wieder nur der Östralzyklus ein, auf den sie noch dazu durch die *Allen*sche, durch die *Stockard-Papanicolaou*sche Publikation besonders aufmerksam gemacht worden sind. Die zweite Phase, die den Erscheinungen der Scheinschwangerschaft respektive Schwangerschaft angehört, tritt normalerweise nur ein, wenn das Tier kohabitiert hat oder wenn man den Kohabitationsreiz mechanisch ersetzt hat.

Es tritt also von vornherein die Frage an den Untersucher heran, ob das Ovarialhormon, ob die oestrifizierende Substanz auch jenen zweiten Teil des Zyklus hervorruft. Das ist zunächst ein biologisches Problem, dem man größere oder geringere Bedeutung zumessen kann. Es wird von unmittelbarster praktischer Bedeutung deswegen, weil der Oestralzyklus, der heute ja als Test verwandt wird, nichts mit den Erscheinungen zu tun hat, die man beim Menschen als Sexualzyklus zu bezeichnen hat.

Ich habe schon gesagt, daß ich auf diesen Punkt hier zurückkommen werde, und möchte deshalb darauf jetzt nicht eingehen, sondern nur ganz kurz bemerken, daß wir die Erscheinungen beim Menschen und beim Einphasentypus überhaupt, dem außer ihm noch die anderen Primaten und das Kaninchen zugehören, lediglich der zweiten Phase zu homologisieren haben.

Damit gewinnt die an sich richtige Frage nach der Pluralität oder Unität der Sexualhormone eine andere Bedeutung. Es fragt sich nämlich, ob es sich bei den zwei Phasen darum handelt, daß das Ovarium zwei verschiedene Hormone oder Hormongruppen, wenn man will, absondert, oder aber darum, daß das Genitale, das Substrat der Hormone, in der ersten Phase, zu Anfang des Zyklus, anders reagiert als in der zweiten Phase. Das ist natürlich eine Frage für sich. Keinesfalls darf von dem Ovarialhormon gesprochen werden oder darf jene in der oestralischen Phase auftretende Hormongruppe als die ovarielle Hormongruppe bezeichnet werden, solange nicht die Frage beantwortet ist, die sich aus der kurz gestreiften Statuierung der Typen des Sexualzyklus von selbst ergibt.

Ich möchte noch bemerken, daß die Versuche von *Zondek* und *Aschheim* der Beantwortung dieser Frage in einem gewissen Sinne vorgreifen. *Zondek* und *Aschheim* haben es sich quasi erspart, zuerst am Tiere jene Erscheinungen hervorzurufen, die dem menschlichen Sexualzyklus zu homologisieren sind. Sie hätten aber sozusagen Glück haben können, sie hätten wirklich, ohne das Experiment zu machen, direkt erweisen können, daß sie beim Menschen, also auch bei einem Tier mit Einphasenzyklus, mit dem Erstphasenhormon die vollen Erscheinungen hervorrufen können. Ich überlasse es Ihrem Urteil, aus der Publikation von *Zondek* selbst den Schluß zu ziehen, ob ihm das geglückt ist. Ich habe diesen Eindruck nicht.

Von den sehr vielen Fragen, die die anderen Vorträge anregen und gestreift haben, möchte ich nur einige kurz erwähnen. Zu dem, was Herr *Zondek* gesagt hat, daß nämlich das Hormon nicht imstande sei, das Ovarium zur Reife zu bringen, sei bemerkt, daß das von mir vor $1^1/_2$ Jahren in einer Publikation und auch in Stockholm erwähnt wurde und daß ich sagte, diese Erscheinung sei notwendig, wenn die heuer von mir nachgewiesene rhythmisierende, die rhythmische Sekretion des Ovars überhaupt bestehen soll, die notwendig sei; denn sonst würde im Ovar immer neue Sekretion eintreten, und es würde zu einer Kontinuation kommen.

Zum Vortrag von Herrn *Faust* sei bemerkt, daß es sich nicht eigentlich um ein Uteruswachstum handelt. Es handelt sich hier um gewisse Veränderungen im physiologischen Zustand des Uterusgewebes. Das Epithel wächst nicht, und man findet nur sehr wenig Biskuitkerne. Man kann nur in sehr geringem Ausmaß von Wachstum der Muskulatur sprechen. Es findet auch keine Atrophie der Muqueuse statt, also auch kein Zurückgehen des Wachstums.

Sehr wichtig sind die Versuche von Herrn *Triviño*. Er erwähnt zwar, daß auf Grund des von mir seinerzeit publizierten Vergleiches die unmittelbare Homologisierung nicht notwendig sei, aber er tut damit seinen Versuchen selbst unrecht, die ich in der letzten Zeit nachzuarbeiten begonnen habe, nachdem mich Herr *Meier* dazu angeregt hatte. Ich möchte ausdrücklich bemerken, daß man mit der Methode von *Triviño* die Kornifikation diese Schollenbildung, bekommt. Daß Herr *Triviño* sie nicht gesehen hat, rührt daher, daß er seine Tiere zu spät untersucht hat. Sie tritt nämlich außerordentlich rasch ein, und es zeigt sich das merkwürdige Phänomen bei einigen der Tiere, daß die Kornifikation zu Ende geht, daß aber die Uterusbelegung, die dem primären Stadium, der ersten Phase, entspricht, 6 bis 10 Tage nach Herrn *Meiers* Angaben, 6 Tage nach meiner eigenen Beobachtung anhält.

Das Merkwürdigste und Wichtigste an seinen Befunden ist aber nicht so sehr diese Kornifikation, die wir heute beinahe auf beliebige Weise bekommen können, sondern der Umstand, daß die dabei mitfolgende Veränderung des Uterus absolut heterolog gegenüber der ist, die man bei gewöhnlich oestrifizierenden Substanzen bekommt. Es ist möglich, daß gerade von diesem Standpunkt aus die Theorie des Zweiphasenhormons eine Weiterbehandlung erfährt.

S. Gutherz: Ich möchte davor warnen, daß aus diesen an sich sehr interessanten Ergebnissen über die Ovarialhormone nun ein allgemeiner Schluß etwa auf die Spezifität der Sexualhormone überhaupt gezogen wird. Daß die Dinge nicht so einfach liegen, geht schon aus dem heute gar nicht erwähnten Umstand hervor, daß man ganz ähnlich wirkende Substanzen neuerdings aus Pflanzen dargestellt hat, wie Herr *Loewe* gestern mitteilte und wie es vorher schon von *Dohrn* und *Poll* publiziert worden ist.

Ebenso interessant in dieser Hinsicht ist die heute von Herrn *Laqueur* gemachte Mitteilung, daß er dieses selbe Ovarialhormon aus Testes herstellen kann.

Weiter möchte ich aber sagen: alle die Beobachtungen, die hier gemacht worden sind, greifen nur einen Teilausschnitt aus dem großen Gebiet der Geschlechtshormone heraus und sind deswegen schon, abgesehen von den ersten Einwendungen, nicht imstande, diese ganze große Frage, die heute noch außerordentlich problematisch ist, zu entscheiden. Die Lehre von der Spezifität der Geschlechtshormone hat heute noch mit sehr großen Schwierigkeiten zu kämpfen, die vielfach gar nicht so sehr beachtet werden.

Ich möchte hier auf Einzelheiten nicht eingehen, sondern nur darauf hinweisen, daß die *Halbansche* Theorie der Geschlechtsdifferenzierung meiner Ansicht nach unverdienterweise heute gar nicht mehr in die Diskussion gezogen worden ist. *Halban* hatte gesagt, männliche und weibliche Hormone dürfe man nicht prinzipiell unterscheiden, sondern sie seien etwas Ähnliches. Diese Idee ist bekanntlich durch die berühmten *Steinachschen* Experimente diskreditiert worden. Ich meine aber, daß man diese Theorie, auf die ich hier nicht näher eingehen kann, doch wieder hervorziehen müßte, allerdings nicht in der so scharf zugespitzten Form, wie sie seinerzeit *Halban* gegeben hat. Die Erfahrungen mit den Tumoren, von denen wir am gestrigen Tage so viel Interessantes gehört haben, lassen sich, wenn man sie genau durchdenkt, mit der Spezifitätslehre überhaupt nicht in Einklang bringen, und *Sellheim*, der uns gestern diesen schönen Fall der vorübergehenden Vermännlichung einer Frau demonstriert hat, hat sich z. B. ausdrücklich der *Halbanschen* Theorie angeschlossen.

In der scharf zugespitzten Form würde ich mich dieser Theorie nicht anschließen. Man muß sich hier zweifellos den modernen Verhältnissen anpassen. Ich kann darauf nicht näher eingehen, sondern will nur andeuten, daß sich mir hier die Vorstellung bewährt hat, daß die Geschlechtshormone vielleicht nichts anderes sind als Nebenprodukte eines normalen Stoffwechsels der Geschlechtsdrüsen. Ich verweise darauf, daß ich diese Dinge eingehend in einem Vortrage behandelt habe, den ich vor kurzer Zeit in der Sexualwissenschaftlichen Gesellschaft gehalten habe und der jetzt ausführlich im Archiv für Frauenkunde erscheint.

S. Loewe: Es kann unmöglich auf alles eingegangen werden, was hier in diesem großen und, wie ich glaube, sehr interessanten Zusammenhang der Hormonprobleme der weiblichen Geschlechtsfunktionen angeschnitten worden ist. Ich hätte zu sehr vielen Punkten etwas zu sagen. Im allgemeinen kann ich diese Bemerkungen aber dahin zusammenfassen, daß ich zu meiner großen Freude beobachten kann, daß von vielen Seiten, von denen ich früher angegriffen wurde, heute gerade die Dinge bestätigt und in gleichem Sinne wieder vorgebracht worden sind, die mir früher abgestritten wurden.

Nur auf zwei Punkte möchte ich eingehen, von denen ich glaube, daß sie diesen Hörerkreis etwas mehr angehen. Erstens auf die Frage der U n i t ä t o d e r P l u r i t ä t der Ovarialhormone. Wir haben heute des breiteren durch Herrn Kollegen *Faust* nachdrücklich die These der U n i t ä t auseinandergesetzt bekommen. Wir haben ganz kurz dieselbe Auffassung auch von Herrn *Zondek* gehört. Ich möchte sagen, daß ich nicht überzeugt wurde, weder durch den einen noch durch den anderen Vortrag.

Ich habe mir etwa vor einem halben Jahre erlaubt aufzuzählen, was bisher noch gegen die Unität spricht. Ich konnte damals nicht die Identitätsfrage von „Substanzen" erörtern, und wir können, das ist auch hier mehrfach hervorgehoben worden, auch jetzt vorläufig, da wir die Reinsubstanzen nicht haben, nur die „Zubereitungen" in Erörterung ziehen. Und da bleibt die Unitätsthese von Herrn *Faust* vorläufig nur ein reiner W u n s c h. Es gibt zwei Gruppen von Zubereitungen, und die Wirkungsmerkmale, die einzelnen Kriterien dieser beiden Reihen von Zubereitungen decken sich nicht vollständig. Daran hat sich bisher auch nichts geändert. Das ist der Umstand, auf den ich damals aufmerksam machen wollte, um hervorzuheben, daß wir eine Unität nicht als erwiesen ansehen können. Vielleicht habe auch ich den Wunsch, daß es sich um eine einheitliche Substanz handeln möge, aber ich kann bisher den Beweis dafür nicht als geführt anerkennen, weder durch *Faust* noch durch die Andeutungen der anderen Redner. Gerade was Herr *Triviño* untersucht hat, seine Fortführung der *Binz*'schen Beobachtungen, gehört ins Gebiet der einer Unität widersprechenden Wirkungsmerkmale. Das Schwangerenserum hat schon in ganz kleinen Mengen — in ganz außerordentlich viel kleineren Mengen als denen, in denen es nach *Aschheim* Brunstwirkung hat — nach *Binz'* und *Triviños* sowie meinen und *Faust's* Beobachtungen Wachstumswirkung, so daß die beiden Merkmale: Uteruswachstum und Oestrus nicht gleichmäßig erfüllt werden.

Der andere Punkt, die N a m e n g e b u n g, sollte meiner Ansicht nach eigentlich doch etwas sorgfältigere Betrachtung finden als andere Kleinigkeiten, die ich noch in die Diskussion zu werfen hätte. Was die Namengebung anbelangt, so möchte ich sehr nachdrücklich folgendes aufrechterhalten: das, was uns zunächst interessiert, sind die W i r k - s u b s t a n z e n. Wenn wir sie auch chemisch nicht haben, so nehmen wir doch an, daß es sich bei den Trägern der von uns studierten Wirkungen um Wirksubstanzen handelt und nicht um irgendwelche geheimnisvollen Energien. Wir gehen mit der ziemlich begründeten Hypothese an die Dinge heran, daß wir hier greifbare Substanzen vor uns haben, wenn wir sie auch noch lange nicht kennen werden. Diese Wirksubstanz ist das erste, was eine Benennung haben muß; wir müssen uns erst einmal verständigen können, welche von all den denkbaren Wirksubstanzen wir meinen, den Träger welcher b i o l o g i s c h e n Eigenschaften. Eine cura posterior ist es, ob man auch noch bestimmte Benennungsforderungen zu dem Zwecke der rein chemischen Verständigung stellen will. Dafür kann man noch beliebige Zubereitungsnamen einführen. Man kann z. B. sagen: eine Zubereitung, die grün aussieht, möge Menformon heißen, eine, die blau aussieht, möge Follikulin heißen. Aber zunächst muß es bedauerlich erscheinen, daß Zubereitungen bezeichnet werden, ehe wir uns über einen unmißverständlichen Namen für die Wirksubstanz, das Hormon, selbst geeinigt haben.

Keimdrüsenüberpflanzung bei Haustieren.

Von *Walter Frei,* Zürich

1. Keimdrüsenüberpflanzung bei männlichen Haustieren.

Die Keimdrüsenüberpflanzung bei männlichen Haustieren kann vorgenommen werden bei juvenilen Individuen zur Erzielung sexueller Frühreife, insbesondere aber zur Beschleunigung des Körperwachstums, also der Nutzungsmöglichkeit, bei erwachsenen Individuen insbesondere zur Behebung präseniler sexueller oder körperlicher Insuffienz.

Die erste Hodentransplantation an Haustieren hat im Jahre 1849 *Berthold,* und zwar bei Hähnen vorgenommen. Wir wollen uns im Folgenden nur auf die Haussäugetiere beschränken.

Die ersten Versuche der Reifebeschleunigung bei juvenilen Haustieren durch Testikelimplantation stammen anscheinend von *Voronoff.* (1917—1925).

Ziegenböcken von 6 Wochen bis drei Monaten wurden Hoden von verschieden alten Ziegenböcken an den physiologischen Ort, d. h. ins Skrotum implantiert. Der Einfluß der supernormalen Überschwemmung des Organismus mit Testikelhormonen zeigte sich schon nach einigen Wochen und wurde mit der Zeit immer ausgeprägter. Die Hörner wuchsen schneller und kräftiger als bei den Wurfbrüdern und erreichten in einigen Jahren eine beträchtliche Größe und Stärke, wie sie bei normalen Tieren derselben Rasse kaum angetroffen werden. Die Haare wurden üppiger und länger, als bei den Kontrolltieren, der Körper entwickelte sich kräftig, bloß blieben die Beine verhältnismäßig kurz infolge des zu frühen Abschlusses des Knochenlängenwachstums in der Epiphyse. Analoge Versuche machte *Voronoff* an Widdern. Beispielsweise ist das Resultat eines solchen Experimentes an drei Widdern im Alter von 3, 4 und 5 Monaten mit einem Körpergewicht von 18, 23 und 30 kg das folgende: Das 30 kg schwere Tier wurde kastriert und einer seiner Testikel dem kleinsten Tier von 18 kg implantiert, das mittlere Tier diente zur Kontrolle. Zwei Monate später hatte der mit dem Implantat versehene Widder 18 kg, der normale 13 und der kastrierte 4,2 kg zugenommen. Nach 9 Monaten wurden die Tiere geschoren, wobei es sich zeigte, daß die Wolle des Transplantattieres wenig mehr wog, als die des Kontrolltieres, aber 700 g mehr als diejenige des Kastraten; die Haarlängen betrugen 9, 8 und 6 cm. *Voronoff* hat auch das Wachstum von jungen Ferkeln durch Implantation eines dritten Testikels beschleunigt. Ein im Alter von 6 Wochen operiertes Tier wog nach 10 Monaten 7,5 kg mehr als die anderen Ferkel desselben Wurfes.

Grüter hat bei einer Anzahl infantiler Zuchtstiere im Alter von 15—28 Monaten Hodenüberpflanzungen durchgeführt. Zwei gleichalte, nicht operierte Stiere dienten zur Kontrolle. Beim Stier soll die Geschlechtsreife normalerweise im Alter von 8—12 Monaten, mindenstens mit 14 Monaten eintreten. 12 Monate alte Tiere ohne Sprunglust werden eliminiert. Der Verband schweiz. Fleckviehzucht-Genossenschaften schreibt im Programm für den Zuchtstiermarkt vor, daß bei über 15 Monate alten Stieren der Aussteller für deren Zuchtfähigkeit hafte. Die infantilen Stiere *Grüters* waren im Wachstum zurückgeblieben und zeigten eine schwache Bemuskelung. Besonders auffällig war die geringe Entwicklung des Halses und der Hintergliedmaßen, ferner vermißte man den gedrungenen, kurzen und breiten Stierkopf mit dem Stirnschopf.

Es wurden Hodenstücke von frisch geschlachteten, gesunden, zuchtfähigen Stieren in die Halshautmuskulatur implantiert. Eine Operation mißlang. Bei den anderen Tieren zeigte sich als Resultat schon nach 2—3 Wochen etwas größere Lebhaftigkeit. Sprunglust und Deckfähigkeit, sowie Entwicklung des Stierhabitus (Kopf, Muskulatur, Halskamm) erschienen 70—120 Tage nach einer zweiten bzw. 99 Tage nach der ersten Operation. Die beiden Kontrolltiere waren im Alter von 22 Monaten noch komplett infantil und zeigten, mit brünstigen Kühen zusammengebracht, keinerlei Zeichen von Libido.

Eine große Zeitspanne liegt zwischen dem ersten Experiment der Injektion von Testikelextrakt von *Brown-Séquard* und der Transplantation männlicher Gonaden zum Zweck der Beseitigung von Alterserscheinungen, also der Verjüngung. Die ersten Experimente an Haustieren stammen wiederum von *Voronoff* (1918).

Ein 12—14 Jahre alter Widder mit allen Zeichen der Semilität (dürftiges, lückenhaftes Haarkleid, Unsicherheit beim Stehen, Incontinentia urinae), erhielt in die Tunica vaginalis neben seine eigenen Testikel Hodenstücke eines jungen Tieres. Einige Monate nach der Operation waren die Zeichen der Seneszenz verschwunden und das Tier präsentierte sich kräftig und lebhaft. Die Incontinentia hatte aufgehört und das Fell war dichter. Die seit Jahren verschwundene Sprunglust erschien wieder und ebenso die Fruchtbarkeit. 18 Monate nach der Operation wurden die Transplantate wieder weggenommen, was nach drei Monaten furchtsames Gebahren des Tieres, Gebrechlichkeit, zitterige Beine und Harnträufeln zur Folge hatte. Nach einer erneuten Implantation von Testikeln verschwanden diese Senilitätszeichen wieder vollständig. Während das durchschnittliche Alter eines Widders etwa 14 Jahre beträgt, ist dieses operierte Tier jetzt 20—21 Jahre alt und vollständig normal, kräftig und zeugungsfähig und mit reichlicher Wolle versehen.

(Im ganzen hat *Voronoff* seit 1917 etwa 200 Operationen anscheinend an Widdern und Ziegenböcken, teils zur Beschleunigung der Körperentwicklung, teils zur Behebung der Senilität ausgeführt).

Neuerdings berichtet *Voronoff* von gelungenen Verjüngungsexperimenten an einem 13- und einem 15-jährigen Zuchtstier, von denen der letztere seit zwei Jahren zeugungsunfähig, der erstere vollständig altersschwach und mager war, an Harnträufeln litt und seit 4 Jahren keine Sprunglust mehr zeigte. Nach 3, bezw. 4 Monaten zeigte sich der Erfolg der Operation in Form größerer Lebhaftigkeit, Kampflust, gutem Ernährungszustand und Sprunglust. Die Transplantation fand in das Scrotum statt.

Über Unterbindung des Epididymis mit gleichzeitiger Transplantation von Testisgewebe berichtet *G. Petersen* bei einem Stier. Die Operation war erfolgreich, indem das Deckvermögen wieder erschien.

J. Harms gelang die Verjüngung seniler Hunde durch wiederholte Implantation jugendlicher Testikel.

Über die histologischen Veränderungen der implantierten, männlichen Keimdrüsenstücke machen *Retterer* und *Voronoff* folgende Angaben.

Die implantierten Stücke bzw. ganzen Testikel werden durch Diffusion von der Tunica vaginalis her ernährt. Hingegen nekrotisieren die zentralen Partien. Man kann in den überlebenden Anteilen die Entwicklung von Epithelzellen in Spermatozoen beobachten. In andern Samenkanälchen ist die Epithelevolution modifiziert. Es entsteht ein Protoplasmaklumpen mit zahlreichen Kernen (Synzytium), welcher das Lumen des Kanälchens ausfüllt und sich in ein Netzgewebe verwandelt, in dem sich die Protoplasmamasse in ein hämatoxylinfärbbares Netzwerk und in eine klare, in den Maschen des Netzes liegende Masse differenziert. Im Laufe der Zeit ergeben sich Bilder, wo die periphere Partie des Samenkanälchens das Maschenwerk und die zentrale Masse das Synzytium darstellt. *Retterer* und *Voronoff* glauben in den implantierten Testikeln auch eine Proliferation des interkanalikulären Gewebes beobachtet zu haben.

Nach vorläufiger Untersuchung scheint in den von *Grüter* an Stieren implantierten Hodenstücken das spezifische Gewebe im Laufe einiger Monate völlig zu verschwinden, und nur ein Bindegewebsknoten zurückzubleiben.

2. Keimdrüsenüberpflanzung bei weiblichen Tieren.

Versuche der Erzielung von Frühreife bei jugendlichen, normalen weiblichen Tieren scheinen bis jetzt nicht durchgeführt zu sein. *Grüter* berichtet von einem pathologischerweise infantilen Simmentalerrind, das bis zum Alter von über drei Jahren nie Brunst gezeigt hatte.

Es war ein temperamentloses Tier mit dicker Haut und groben und eckigen Formen und ganz kleiner, nur mit zwei Fingern passierbarer Vulva. Der Uterus war, ebenso wie die Ovarien, atrophisch, letztere von der Größe kleiner Erbsen. Die Zitzen hatten eine Länge von bloß $1^1/_2$ cm. Diesem Tier wurde an beiden Halsseiten je ein halbes Rinderovar mit gut ausgebildeten Follikeln, herstammend von einer frisch geschlachteten, normalen Kuh, in die Muskulatur implantiert. Die Einheilung erfolgte per primam. Nach drei Wochen war das Tier bedeutend lebhafter, die Vulva mit der Hand passierbar, der Uterus um das Doppelte vergrößert. Das eine Ovar hatte Größe und Form eines Mandelkerns, das andere einer Haselnuß. Dieses wies an seiner Oberfläche ein kleinerbsengroßes Gebilde, möglicherweise einen Follikel auf. Die Zitzen waren jetzt 3 cm lang. Das Wartepersonal will Brunst beobachtet haben. Bei einer 55 Tage später erfolgten Untersuchung konnte geringgradiger Schwund von Uterus und Ovarien festgestellt werden, ebenso Scheidenkatarrh. Es wurde nun neuerdings ein Ovar implantiert. Einen Monat nach der zweiten Operation war der Habitus des ganzen Tieres verfeinert, die Haut weicher und beweglicher. Da Brunstanzeichen beobachtet werden konnten, wurde das Tier gedeckt. 14 Wochen später aber nicht trächtig befunden und infolgedessen geschlachtet. *Grüter* berichtet weiterhin über zwei $1^1/_2$jährige Fleckrinder, die in der Entwicklung des Körperbaues derart zurückgeblieben waren, daß ihr Alter nur auf etwa die Hälfte geschätzt werden konnte, beide hatten nie Brunsterscheinungen gezeigt; während normalerweise das Rind mit $^3/_4$ bis zu einem Jahr geschlechtsreif wird. Die beiden Tiere wurden bald nach der Ovarimplantation brünstig.

Die Ovarimplantation zum Zweck der Herbeiführung von Geschlechtsreife könnte, nachdem ihre Wirksamkeit den Tierbesitzern einmal bekannt ist, eine gewisse praktische Bedeutung erlangen, da, insbesondere bei hochgezüchteten Tieren Infantilismus hie und da vorkommt. Viel häufiger aber sind die Fälle von Eierstockinaktivität bei Tieren, die ein- oder einigemale geboren haben. Als Ursachen des Aufhörens der reproduktiven Tätigkeit des Eierstockes kommen Oophoritis, entstanden durch Aszension der Erreger von Uterus und Tube her, weiterhin wohl auch Stallhaltung, unzweckmäßige Ernährung und übermäßige Milchproduktion, vielleicht auch Vererbung in Frage. Man könnte von einer präsenilen Hypofunktion der Keimdrüsen sprechen. Diese Abnormitäten sind beim Rind ziemlich häufig.

Beispielsweise fand *Lehmeyer* unter 260 sterilen Kühen achtmal athrophische Eierstöcke. *Frei* und *Stäheli* hingegen konstatierten unter 133 Kühen mit Anaphrodisie 36 = 27% mit inaktiven, mehr oder weniger verkleinerten Ovarien. Von diesen 36 Tieren standen die meisten im Alter bis zu acht Jahren, d. h. es handelte sich hier nicht um Senilität im gewöhnlichen Sinne, sondern um eine präsenile Hypofunktion der Keimdrüsen. Ebenso waren die 51 Kühe, an denen *Stäheli* Eierstöcke implantierte, durchwegs jüngere und höchstens mittelalte Tiere.

Der erste Versuch, die alternde Keimdrüse bei Wiederkäuern durch Implantation einer funktionstüchtigen weiblichen Gonade zu reaktivieren, stammt von *W. Frei* und *K. Kolb*.

Als Versuchsobjekt diente eine ca. 14 Jahre alte Ziege. Sie konnte sich nicht selbst erheben, sondern mußte immer aufgestellt werden. Auf der einen Körperseite war sie völlig, auf der andern teilweise haarlos. Die Haut war derb, runzelig und schlaff, die Muskulatur trocken und fettarm, der Bauch hängend, die Milchdrüse sehr zusammengeschrumpft und ausgetrocknet; seit drei Jahren war die Ziege nie mehr brünstig gewesen. Es wurden Ovarstücke eines 12 Wochen alten Zickleins, teils subkutan, teils intramuskulär, teils intraperitoneal eingenäht. Das Körpergewicht betrug am Tag der Operation 34,5 kg. Nach etwa einem Monat begann die linke und nach etwa sechs Wochen die rechte Euterhälfte anzuschwellen. Das Tier wurde lebhafter und konnte einige Wochen nach der Operation sich von selbst erheben. Der Appetit besserte sich, das Haarkleid war etwa zwei Monate nach der Operation voll. Fünf Monate nach der Operation war die Ziege, deren Körpergewicht jetzt 40 kg betrug, drei Tage lang heftig brünstig. Sie wurde gedeckt und brachte nach normaler Trächtigkeitsperiode ein gut entwickeltes, lebendes Ziegenböcklein zur Welt. Das Muttertier mußte kurz nach der Geburt infolge eitrig-gangränöser Mastitis geschlachtet werden.

Von Mai 1922 bis Oktober 1924 hat *Stäheli* bei 51 Kühen mit präseniler Inaktivität der Eierstöcke und 8—12monatiger Brunstlosigkeit subkutane Ovarüberpflanzungen vorgenommen.

Die implantierten Organe verschwanden nach 6—8 Wochen bis auf kleine, haselnußgroße, knopfartige Gebilde. Bei 46 Tieren erschien als Erfolg der Operation Brunst nach 3—84 Tagen, u. z. in der Großzahl der Fälle vom 5. bis zum 21. Tage. 31 Tiere konzipierten. Bei 6 Kühen war am Tag der Publikation eine Trächtigkeit noch nicht nachweisbar. Von den verbliebenen 25 haben 19 lebendige Junge geboren, zwei abortierten und zwei mußten wegen Krankheit abgetan werden. 16 von diesen 19 Kühen wurden nach der Geburt wieder brünstig. Eine mußte bald nach der Geburt wegen Enteritis geschlachtet werden und zwei wurden nicht mehr brünstig trotz Wiederholung der Implantation. Eine Kuh wurde infolge Klauenleiden von der weiteren Zucht ausgeschlossen. Die 15 verbleibenden Tiere haben ein zweites Mal konzipiert, von ihnen wurden bereits 7 Kälber geboren, und bei weiteren 7 konnte Trächtigkeit konstatiert werden.

Frei und *Stäheli* berichten von 36 weiteren Kühen mit inaktiven und atrophischen Ovarien.

Bei 14 wurden normale Eierstöcke subkutan, bzw. intramuskulär implantiert, daraufhin wurden 13 Kühe innert 5—57 Tagen und zwar sieben schon 5—10 Tage post operationem brünstig. 11 Kühe konzipierten.

Ovarimplantationen bei Kühen mit vorzeitiger Inaktivität der Eierstöcke wurden auch von *Grüter* ausgeführt.

Harms berichtet von erfolgreicher Verjüngung von 2 senilen Hündinnen durch Ovarimplantation.

Bei der Beurteilung der Implantationsresultate ist zu berücksichtigen, daß ein 100%iger Erfolg quo ad Konzeption bei Kühen schon aus dem Grunde nicht zu erwarten ist, weil möglicherweise eine gewisse Anzahl der Operationstiere nicht nur an Inaktivität der Ovarien, sondern auch an klinisch nicht nachweisbarer Endometritis oder Salpingitis leidet.

Der Mechanismus der Wirkung des Implantates ist noch nicht genügend untersucht. Es sind verschiedene Möglichkeiten ins Auge zu fassen. Das transplantierte, besser implantierte Organ oder Organstück verwächst mit der Umgebung, bekommt also mit ihr Gefäßverbindung oder es geht nach und nach zugrunde. Auch ist ein Zwischenstadium denkbar, wie das bei homoplastischen Operationen beobachtet wird: das Organ oder Organstück verwächst mit der Unterlage, lebt eine Zeitlang, atrophiert aber dann schließlich doch und verschwindet.

Im Fall des Verwachsens wird das Transplantat ernährt und hat Gelegenheit, irgendwelche Stoffe des Organismus, die ins Blut übergegangen sind, an sich zu ziehen und andererseits allerlei eigene

Stoffwechselprodukte, u. z. nicht nur Abfallstoffe, sondern auch Produkte der normalen Zelltätigkeit, also echte Sekrete, die auf den Träger einwirken können, an das Blut und an die Lymphe abzugeben. Wie die Erfahrungen mit der erfolgreichen autoplastischen und homoplastischen Operation zeigen, ist die Wirkung des transplantierten endokrinen Organs eine durchaus physiologische.

Wenn das überpflanzte Organstück nicht anwächst (Implantation), geht es zugrunde, d. h. es wird zersetzt teils durch Autolyse, teils durch die von der Umgebung, unter Umständen auch von herangewanderten Leukozyten, gelieferten Fermente. Hierbei ist aber trotzdem eine spezifische Hormonwirkung nicht ausgeschlossen, indem einerseits in dem Organstück vorgebildete Hormone in die Umgebung abdiffundieren, andererseits ein kurzdauerndes Weiterleben des Implantates noch eine gewisse Hormonmenge liefern kann und drittens möglicherweise die Zersetzung der Zellen über oder zu hormonal wirksamen Substanzen führt. Es sei daran erinnert, daß die bis jetzt bekannten inneren Sekrete ziemlich einfach gebaute Eiweißabbauprodukte darstellen (Adrenalin, Thyroxin).

Die von dem angewachsenen oder nicht angewachsenen Organ ausgehenden Substanzen können ihre Wirkung auf irgendwelche Organe und Funktionen des Trägers ausüben, also auf den Stoffwechsel, d. h. auf sämtliche Körperzellen, auf das zerebrospinale oder vegetative Nervensystem, weiterhin auf Drüsen mit innerer Sekretion und schließlich auf die Keimdrüsen. Bei den in der praktischen Tiermedizin zum Zweck einer gewissen Verjüngung, insbesondere einer Reaktivierung der präsenil inaktiv gewordenen Gonade durchgeführten Keimdrüsenüberpflanzungen steht die Wirkung auf die eigene Keimdrüse des Trägers natürlich im Zentrum des Interesses. Die bei der Operation verfolgte Absicht ist ja die Wiedererzeugung der Fortpflanzungsfähigkeit. Über den Wirkungsmechanismus haben sich *W. Frei* und *K. Kolb* ausgesprochen. Zunächst besteht die Möglichkeit der Einwirkung von Implantatsubstanzen direkt auf die eigene Gonade oder auf das Nervensystem, das seinerseits dann die Gonade stimuliert, also:

Implantat ➤ Nervensystem ——➤ Keimdrüse

oder:

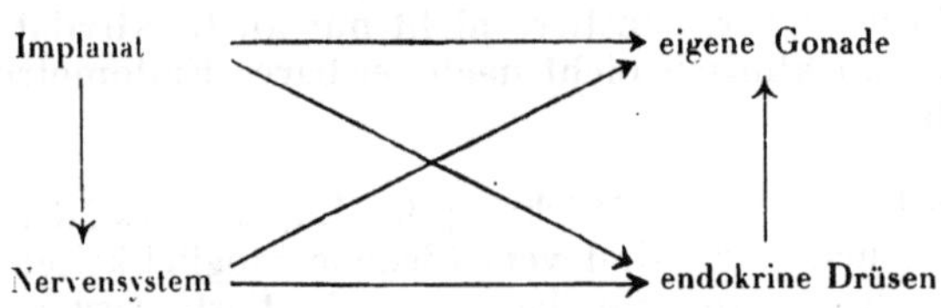

da doch zwischen Gonaden, Nervensystem und endokrinen Drüsen enge Beziehungen bestehen, z. B. folgendes Schema zeigt:

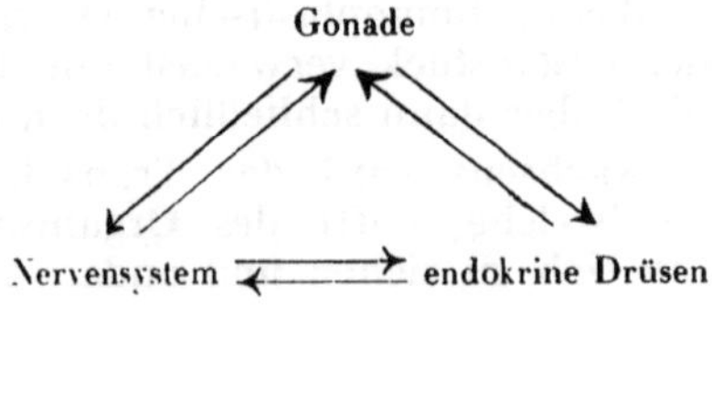

Die Beziehungen zwischen der weiblichen Keimdrüse und andern innersekretorischen Organen können durch folgendes Schema dargestellt werden.

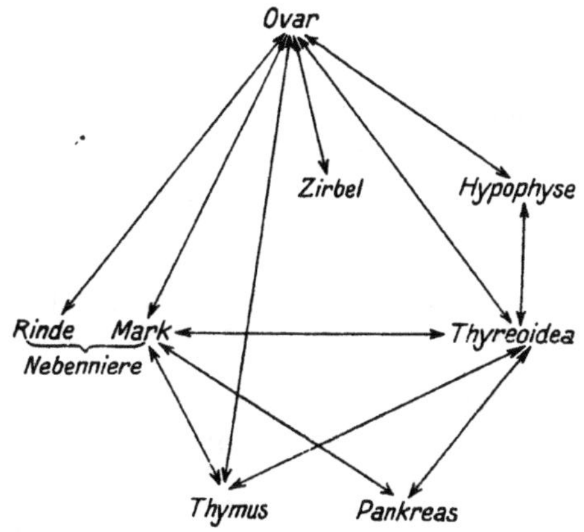

Am häufigsten sind in der Tiermedizin bis jetzt die Ovarialtransplantationen zur Beseitigung der Sterilität bei vorzeitiger Hypofunktion der Ovarien bei Kühen ausgeführt worden. Wie die Zusammenstellung zeigt, sind diese Operationen wohl in der Mehrzahl der Fälle, aber doch nicht in allen Fällen erfolgreich gewesen. Einen 100%igen Erfolg können wir wohl auch nicht erwarten, denn es ist anzunehmen, daß unter gewissen Umständen, wahrscheinlich insbesondere nach infektiösen Erkrankungen des Ovariums in demselben irreversible und irreparable Veränderungen hervorgerufen werden, z. B. Zerstörung der Primär- oder Sekundärfollikel. Weiterhin aber dürfte der Erfolg auch von dem Schicksal des Implantates abhängen, auch in den Fällen, wo es nicht angewachsen ist, d. h. von der Geschwindigkeit und der Richtung seines chemischen Abbaues. Möglicherweise spielt auch die Blutgruppenzugehörigkeit des Implantatspenders und des Trägers eine Rolle *(Voronoff, Stocker)*.

Der Operation kommt unzweifelhaft eine praktische Bedeutung in der Bekämpfung der Sterilität des Rindes zu. Mißerfolge werden seltener werden, wenn durch weitere Forschungen eine genaue Begrenzung des Indikationsgebietes ermöglicht wird.

Literatur.

W. Frei und *K. Kolb*, Schweiz. Archiv f. Tierheilk., 1923, Nr. 9.
W. Frei und *A. Stäheli*, Deutsche Tierärztl. Wochenschr., 1926, Nr. 43.
F. Grüter, Schweiz. Archiv f. Tierheilk. 1925, Nr. 19; Deutsche Tierärztl. Wochenschr. 1926, Nr. 23.
Harms, zit. n. *K. Sand*, Handb. d. normalen u. pathol. Physiologie Kapitel. 14. I. 1. 1926.
Lehmeyer, Diss. München 1925.
Petersen, Maanedskr. f. dyrläger 35, 1923.
Retterer und *Voronoff*, La glande génitale male et les glandes endocrines, Paris 1921.
Stäheli, Schweiz. Archiv f. Tierheilk. 1925, Nr. 19.
S. Stocker, Mündl. Mitt. 1926.
Voronoff, Organüberpflanzung und ihre praktische Verwendung beim Haustier. Übers. v. *G. Cohn*, Leipzig 1925.

La question des rapports entre le système nerveux et les glandes sexuelles.

Par *Eugène Gley*, Professeur au Collège de France, Paris.

La plupart des glandes endocrines fonctionnent indépendamment du système nerveux. Cette importante notion que je cherche à établir depuis quelques années me paraît ressortir de trois grands ordres de faits:

1° — La preuve décisive de la dépendance d'une glande, comme de tout autre organe du reste, par rapport au système nerveux consiste dans la suppression de la fonction de cette glande dès que l'on a supprimé les connexions de celle-ci avec le système nerveux. C'est ce qui a été si bien montré par exemple pour les glandes salivaires. Rien de semblable avec les glandes endocrines. Des expériences déjà anciennes (1895) de *Maurice Kaufmann* ont établi que le foie énervé continue à former et à sécréter du sucre. Dans une anse énervée d'intestin la sécrétine peut se former comme dans un intestin normal. Dès 1884 *M. Schiff* et en 1888 son élève *Al. Herzen* nous ont appris que l'énervation de la thyroïde n'empêche nullement cet organe de remplir son rôle. D'autre part, chez les animaux qui ont subi cette opération la structure de la glande n'est point altérée (expériences de *Hamilton Crawford* et *J. N. J. Hartley*, 1925 et, dans mon laboratoire, en 1925, de *J. Hoffman)*.

Il est vrai que la section des nerfs splanchiques supprime la sécrétion d'adrénaline, mais on ne doit pas oublier que ces nerfs ne régissent que la fonction de la médullaire surrénale et que, après qu'ils ont été coupés, la corticale continue de fonctionner, puisque les animaux ainsi traités ne présentent aucun des accidents consécutifs à la surrénalectomie.

2° — Les expériences de transplantation ne sont pas moins démonstratives. Un organe et a fortiori un reliquat ou un fragment d'organe enlevé de son siège et transplanté en un autre point de l'organisme a ainsi perdu ses relations ordinaires avec le système nerveux. Or, il peut néanmoins subvenir à toute la fonction de l'organe qu'il remplace. C'est ce que l'on a constaté pour le pancréas, pour la thyroïde et, nous allons le voir, pour les glandes sexuelles.

Objectera-t-on que des connexions nerveuses nouvelles ont pu se faire entre le transplant et le tissu où il a été inséré? "Quand la greffe prend, dit *Pende*, elle se met sans aucun doute en rapports nerveux, comme en rapports vasculaires, avec le reste de l'organisme; de sorte que la greffe ne fonctionne pas en dehors du contrôle des nerfs". Mais c'est là une hypothèse contre laquelle d'ailleurs déposent déjà quelques faits, tels que la persistance de l'activité fonctionnelle d'un greffon pancréatique après section de tous ses filets nerveux *(Hédon)*. Il faudrait donc d'abord démontrer l'existence de ces voies nerveuses nouvelles qui ne pourraient se constituer qu'à la suite de l'union des rameaux nerveux sectionnés du transplant avec des filets venus des tissus environnants. Supposée même la formation de ces voies nouvelles, comment assureraient-elles la relation entre le transplant et le système nerveux central? Il est clair qu'elles ne proviennent pas des mêmes centres que ceux d'où partaient les nerfs qui mettaient l'organe, avant qu'il ait été enlevé, en rapport avec le système nerveux. Attribuer à ces nerfs de nouvelle formation un rôle fonctionnel ce serait admettre que des filets nerveux de provenance quelconque peuvent établir une relation fonctionnelle spécifique entre un greffon et une région quelconque des centres nerveux. C'est la polyvalence des nerfs et des centres. La chose est possible, mais la démonstration manque.

3 ° — Les expériences de circulation artificielle, enfin, sont tout aussi probantes. Dans l'expérience célèbre de *Claude Bernard* le foie isolé et "lavé" a gardé sa capacité de former du sucre. De même le foie isolé perfusé produit de l'urée, si le liquide de perfusion contient un sel ammoniacal. De même encore le pancréas perfusé laisse passer de l'insuline dans les vaisseaux efférents.

Sans doute on n'a pas jusqu'à présent fourni pour toutes les glandes cette triple preuve de leur autonomie. Mais telle est la valeur démonstrative de l'une quelconque de ces trois preuves qu'il suffit qu'elle ait été administrée pour que l'autonomie puisse être considérée comme établie.

La question est de savoir si les glandes sexuelles sont au nombre de ces glandes endocrines qui échappent au contrôle du système nerveux.

En apparence, il n'est guère de fonctionnement organique plus soumis à des influences nerveuses que celui des glandes génitales, influences d'ordre cérébral et influences médullaires.

Cette apparence tient à deux confusions, l'une d'ordre physiologique et l'autre d'ordre zoologique.

La première vient de ce que souvent l'on n'a pas assez distingué entre la sécrétion des glandes reproductrices et les conditions de la reproduction. Celles-ci, qui consistent dans l'excrétion des produits glandulaires et les moyens par lesquels est assurée cette excrétion, sont étroitement dépendantes du système nerveux; les phénomènes vaso-moteurs, par exemple, qui se passent dans le tissu érectile des organes génitaux chez les Mammifères sont déterminés par diverses sensations et directement commandés par la moelle. Mais il ne s'ensuit pas que la sécrétion proprement dite des glandes génitales soit sous une même dépendance du système nerveux. Dès maintenant il est établi, je le montrerai tout à l'heure, que ces glandes, en tant que glandes de la sexualité, fonctionnent hors de tout contrôle nerveux; et il est quasi certain qu'il en est de même de la formation des éléments séminaux (ovogenèse et spermatogenèse).

La seconde confusion n'est pas moins grave. On a tendance à conclure de ce qui se passe chez l'homme lors des manifestations de la vie sexuelle à ce qui se passe chez les animaux. C'est que l'étude des phénomènes de la sexualité a été, pendant longtemps, surtout faite sur l'homme. Or, dans l'espèce humaine, du moins chez beaucoup de sujets, les influences psychiques, émotions, images, souvenirs, etc. sont prédominantes dans tous les actes de la vie génitale. Il ne semble pas qu'il en soit de même chez les autres Mammifères et chez les Oiseaux.

La question reste donc entière de l'autonomie des glandes sexuelles ou de leur subordination plus ou moins complète au système nerveux. Par quelles expériences peut-elle être tranchée?

1° — On n'a pas fait sur ces organes d'expériences de circulation artificielle. Je prévois cependant pour ma part que cette méthode sera un jour ou l'autre appliquée à l'étude de la sécrétion ovarienne. C'est une application réservée peut-être aux physiologistes des Ecoles vétérinaires. La connaissance récemment acquise des effets physiologiques du liquide folliculaire rend possible, à mon avis, la réalisation, sur de grands animaux (grands herbivores), d'expériences de circulation artificielle dans l'ovaire; on réussirait sans doute, par ces expériences, à obtenir des quantités suffisantes de sang efférent pour que l'injection de ce sang à un animal de même espèce, dans des conditions favorables, donnât lieu à la même action que le liquide folliculaire. La signification de ce résultat ne serait pas douteuse au point de vue de la théorie que je soutiens.

2° — D'autre part, les expériences d'énervation totale et définitive des glandes génitales sont difficiles à réaliser.

L'ancienne et si intéressante expérience de *Rein* (1880) est assurément encourageante. On se rappelle que *Rein*, isolant complètement l'utérus des centres nerveux par la section des nerfs sympathiques et des nerfs sacrés, a vu sur la chienne les phénomènes de la conception et de la parturition s'accomplir de façon normale. Mais ce fait prouvait seulement que la moelle n'est pas indispensable à l'ovulation, à la fécondation, bref à tous les actes de la gestation. On pouvait penser, et telle es d'ailleurs la conclusion de *Rein*, que l'utérus, et j'ajouterai l'ovaire, possèdent dans leurs plexus nerveux des centres automatiques. L'existence de centres de cette nature n'est plus guère admise aujourd'hui. Il importerait néanmoins de refaire méthodiquement des expériences d'énervation périphérique.

Ces expériences paraissent pouvoir être pratiquées sur les testicules, du moins sur des animaux de taille assez élevée, comme le chien. Sur des animaux plus petits on n'est jamais sûr d'isoler et par suite de couper tous les filets nerveux qui entourent le canal déférent. Déjà sur le chien cet isolement n'est pas très facile qui permettrait une résection étendue. On sait en effet que la simple section d'un nerf ne suffit pas pour que l'organe qui reçoit ce nerf doive être considéré comme soustrait définitivement à son action, mais qu'il faut en réséquer un segment aussi long que possible; ainsi la réunion des deux bouts du nerf est rendue sinon définitive, du moins assez tardive pour que la preuve soit fournie de la durable survie fonctionnelle d'un organe séparé du système nerveux central. Encore est-il souvent besoin, dans ces sortes de résections, de précautions spéciales, telles que celles que j'ai été amené à prendre dans des expériences de résection des nerfs splanchiques et des pneumogastriques au-dessous du coeur; au cours de ces recherches j'avais observé maintes fois, après trois ou quatre semaines, la réunion des deux extrémités nerveuses, séparées cependant par un intervalle de 2 ou 3 centimètres. Pour éviter cette grave cause d'erreur, j'ai été obligé avec mes collaborateurs, *Alf. Quinquaud* ou *Pierre Gley,* de brûler au galvanocautère chacune des extrémités du nerf coupé ou de passer un fil dans ces extrémités de façon à pouvoir les fixer dans les tissus du voisinage en les retournant dans une direction inverse de la direction normale du nerf (résection avec inversion des deux bouts ou du bout central seulement). Mais ce dernier artifice n'est pratiquable que sur des nerfs assez gros. En ce qui concerne la résection des nerfs des testicules, il se peut qu'il y ait encore d'autres difficultés. Il se peut que des filets nerveux s'engagent dans la paroi même des vaisseaux qui irriguent l'organe (artères spermatique et déférentielle); on sait que, parmi les filets nerveux qui se rendent aux reins, il en est qui suivent un tel trajet; aussi les expériences d'énervation des reins n'ont-elles été reconnues valables que quand on a pu sectionner complètement les vaisseaux rénaux, artère et veine, et suturer les deux extrémités sectionnées. Renouvellement de la vieille opération de *Breschet* (1837) que seules ont permis les méthodes actuelles de sutures vasculaires *(Al. Carrel).* Une telle opération serait-elle possible sur les vaisseaux testiculaires des animaux usuels de laboratoire? Quoiqu'il en soit, les essais d'énervation des testicules que j'ai pu effectuer jusqu'à présent ne me paraissent pas suffisants pour conclure que la glande reproductrice (formation des éléments séminaux, travail sécrétoire proprement dit) fonctionne encore normalement après qu'elle a été complètement séparée du système nerveux [1]).

Cette conclusion cependant s'impose, à mon avis, pour la glande endocrine testiculaire comme pour l'ovaire endocrine, c'est à dire pour les glandes sexuelles.

3° — Ce sont les expériences de transplantation qui démontrent l'autonomie des glandes sexuelles. Ces expériences sont aujourd'hui très nombreuses. Il suffira, pour ma démonstration, de rappeler les premières et les principales. J'insisterai un peu sur celles qui ont été faites dans mon laboratoire.

Il semble bien que ce soit *J. Hunter* qui, le premier, au 18° siècle (1762), ait transplanté un testicule de coq dans la cavité abdominale d'une poule; il constate simplement que l'organe transplanté ne s'est pas atrophié. Des observations de ce genre n'ont aucune signification physiologique. En 1849, *Berthold* (de Göttingen) enlève les testicules de trois jeunes coqs et les replace dans l'abdomen des mêmes animaux (auto-transplantation); dans une autre expérience, il transplante les testicules d'un coq dans l'abdomen d'un autre coq (homo-transplantation). On sait que tous ces animaux conservèrent leurs caractères sexuels; sur l'un d'eux *Berthold* enleva, deux mois après l'opération, les testicules greffés; l'oiseau se transforma en chapon. Malheureusement cette découverte si grosse de conséquences n'attira pas l'attention, comme j'ai eu déjà l'occasion de le

1) On verra plus loin que ce fait ressort des expériences de transplantation testiculaire ou ovarienne.

remarquer [1]). Beaucoup plus tard (1905), *M. Nussbaum,* ayant enlevé les testicules à des grenouilles, observe que la brosse copulatrice du pouce ne se développe pas sur ces animaux, tandis qu'elle se développe sur d'autres castrats dans le sac lymphatique desquels il a implanté des fragments testiculaires. Ces observations ont été confirmées par d'autres expérimentateurs. Alors viennent les expériences si démonstratives, d'une part, de *Steinach* et, d'autre part, celles de *Pézard* dans mon laboratoire. A partir de 1910, *Steinach* voit sur des rats castrés que le développement des organes génitaux accessoires a lieu normalement et que la vie sexuelle de ces animaux reste normale si on a transplanté sous la peau un testicule. Dans la suite, ce physiologiste, allant plus avant, "masculinise" des rats femelles par transplantation d'un testicule et "féminise" des mâles par transplantation d'un ovaire. C'est l'inversion sexuelle expérimentale. De son côté, à partir de 1910, dans ses recherches si méthodiquement conduites et avec tant d'intelligence des questions posées, *A. Pézard* a constaté que les coqs castrés récupèrent et conservent tous leurs caractères sexuels à la suite de la transplantation, en un lieu quelconque de la cavité abdominale, d'un fragment testiculaire. Un autre travailleur de mon laboratoire, *F. Caridroit,* a fait récemment une étude histologique très soignée de ces transplants testiculaires et vu qu'ils restent fort longtemps spermatogènes, qu'ils conservent leur activité germinale [2]). En 1922 *Zawadowsky* a réussi des transplantations de testicule sous la peau de poules ovariectomisées; trois de ces animaux furent complètement masculinisés. De 1919 à 1922 *K. Sand,* insérant un ovaire en plein testicule ou un testicule dans un ovaire, a vu des cobayes ainsi traités acquérir et garder les caractères spécifiques du mâle et à la fois de la femelle, réalisant ainsi des hermaphrodites dans le plein sens du mot. En 1924, *Pézard, Sand* et *Caridroit* ont aussi obtenu de parfaits hermaphrodites chez les Gallinacés.

Ainsi des transplants d'un organe, devenus de véritables greffons par suite de leur vascularisation plus ou moins rapide, suffisent à toute la fonction de l'organe qu'ils remplacent. Quelle peut bien être la part du système nerveux dans ce fonctionnement? Est-il concevable que les fragments testiculaires insérés par *Nussbaum* dans le sac lymphatique de grenouilles castrées soient entrés en connexion avec le système nerveux? Comment concevoir aussi le rétablissement de relations entre un testicule placé sous la peau d'une poule et le système nerveux (expériences de *Zawadowsky*) ou entre ce système et les organes doubles de *K. Sand?* Assurément il importerait de rechercher au moyen des techniques histologiques les plus perfectionnées si dans tous ces transplants il subsiste ou il se forme des traces d'organisation nerveuse. Il est vraisemblable cependant que, dans beaucoup des conditions de ces transplants, les éléments nerveux en disparaissent très vite. Supposera-t-on qu'il s'établit entre le transplant et les tissus dans lesquels il a été inséré des connexions ner-

---

1) *Eug. Gley.* Les sécrétions internes, 1e édition, 1914; trad. allemande par *Al. Lipschütz,* Bern et Leipzig, 1920 (Die Lehre von der inneren Sekretion).

2) Voir *F. Caridroit.* Etude histo-physiologique de la transplantation testiculaire et ovarienne chez les Gallinacés. Bull. Biologique de la France et de la Belgique, 1926, LX, 135—312.

veuses nouvelles? Comme je l'ai déjà dit, il faudrait d'abord démontrer l'existence de ces voies nouvelles. Admettons-la. Comment ces éléments nouveaux se sont-ils reliés aux parties du système nerveux central avec lesquelles se trouvent normalement en rapport les testicules? Que d'hypothèses et que de difficultés!

On est conduit à la même conclusion par l'examen des expériences de transplantation ovarienne. En 1896, *Knauer* déplace les deux ovaires, sur la lapine; il les insère sur le feuillet postérieur du ligament large; il constate, 13 mois après, l'intégrité de ces organes. En 1907, *Fr. H. Marshall* et *Jolly* enlèvent les ovaires à des rats et les transplantent en des points divers de l'organisme; l'utérus de ces animaux ne subit point les altérations qu'il présente après la castration; les organes transplantés ont donc continué à exercer leur action normale. *Goodale* (1914—16) implante dans l'abdomen d'un jeune coq les ovaires fragmentés de deux poulettes de même espèce et même lignée; l'animal se féminise complètement. *Zawadowsky* (1922—23) réussit la même expérience. J'ai déjà indiqué que *Steinach* avait, par une semblable opération, féminisé des rats. *Athias,* de son côté, a observé, en 1915, consécutivement à une greffe ovarienne, le développement des mamelles et la sécrétion du lait sur des cobayes mâles châtrés En 1923, *Pézard, Sand et Caridroit* ont constaté la féminisation du coq adulte par greffe d'ovaire dans la cavité abdominale.

Sur les Gallinacés, *Caridroit* a fait une excellente étude histologique des fragments d'ovaire transplantés dans ses expériences et dans celles qu'il a faites avec *Pézard.* Il a constaté que le transplant conserve ses caractères ovariens; une partie des poules castrées et greffées a d'ailleurs pondu des oeufs normaux; chez d'autres qui n'ont point pondu malgré le développement parfait des ovules, on a reconnu que l'ouverture de l'oviducte avait été déplacée ou que l'entrée de la trompe avait été lésée et était obstruée par du tissu conjonctif.

Les greffes ovariennes, d'une façon générale, se comportent donc comme les greffes testiculaires. Elles gardent la structure de l'organe d'où elles proviennent et elles en remplissent les fonctions. Sont-elles dépourvues de tous éléments nerveux ou, s'il en subsiste, quelles sont les relations de ces éléments avec le système nerveux central? Sans doute les données histologiques font encore défaut sur ce point, mais, d'après tout ce que l'on sait de ces opérations de transplantation et de leurs conditions, il semble bien que les fragments ovariens transplantés, de même que les fragments testiculaires, ont perdu leurs relations avec le système nerveux.

Conclusion générale. — Les expériences de transplantation réalisées sur les glandes génitales démontrent l'autonomie de ces organes; ceux-ci, privés de leurs rapports normaux avec le système nerveux, continuent à vivre et à fonctionner.

Cette conclusion parait être en contradiction avec les idées de *C. Ceni* qui s'est attaché depuis une quinzaine d'années à montrer que les centres cérébraux exercent une action régulatrice sur le fonctionnement des glandes génitales. La contradiction n'est peut-être qu'apparente. Je ferai remarquer en effet que, dans les expériences de *Ceni* sur les Gallinacés, les mâles et les femelles avaient conservé, après des destructions diverses des hémisphères cérébraux, leurs caractères propres et leur activité sexuelle; seule, leur capacité reproductrice avait diminué. Mais ces animaux présentaient en même temps des troubles graves et progressifs du métabolisme, aboutissant à la cachexie. De sorte qu'on peut se demander si l'atrophie testiculaire, observée chez beaucoup d'entre eux, et l'affaiblissement du pouvoir procréateur sont bien des phénomènes spécifiques et ne tiennent pas plutôt à la déchéance générale de l'organisme. La question serait à examiner de près.

Si, comme je le pense, l'autonomie des glandes sexuelles doit être considérée comme réelle, la conception que je soutiens de l'indépendance de presque toutes, sinon de toutes les glandes endocrines s'en trouve fortifiée. Leur cas rentre dans la loi générale. A cette loi il y a sans doute une explication. Ne serait-ce pas la nature même des glandes endocrines qui assurerait leur autonomie? Leur rôle est en effet de déterminer, à la suite du passage dans le sang des produits qu'elles sécrètent et qui possèdent une action spécifique, le fonctionnement d'autres organes ou d'en régler et diriger le développement. Il existe donc, à côté du système nerveux excitateur et régulateur de multiples fonctions, un système d'agent humoraux jouant un rôle analogue. Si ce dernier système est indépendant du premier, il s'ensuivra que les corrélations organiques commandées par les agents humoraux seront soustraites à toutes les variations de la vie nerveuse et par là même beaucoup mieux assurées. Or, nous savons que la permanence des associations interorganiques qui dépendent des sécrétions internes est une nécessité vitale. Là peut-être est la raison profonde de l'autonomie des glandes endocrines, s'il y faut chercher une raison.

Keimdrüsenüberpflanzung auf junge Rinder.

Von *F. Grüter,* Willisau (Schweiz)

Einleitend möchte ich, in gebührender Anerkennung seiner Verdienste, darauf hinweisen, daß *E. Steinach* die wissenschaftliche Grundlage für die klinische Anwendung des Transplantationsverfahrens geschaffen hat. Nach der Literatur, Zentralblatt für Physiologie 1910, Geschlechtstrieb und echt sekundäre Geschlechtsmerkmale, hat er als Erster Dauertransplantate beim Säuger erzielt, die während des individuellen Lebens haften blieben und die beim Infantil-Kastraten die somatischen und psychischen Geschlechtsmerkmale zur vollen Ausbildung brachten, anderseits beim Spätkastraten die Kastrationsatrophie verhinderten. Die fundamentalen Arbeiten von *Steinach* gingen an der Schweiz nicht spurlos vorbei, eine Anzahl Biologen hauptsächlich Ärzte und Tierärzte beschäftigten sich mit den neuen Problemen.

In der Schweiz sind die Verhältnisse für die Tierhaltung ganz verschieden gegen gewisse andere Länder z. B. Afrika und Südamerika. Aus ökonomischen Gründen läßt man hier die Rinder nicht so alt werden wie dort. Man hat daher im Allgemeinen weniger die Alterserscheinungen als vielmehr die Infantilität zu bekämpfen.

Die Möglichkeit der Behebung des Infantilismus und Eunuchoidismus bei Rindern beiderlei Geschlechtes durch Gonaden-Übertragung bewog mich zur Ausführung der Versuche mit:

Keimdrüsenüberpflanzung auf junge Rinder.

Selbst vorsichtige Zuchtwahl und sorgfältige Pflege können Unterentwicklung und Ausfallserscheinungen bei Hypofunktion der Keimdrüsen bei Haustieren nicht verhindern.

Da und dort ist versucht worden durch Keimdrüsen-Implantation substituierend zu wirken. Erfolge bei infantilen und präsenilen Individuen mit Verpfropfung (bei Stieren ebenfalls durch Vasoligatur nach *Steinach*) haben die neuen Methoden zur Sterilitätsbekämpfung in die tierärztliche Praxis eingeführt. Nachdem eine günstige Einwirkung der Keimdrüsenüberpflanzung bei postpuberalen Rindern mit Ausfallserscheinungen in der Großzahl der Fälle erwiesen war, drängte sich die Frage auf, wie sich wohl präpuberale Tiere nach homoplastischer Implantation in ihrer Entwicklung verhalten würden.

Erwägungen in allgemein biologischer Hinsicht und mit besonderer tierzüchterischer Auswertung gaben den Anlaß zu folgenden Versuchen:

1. Zu prüfen, wie sich ein normaler junger präpuberal gepfropfter Stier gegen den Kontrollstier annähernd gleichen Alters verhält.

2. Zu untersuchen, wie sich junge Stiere mit Implantation von Hodensubstanz bei nachträglicher Entfernung der eigenen Testikel gegenüber kastrierten Kontrollstieren verhalten.

3. Den Einfluß der Ovarial-Einpflanzung bei weiblichen impubern Rindern zu erproben.

Als Versuchsobjekte wählte man von Simmentaler-Rindern vorsätzlich die scheinbar schwächer entwickelten Tiere. Die Fütterung und Wartung jeder Gruppe wurde streng gleichmäßig gehalten.

Ort der Einpflanzung = Mitte des Halses, an den Hautmuskeln, nachdem dieser skarifiziert oder angeschnitten war. Material: Hodenstücke von gesunden und zuchtfähigen Stieren. Die Ovarien stammten von einer normalen neunjährigen Kuh. Die Follikelzahl dieser Überpflanzungs-Eierstöcke war auf die Hälfte jener von jungen Kühen reduziert gelbe Körper fanden sich nicht vor. Alle Keimdrüsen heilten gut an, die Ovarien, wie in der Regel, besser und rascher als die Testes. Die Implantate werden fast regelmäßig innerhalb sechs Wochen bis auf eine dünne Platte resorbiert.

Bei Beurteilung der Resultate kamen die allgemein in der Tierbeurteilungslehre geübten Meßmethoden zur Verwendung. Diese erlaubten gewisse Schwankungen der Morphologie des Individuums in ihrem Ausmaß (ziemlich) genau festzustellen, nämlich die Kopflänge, Stirnbreite, Halsumfang, Rumpflänge, Phalangenlänge, Metacarpuslänge und Umfang usw. Gerade dieser Meßmöglichkeit wegen dürfen die Versuche an großen Haustieren gegenüber solchen an kleinen Versuchstieren, wie mir scheint, trotzdem sie prinzipiell nichts neues bringen, ein gewisses wissenschaftliches und theoretisches Interesse beanspruchen.

Resultate: Die Entwicklung wurde durch die Operation deutlich beeinflußt und zwar gefördert. Die Verschiebung der Maß-Differenz ist deutlicher, d. h. weitgehender bei zweifacher Propfung, ebenso die Ausgestaltung von Haut und Haar und die Förderung des Temperamentes.

Resultat von Experiment 1 = Normaler Stier mit Hodenimplantation: Breitere Stirne, vermehrter Halsumfang, geringere Rumpflänge und Widerristhöhe, vermehrte Kreuzbeinhöhe und Fesselbeinlänge, geringere Längenentwicklung der Schienbeine bei gleichzeitig stärkerem Dickenwachstum gegen Kontrolle. Fünf Wochen nach der Keimdrüsenübertragung wird starker Haarausfall zuerst am Hals, über Schulter und Seitenbrust, dann über den ganzen Körper bemerkt, mit nachfolgender Erneuerung der Haare an den Ausfallstellen in viel feinerer und dichterer Anlage und von heller Farbe. Drei Wochen später war der vollständige Haarwechsel vollzogen. Besonders bemerkenswert ist, daß die Hoden des mit zwei Implantaten behandelten Stieres gegenüber dem Kontrollstier an Größe bedeutend zugenommen, ebenso Penis und Schwellkörper. Die Gewichtszunahme vermehrte sich gegen den Kontrollstier um 3 kg.

Bei der Prüfungsgruppe 2 = zwei Stiere mit Hodenimplantaten behandelt gegen zwei Kontrollstiere. 16 Tage später werden alle vier Stiere kastriert. Hier unterscheiden sich die gepfropften Stiere hauptsächlich im folgenden Ausmaß: Geringere Kopflänge, breitere Stirne, breitere Brust, erhöhte Kreuzpartie und bedeutend geringere Hornentwicklung. Der deutlich ausgeprägte Stierenkopf beruht ja auf dieser Proportion: kurzer Kopf und breite Stirne. Die Behaarung ist auffallend feiner auf dünner, elastischer Haut, während die Kontrollen mit struppigem Haarkleid, bei dicker und weniger beweglicher Haut ausgestattet sind. Die verkümmerten Zitzen, besonders die hinteren, sind bei den Versuchsstieren um die Hälfte geringer entwickelt und von gleichmäßiger länglicher Form, gegenüber den Kontrollen, wo eine stärkere Zitzenbasis ausgebildet ist. (Derselbe Befund, den *Sellheim* bei ausgewachsenen Ochsen gegen Stiere hatte).

Versuch 3: Eierstock-Implantationen auf normale weibliche impubere Rinder. Als wesentliche Auswirkungen sind die folgenden zu verzeichnen. Das Längenmaß des Kopfes ist größer und die Stirne ein wenig breiter. Die Rumpflänge verkürzt, die Brust breiter und die Zunahme des Schienenbeinumfanges geringer. Die Gewichtszunahme beträgt je 3 kg mehr als bei den Kontroll-Rindern. Auch hier, wie bei den bereits besprochenen Untersuchungen ist das glatte und glänzende Haarkleid der Implantationstiere schon von weitem auffallend gegen die struppige und trockene Behaarung der Kontrollen. Die eigenen Ovarien der Versuchsrinder waren zwei Monate nach der Organotherapie zu Kleinkirschgröße, diejenigen der Kontrollen zur Kleinbohnengröße gewachsen. Die Milchdrüsen-Anlage blieb bei allen weiblichen Rindern unbeeinflußt.

Schlußfolgerungen:

Durch Keimdrüsenüberpflanzung läßt sich bei präpuberalen männlichen und weiblichen Rindern die Entwicklung der primären

und sekundären Sexus-Merkmale beschleunigen. Gleichzeitig nimmt die Lebhaftigkeit der Tiere zu. Die Behaarung wird feiner, dichter und glänzender und die Haut elastischer, analog den Resultaten, die *Voronoff* nach Transplantationen bei männlichen Schafen und Ziegen erzielte. Die Wachstumsförderung, beziehungsweise Hemmung macht sich an den Proportionen des ganzen Körpers geltend, besonders am Kopf, Hals, Thorax, Gesamtrumpf und Metacarpus.

Nach Keimdrüsenüberpflanzung kastrierte Stiere behalten zunächst den männlichen Habitus.

Wie weit die auf Jungrinder überpflanzten Keimdrüsen die fernere Gestaltung und Erhaltung der primären und sekundären Geschlechtsmerkmale zu regulieren imstande sind, bleibt fortgesetzter Beobachtung vorbehalten.

Gestatten Sie, daß ich im folgenden einige weitere klinisch-experimentelle Versuche aus meiner Praxis in Betracht ziehe.

Vasoligatur bei infantilen Stieren.

Nach der Literatur ist die Unterbindung des Vas deferens schon oft in der Chirurgie zur Bekämpfung der Prostatahypertrophie angewandt worden. Zu wissenschaftlich-experimentellen Zwecken dagegen, zur Isolierung der sog. interstitiellen Drüse, führten *Ancel* und *Bouin* 1903 die Vasoligatur erstmals aus. *Steinach* hat diese Methode zuerst zur Bekämpfung von Alterserscheinungen bei Ratten mit zweifellosem Erfolge versucht. Er hat dann dieses Verfahren zur Bekämpfung der physiologischen Seneszenz bei Männern eingeführt und die Methode als „autoplastische Altersbekämpfung“ bezeichnet. (*Steinach'sche* Operation). *Tandler* und *Gross* haben Versuche am Rehbock angestellt, weil die Beobachtung des Geweihes ein gutes Mittel ist, um die inkretorische Wirkung der Keimdrüsen zu verfolgen. Andere Forscher wie *Sand, Wilhelm, Harms, Pettinari, Stieve* usw. verzeichneten günstige Beeinflussung alter Hunde. Die Senilitätserscheinungen, wie Abmagerung, gebückte Haltung, zögernde und langsame Bewegungen, leichte Ermüdbarkeit, partieller Haarmangel und das Ausbleiben der sexuellen Erregbarkeit, schwanden nach ein- oder beidseitiger Unterbindung des Samenleiters. Dadurch wurde die Wiederherstellung der geschlechtlichen Funktionen und eine erstaunliche Besserung des Allgemeinzustandes hervorgerufen. *Lichtenstern* hat nach dieser Operation bei alten Männern und bei jugendlichen Individuen, bei denen geringe Erotisierung und auffallendes Nachlassen der geistigen Tätigkeit die Indikation für den Eingriff bot, in einzelnen Fällen sehr günstigen Einfluß auf das Allgemeinbefinden beobachtet. Die Behaarung wurde reichlicher. Die trockene unelastische Haut wurde feucht, glatt und schmiegsam. Die trüben Augen klärten sich. Die Libido und die Potentia coeundi entwickelten sich wieder. Eine Zunahme der geistigen wie körperlichen Arbeitsfähigkeit konnte konstatiert werden. Der Erfolg trat zwischen 8 Wochen und 5 Monaten ein.

Der Vortragende hatte Gelegenheit, bei zwei $1^1/_2$ jährigen infantilen Stieren die Vasoligatur auszuführen. Der vor der Operation fehlende Geschlechtstrieb, also die Sprung- und Befruchtungsfähigkeit, trat im ersten Falle nach 26 Tagen ein. Der potent gewordene Stier wurde verkauft und kam aus dem Beobachtungskreise. Beim zweiten, am 30. VI.

1925 vasoligierten Stier konnte Geschlechtstüchtigkeit erst fünf Monate nach der Operation festgestellt werden. Die erreichte Potenz hält heute noch in außergewöhnlichem Grade und beständig an. Dieser Stier hat bis Anfangs September 1925 über 80 Kühe belegt. Die eingetretenen Veränderungen der Testes lassen sich wie folgt beschreiben:

Die Vasoligatur geschah am rechten Hoden. Dieser ist wohl um den vierten Teil kleiner geworden als der linke Testikel und hängt tiefer im Hodensack, während normalerweise der linke tiefer sitzt. Er ist von bedeutend derberer Konsistenz und weniger gespannt als der andere.

Der unveränderte linke Nebenhoden ist als festes, rundes Gebilde anzufühlen, und auf dessen Berührung reagiert sofort der Musk. Cremaster, der Hoden wird gegen den Leistenkanal gezogen. Der rechte Nebenhoden dagegen hat die Form eines dicken Knopfes. Auf Druck erfolgt keine Aktion, der Hoden bleibt schlaff im Skrotum liegen. Der Musk. Cremaster ist rechts um die Hälfte dünner als links, daneben ist der Fettkörper bedeutend vergrößert.

Literatur.

1. *Harms*, Körper und Keimzellen, 1926, Berlin.
2. *Lipschütz*, Die Pubertätsdrüse und ihre Wirkungen. Bern 1919.

Wirkung der Ovarial-Implantation auf funktionelle Leistung der Kühe.

Bei Rindern können Unterentwicklung und Rückbildung der Ovarien bestehen ohne nachweisbare Anormalität anderer Organe.

Hypofunktion der Keimdrüsen bedingt bei Kühen Störung des Sexualcyclus oder vollständige geschlechtliche Inaktivität. Diese tritt, wie es scheint, in verschiedenen Landesgegenden und Jahrgängen ungleich häufig auf. Über die Ursachen der Rückbildung der Eierstöcke ist bis heute sehr wenig Positives bekannt. Neben verschiedenartigen andern Einflüssen darf mit großer Wahrscheinlichkeit der Mangel oder das Fehlen gewisser Nährsalze und Vitamine im Futter für Anaphrodisie verantwortlich gemacht werden. Wie Prof. *Loewe*, Dorpat, in der ersten Sitzung vom Montag ausführte, sind in gewissen Pflanzensamen weibliche Hormone gefunden worden. Diese wichtige Entdeckung gibt erneut Anlaß zu weitern Erklärungsversuchen der Untätigkeit der Geschlechtsdrüsen. Durch Ovarimplantation gelingt es, in den meisten Fällen das Wachstum und die Tätigkeit der eigenen Gonaden anzuregen. Zu diesem Zwecke wird es angezeigt sein, von Eierstöcken den gut ausgebildeten Follikelapparat, unter Weglassen des gelben Körpers, zu verwenden. So wird sich die inkretorische Wirkung des Implantates in erster Linie auf die Geschlechtsdrüsen geltend machen.

Präsenilität bei Kühen infolge Verkleinerung der Eierstöcke und deren Behebung durch Ovarimplantation ist von *Stäheli* im Schweizer Archiv für Tierheilkunde 1925, Heft 19 beschrieben worden. Die Ovarientätigkeit wurde dauernd belebt. *Stäheli* konnte, nach seinem mündlichen Berichte, bei 52 Kühen in keinem Falle nach der Einpflanzung eine Milchvermehrung beobachten.

Mitunter bekommt man den Eindruck, daß Ovarien untätig sein können, ohne daß sie rückgebildet erscheinen. Wieder in andern Fällen, wie fortgesetzte Beobachtung zeigt, bleibt selbst bei regelmäßig wiederkehrender Brunst und Züchtung durch befruchtungsfähige Stiere eine Konzeption aus, ohne durch genauen klinischen Untersuch eine Ursache dafür finden zu können. Von 10 sterilen Kühen mit diesem negativen klinischen Befund, konnte durch Ovar-Einpflanzung bei 8

Tieren Trächtigkeit bewirkt werden. Eine Änderung der Milchdrüsentätigkeit ließ sich dabei nicht feststellen.

Versuchs-Überpflanzungen von follikelreichen Ovarien bei stets rezidivierenden, also prognostisch unheilbaren, Ovarialcysten verliefen vollständig negativ.

Bei kastrierten Kühen kam es außer Steigerung der Lebhaftigkeit zu keiner weitern Funktionsänderung, auch das Euter wurde nicht angeregt.

In allen jenen Fällen, wo der Follikelanteil des Eierstockes als Einpflanzungsmaterial diente, war eine Beeinflussung der Milchdrüse nicht zu erkennen.

Eine andere Wirkung erreichte *Basch* (zitiert von Rievel) durch Implantation des Ovars einer tragenden Hündin unter die Haut einer viriginellen Hündin. Es trat Vergrößerung der Milchdrüse und Milchabsonderung ein.

Dieser bedeutsame Versuch ermunterte zur Nachprüfung an einer kastrierten Kuh:

14. VIII. 26. Eine gesunde, 20 Wochen trächtige Kuh kam zur Schlachtung. Das rechte Ovar mit Corpus luteum [1]) wurde körperwarm enthoben und einer vor 15 Tagen kastrierten Kuh per vaginam an das Peritoneum verpflanzt. Die Einheilung erfolgte glatt. Nach zwei Tagen war der Scheidenschnitt deutlich in Verwachsung begriffen und das Implantat neben der Cervix gut eingelagert.

22. VIII. 26. Acht Tage nach der Operation stellte sich plötzliches Anschwellen des Euters ein und während weiteren drei Tagen stieg die Tagesmilchmenge, die durch die Kastration nur eine kleine Erhöhung von 10 auf 11 Liter erreicht hatte, von 11 auf 14 Liter. Das vorher dünne und weiße Eutersekret hat gleichzeitig mit der Mengezunahme das Aussehen von Colostrummilch erhalten: Gelbe Farbe und beim Aufstellen dicke Rahmschicht.

Die Kontrolle drei, fünf und sieben Wochen später ergab: Transplantat in unveränderter Form an das Peritoneum gewachsen. Die Milchmenge ist auf gleicher Höhe geblieben.

Die intensive Anreizung der Milchdrüse zum Wachstum und zur Milchabsonderung durch Einpflanzung des Ovars mit gelbem Körper einer trächtigen Kuh auf eine Kastratin (analog dem Versuche *Baschs* an einer viriginellen Hündin) und gegenüber der Nichtbeeinflussung der Milchdrüse durch implantiertes Follikelgewebe, läßt mit Sicherheit auf die inkretorische Abhängigkeit des Euters vom Corpus luteum graviditatis schließen.

---

[1]) Das Corpus luteum graviditatis sieht gegenüber dem Corpus luteum periodicum der Kuh ganz verschieden aus. Während das erstere Gebilde an der Basis graugelb, gallertartig eingebettet erscheint, tritt das letztere als fester gelber Zapfen aus dem Ovarialstroma hervor. Ohne Zweifel haben diese, schon makroskopisch ungleich aussehenden, gelben Körper verschiedenartige Hormonbildung und entsprechende Einwirkung auf das inkretorische System.

Tabelle Ia zur „Keimdrüsenüberpflanzung auf junge Rinder".

Maß in cm	Normale Stiere					
	Normaler Stier geboren 15. XI. 25, beiderseitig Implantation am 14. VI. 26.			Kontrollstier, geboren 31. XII. 25, nicht implantiert		
	1. Messung 14. VI. 26.	2. Messung 2. IX. 26.	Differenz	1. Messung 14. VI. 26.	2. Messung 2. IX. 26.	Differenz
Kopflänge	37	40	3	36	39	3
Stirnbreite	21	23	2	19	20	1
Horn	Länge	9	Länge		$8^{1}/_{2}$	
	Basisumfang	14	Basisumfang		13	
Halsumfang	73	92	19	82	95	13
Rumpflänge	104	114	10	105	119	14
Wiederristhöhe	111	115	4	111	$117^{1}/_{2}$	$6^{1}/_{2}$
Kreuzbeinhöhe	118	$125^{1}/_{4}$	$7^{1}/_{4}$	120	$125^{1}/_{4}$	$5^{1}/_{4}$
Brustweite	32	$33^{1}/_{2}$	$1^{1}/_{2}$	31	$34^{1}/_{2}$	$3^{1}/_{2}$
Hüftgelenkweite	37	41	4	$36^{1}/_{2}$	40	$3^{1}/_{2}$
Fesselbeinlänge	8	$11^{1}/_{2}$	$3^{1}/_{2}$	$7^{1}/_{2}$	$9^{1}/_{2}$	2
Schienbeinlänge	22	22	0	21	$21^{1}/_{2}$	$^{1}/_{2}$
Schienbeinumfang	16	$19^{1}/_{2}$	$3^{1}/_{2}$	17	18	1
Behaarung	Am 20. VII. beginnender Haarwechsel	Haarwechsel vollzogen. Behaarung feiner, dichter, glänzender und heller		gleichmäßig normal	weniger fein als Kontrolle	
Haut	Anliegend	elastisch		normal	normal	
Zitzen						
Hoden	klein	stark gewachsen, gegen Kontrolle wie 3 : 2		klein, wenig gewachsen, gegen implant. Stier wie 2 : 3		
Hodensack	runzelig	glatt und gespannt		runzelig	runzelig	
Penis	klein	doppelt so groß wie Kontrolle		halb so stark entwickelt wie implant. Stier		
Körpergewicht	240 kg.	285 kg	45 kg	233 kg	275 kg	42 kg.
Implantat	Am 5. VII. links Gut erhalten wie frisch eingesetzt mit einem eichelförmigen Stil über den Hautrand hervorragend. Rechtes Implantat am 5. VII. auf eine ovale 3 : 2 cm große derbe platte Narbe geschrumpft.	31. VII. links Implantat auf eine $^{1}/_{3}$ mm dünne Scheibe zusammengezogen				

Tabelle Ib zur „Keimdrüsenüberpflanzung auf junge Rinder“.

Maß in cm	Kastrierte Stiere											
	Stiere No. 1. Geboren 10. II. 26, beiderseitig implantiert 10. V. 26, kastriert 26. V. 26.			Kontrollstiere No. 2. Geboren 9. II. 26, nicht implantiert, kastriert 26. V. 26.			Stiere No. 3. Geboren 15. III. 26, implantiert 10. V. 26, kastriert 26. V. 26.			Kontrollstiere No. 4. Geboren 15. I. 26, nicht implantiert, kastriert 26. V. 26.		
	1. Messung 5. VII. 26.	2. Messung 2. IX. 26.	Differenz	1. Messung 5. VII. 26.	2. Messung 2. IX. 26.	Differenz	1. Messung 5. VII. 26.	2. Messung 2. IX. 26.	Differenz	1. Messung 5. VII. 26.	2. Messung 2. IX. 26.	Differenz
Kopflänge	32	35	3	36	40	4	31	33	2	32	35	3
Stirnbreite	18	22	4	21	21	0	15	20	5	18	21	3
Horn	Länge	5½			8			4			6	
	Basisumf.	6½			10¾			7			8	
Halsumfang	72	85	13	76	83	7	66	75	9	67	77	10
Rumpflänge	94	104	10	104	109	5	88	95	7	103	111	8
Widerristhöhe	100	108½	8½	106	113¼	7¼	91½	104½	13	96	110½	14½
Kreuzbeinhöhe	108	118	10	113	120	7	96	111½	15½	107	115	8
Krustweite	24½	29	4½	27½	30½	3	24	28½	4½	24	27½	3½
Hüfteng. lenkweite	33	37	4	33½	38	4½	30½	34	3½	32½	35¼	2¾
Fesselbeinlänge	8	9½	1½	8	9½	1½	7	10	3	7½	10	2½
Schienbeinlänge	22	22½	½	22	23	1	21	23	2	21	22	1
Schienbeinumfang	15	16½	1½	16	17	1	14	15	1	14½	16	1½
Behaarung	Rauh, struppig	Fein glatt u. glänzend		Rauh und struppig			Struppig	etwas feiner und glatt	jedoch nicht in dem Grade wie Stier 1	Struppig und trocken		
Haut	Anliegend und fest	dünn und elastisch		Haut dick und wenig beweglich			dick u. wenig beweglich	Haut leicht verschiebbar		dick, wenig beweglich		
Zitzen		klein, dünn, länglich		in doppelter Stärke, besonders an der Basis, geg. impl. Stier				klein, dünn u. länglich		doppelt so groß wie bei Stier 3 mit dicker Basis		
Hoden												
Hodensack												
Penis												
Körpergewicht												
Implantat	Am 11. VI. ist das Implantat links zur Hälfte, rechts auf ¼ resorbiert						Am 11. VI. ist das Implantat zur Hälfte resorbiert.					

Tabelle II zur „Keimdrüsenüberpflanzung auf junge Rinder“.

Maß in cm	Normale Rinder											
	No. 1 Geboren Anfangs Nov. 25, einseitig 1 Ovar implantiert 21. VI. 26.			No. 2 Geboren Anfangs Nov. 1925, Kontrolle nicht implantiert.			No. 3 Geboren Anfangs Dez. 25, einseitig 1 Ovar implantiert 21. VI. 26.			No. 4 Geboren Anfangs Dez. 25, Kontrolle nicht implantiert.		
	1. Messung 26. VI. 26.	2. Messung 2. IX. 26.	Differenz	1. Messung 26. VI. 26.	2. Messung 2. IX. 26.	Differenz	1. Messung 26. VI. 26.	2. Messung 2. IX. 26.	Differenz	1. Messung 26. VI. 26.	2. Messung 26. IX. 26.	Differenz
Kopflänge . . .	35	40	5	36	39	3	34	37	3	33	34	1
Stirnbreite . . .	19	22	3	20	22	2	18	22	4	18	21	3
Rumpflänge . . .	105	116	11	104	109	5	100	108	8	99	113	14
Widerristhöhe . .	109	$112\frac{1}{2}$	$3\frac{1}{2}$	113	120	7	$105\frac{1}{2}$	112	$6\frac{1}{2}$	105	112	7
Kreuzbeinhöhe . .	115	$120\frac{1}{2}$	$5\frac{1}{2}$	$118\frac{1}{2}$	$125\frac{1}{2}$	7	113	120	7	112	118	6
Brustweite . . .	$28\frac{1}{2}$	$32\frac{1}{4}$	$3\frac{3}{4}$	27	$28\frac{1}{2}$	$1\frac{1}{2}$	29	$32\frac{1}{2}$	$3\frac{1}{2}$	30	$31\frac{1}{2}$	$1\frac{1}{2}$
Hüftgelenkweite .	$35\frac{1}{2}$	$38\frac{1}{2}$	3	34	36	2	35	$37\frac{1}{4}$	$2\frac{1}{4}$	35	38	3
Fesselbeinlänge . .	7	$9\frac{1}{2}$	$2\frac{1}{2}$	7	9	2	7	8	1	7	8	1
Schienbeinlänge .	21	$22\frac{1}{4}$	$1\frac{1}{4}$	22	23	1	22	22	0	21	22	1
Schienbeinumfang .	15	$16\frac{1}{2}$	$1\frac{1}{2}$	15	$17\frac{1}{2}$	$2\frac{1}{2}$	$14\frac{1}{2}$	15	$\frac{1}{2}$	14	16	2
Behaarung . . .	struppig	glatt, glänzend		Haar struppig			Haar struppig	glatt und glänzend		Haar struppig		
Haut	anliegend	elastisch		Haut wenig beweglich				sehr beweglich		anliegend		
Ovarien		kleinkirschgroß, rund			2 × Erbsengroß, länglich			kleinkirschgroß, rund			2 × Erbsengroß, länglich	
Uterushörner . .		Etwas über Bleistift-Dicke			Bleistiftdick			Etwas über Bleistiftdicke			Bleistiftdick	
Körpergewicht . .	215 kg	261 kg	46 kg	186 kg	229 kg	43 kg	180 kg	220 kg	40 kg	220 kg	183 kg	37 kg
Implantat	Am 24. VII. also innerh. 1 Monat bis auf $1\frac{1}{2}$ mm dünne Scheibe resorbiert.						Am 24. VII. auf die Hälfte resorbiert.					

Weibliche Geschlechtshormone im Pflanzenreich.

Von S. *Loewe*, Dorpat

Meine Damen und Herren! Der Titel meines Vortrages hat versehentlich nicht das vorgesehene Fragezeichen erhalten. Ein solches ist aber unbedingt zu setzen hinter den Gegenstand, den ich behandeln will, und nur mit solchem Vorbehalt kann ich die Beschäftigung mit diesem Gegenstand verantworten, schon deswegen, weil wir bei der Stellung der Frage, an deren Beantwortung ich mit meinen Mitarbeitern herangetreten bin, uns mit einem recht kühnen Sprung über die Lücken hinwegsetzten, die zwischen der bisher untersuchten Säugerreihe und dem Pflanzenorganismus noch bestehen. Immerhin konnte man daran anknüpfen, daß das weibliche Sexualhormon, welches durch eine Gruppe von Wirkungskennzeichen charakterisiert ist, innerhalb der Säugerreihe, innerhalb deren es bisher untersucht wurde, zwar geschlechtseigen, aber nicht artspezifisch ist, und wir haben uns daraufhin gefragt, ob nicht vielleicht Stoffe der gleichen Art auch im Pflanzenreiche vorhanden seien; und zwar — wie ohne weiteres eingestanden sei — mit dem Hintergedanken, ob nicht diese Stoffe vielleicht auch im Pflanzenreich die weibliche Prägung besorgen oder mit ihr in Beziehung stehen, wie das im Säugerkörper der Fall ist.

Das war die Arbeitshypothese, von der wir ausgingen, als ich mit meinem botanischen Mitarbeiter im Sommer 1925 die ersten tastenden Versuche machte. Wir untersuchten Blüten oder genauer gesagt: isolierte Samenanlagen von Blüten, und zwar die Fruchtknoten einer Blüte, die besonders für unsere Zwecke geeignet ist, von Nuphar luteum der Teichrose. Wir konnten zwar von dem uns zur Verfügung stehenden kleinen Material eine quantitative Auskunft nicht erwarten, aber praktisch wurde die Frage, die wir noch genauer formulierten und so stellten: gibt es solche Stoffe, die das wichtigste Wirkungsmerkmal des tierischen Ovarialhormons besitzen, d. h. welche die vaginale Brunst beim Säuger hervorzurufen vermögen, auch bei der Pflanze? —, praktisch wurde uns diese Frage sogleich eindeutig beantwortet.

Wir prüften auf dieses Wirkungsmerkmal, wie es beim tierischen Ovarialhormon üblich ist, nur daß wir die Resultate durch Zählen in Prozentziffern präzisierten, — ich darf das an einigen Kurven erläutern —, um sie so objektiver festzulegen. Solche Brunstwirkung beim Nager war nun den Stoffen eigen, die wir damals aus dem Fruchtknoten der Teichrose isolierten. In der Blüteperiode 1926 mußte dieses Resultat verifiziert werden. Wir mußten uns bemühen, genaue Anhaltspunkte und quantitative Daten zu bekommen. Nach der ungefähren Schätzung könnte man heute zurückblickend sagen, daß nach dem Resultat vom Jahre 1925 in der Teichrose mindestens etwa 10 Mäuseeinheiten im kg dieser roh isolierten Fruchtknotenanlage enthalten sind, also sagen wir, um einen Vergleichsmaßstab zu geben, etwa so viel, wie von uns etwa zur selben Zeit im Liter weiblichen Blutes in einem Stadium mittlerer geschlechtlicher Aktivität gefunden worden war. Wir haben uns dann größeres Material gesammelt und waren bemüht, uns auch besonders reines Material, und zwar rein weiblicher Blüten einer diöcischen Pflanze zu beschaffen. Wir nahmen 6 kg Weidenkätzchen von Salix caprea von einem freistehenden weiblichen Exemplar in voller

Blüte, und dieses Material konnten wir eingehender bearbeiten. Unsere zuvorigen Resultate wurden bestätigt: wir fanden bis zu 200 Mäuseeinheiten im kg Feuchtsubstanz in den Extrakten, die wir in derselben Weise hergestellt hatten, wie man sie aus den Ausgangsstoffen des tierischen Ovarialhormons zu bereiten pflegt.

Selbstverständlich war unsere Ausgangsfrage eine rein interne Arbeitshypothese, und die Antwort, die wir bis zu dem Zeitpunkt, bis zu dem ich berichtet habe, aus den Resultaten unserer Versuche bekamen, war zunächst, daß es im Pflanzenkörper brunsterzeugende Stoffe gibt, die dieses eine Wirkungsmerkmal mit dem Ovarialhormon der Säugetiere teilen. Es waren aber noch Kontrollprüfungen an anderem Material nötig, um etwas klarer zu sehen. Wir haben darum von blühenden Pflanzen Stengel oder Kraut unter Abzug der Blüten, also nicht generative, sondern vegetative Organe in der gleichen Weise untersucht. Auch in diesen Teilen fanden wir bei blühenden Pflanzen kleine Mengen brunsterzeugender Stoffe, die aber in gar keinem vergleichbaren Verhältnis, auf das kg Feuchtsubstanz berechnet, mit den 200 im Kilo Blüte vorhandenen Einheiten standen. Wir hatten dann durch Zufall Gelegenheit, auch innerhalb der Generationsorgane der Pflanze noch Differenzierungen vorzunehmen. Man kann, wie wir bei der Gelegenheit beobachteten, aus den getrockneten Weidenblüten ein kleines mohnkörnchenähnliches Organ durch Absieben in großen Mengen gewinnen und isolieren. Da unser Botaniker verreist war, hielten wir es zuerst für die Samenanlage und hofften den Fruchtknoten selbst durch einen glücklichen Zufall isoliert zu haben. Wir analysierten das Material; es enthielt zwar auch die brunsterzeugende Substanz, aber in außerordentlich geringer Menge im Verhältnis zur Gesamtblüte, nämlich nur in der Größenordnung von 10 Mäuseeinheiten je kg. Als der Botaniker zurückkam und es unter die Lupe nahm, was wir verabsäumt hatten, stellte sich heraus, daß es fast reine Narbensubstanz war; die Narbe dieser Blüte war abgefallen; es war also ein generatives Organ, das aber nicht gleichwertig mit dem Fruchtknoten ist, sondern — tierisch ausgedrückt — ein reines Kopulationsorgan bildet.

In großen Zügen sind es also folgende Tatsachen, die wir sicherstellen konnten: Wir haben die Antwort auf unsere Frage: Es gibt im pflanzlichen Organismus Stoffe, welche e i n Wirkungsmaterial des tierischen Ovarialhormons mit ihm teilen, die Befähigung, beim kastrierten Nagerweibchen einen Östrus auszulösen. So formuliert, würde diese Antwort zunächst nur etwas sicherstellen, was man schon lange gesucht, aber bisher noch nicht gefunden hat, eine unspezifische Substanz, die jenes für sehr spezifisch gehaltene Wirkungsmerkmal nachzuahmen gestattet. Denn wenn wir alle Wirkungsmerkmale des tierischen Ovarialhormons durchprüfen, müssen wir sagen, daß es kein spezifischeres Wirkungsmerkmal als die östrogene Wirkung gab. In der Pflanze nun gibt es, wie wir durch unsere Arbeiten gezeigt haben, gleichfalls solche Substanzen; aber für eine Spezifität dieses Wirkungsmerkmals im Sinne des Ovarialhormons sprach doch, daß wir auch bei der Pflanze gerade aus Generationsorganen diese Stoffe in der weitaus größten Menge isolieren konnten.

Bei diesem Stande der Untersuchungen kam uns eine Veröffentlichung zu Hilfe, die vor wenigen Wochen erfolgte, nachdem wir selbst die Resultate unserer Forschungen im Juni dieses Jahres bei der Wiener Akademie der Wissenschaften deponiert hatten. Es handelt sich um eine Untersuchung von *Dohrn* und *Faure,* welche in der gleichen Richtung lief. Die beiden Gelehrten teilten mit, daß auch sie aus pflanzlichem Material einen brunsterzeugenden, östrogenen Stoff in großen Mengen hatten isolieren können, und zwar der Größenordnung nach in Mengen, die mit den unsrigen übereinstimmen, jedenfalls unsere Zahlen nicht merklich übertreffen. Das untersuchte Material waren zunächst auch generative Pflanzenorgane, nämlich Samen, und so gesellt sich zu den „Ovarien" der Pflanze, die wir untersucht hatten, noch die „Placenta" der Pflanze. Dort fanden die Genannten ihrer Veröffentlichung zufolge die größten Mengen dieses östrogenen Stoffes. In der Kartoffelknolle, einem keineswegs generativen Organ, haben sie allerdings auch größere Mengen gefunden. Die Zahlen stehen, wenn ich mich recht erinnere, noch aus. Ferner fanden sie in der Hefe große Mengen, und zwar in dem konzentrierten Material trokkener gepreßter Hefe etwa die Hälfte von dem, was sie im Samen der Zuckerrübe fanden. Dieser Befund spricht weder zu Gunsten noch zu Ungunsten der generativen Organe. Die Hefe hat zwar keine besonderen generativen Organe, aber sie ist vielleicht Generationsorgan in toto, wenn wir auch von einer weiblichen Prägung bei der Hefe nichts wissen.

Was ich aber bei dem heutigen Stande unserer Beobachtungen für wichtiger halte, ist, daß jene Forscher ihre Untersuchungen nicht auf das eine Wirkungsmerkmal, mit dem wir bisher allein zu arbeiten gezwungen waren, beschränkt haben. Sie haben ein zweites Wirkungsmerkmal des weiblichen Ovarialhormons untersucht: die Wachstumswirkung auf den Kastratenuterus, und sie haben auch dieses Wirkungsmerkmal bei den pflanzlichen Brunststoffen wiedergefunden. Ihre histologischen Mitarbeiter *Poll* und *Blotevogel* haben auch den von ihnen beschriebenen „Chromtest" mit diesem Material erzielen können, also ein drittes Wirkungsmerkmal des tierischen Ovarialhormons finden können, seine Fähigkeit, die Zahl der chromaffinen Zellen im Ganglion uterinum zu vermehren.

Selbstverständlich stehen wir heute noch am Anfang unserer ganzen Untersuchung und wir müssen noch viele Nachprüfungen vornehmen, ehe wir eine endgültige Antwort auf die von uns aufgeworfenen Fragen erhalten. Die bisherigen Ergebnisse unserer Untersuchungen wollte ich Ihnen aber heute schon vorführen. Mit der Formulierung, die ich vorhin andeutete, kann ich aussprechen: Es gibt im Pflanzenreich Stoffe, welche die östrogene Wirkung des tierischen Ovarialhormons besitzen. Es gibt diese Stoffe in der Blüte in überragender Menge, dagegen nur in verschwindender Menge in den vegetativen Organen. Innerhalb des Blütenmaterials derselben Pflanze finden wir in kopulativen Organen unendlich viel weniger als in der Gesamtblüte. Aber noch zwei weniger wichtige Wirkungsmerkmale des Ovarialhormons scheinen ebenfalls von diesen pflanzlichen Stoffen erfüllt zu werden.

Ich will es mir versagen, wie ich mir auch endgültige Schlüsse aus unseren Beobachtungen versage, irgendwelche Ausblicke zu eröffnen, wie sie sich aus dem Umstande, daß wir hier möglicherweise ein pflanzliches weibliches Geschlechtshormon in Händen haben, ergeben könnten, — Ausblicke, die vielleicht noch um eine Schattierung reizvoller würden, wenn man die Befunde von *Dohrn* und *Faure* an der Hefezelle heranziehen dürfte, die keine weibliche Prägung hat, aber doch die Stoffe der weiblichen Prägung „auch enthielte", obwohl sie nur reproduktive Fähigkeiten besitzt. Man könnte bei einiger Phantasie vielleicht daran denken, daß es einen Stoff gibt, der durch die ganze belebte Natur hindurchgehend da, wo Geschlechtsdifferenzierung besteht, als Hormon der weiblichen Prägung bezeichnet würde, der aber über die Grenze dieser geschlechtlichen Differenzierung hinausgreifend auch dort noch irgendwelche Aufgaben besonderer Art erfüllen würde, wo die weibliche Prägung nicht mehr vorhanden ist. Das sind Ausblicke, die ich mir nur anzudeuten erlaube, weil sich nicht so bald wieder Gelegenheit bieten wird, vor einem so vielseitig zusammengesetzten Kreise zu sprechen, und weil ich mich gedrungen fühle, auf die neue pflanzliche Seite der Sexualhormonforschung, welch letztere bekanntlich auf die Entdeckungen von *Iscovesco* und *Fellner* zurückgeht, besonders hinzuweisen. Mögen unsere Anfänge dazu beitragen, zu weiterer Arbeit auf diesem Gebiete zu ermuntern.

Etudes sur le mécanisme histo-biochimique de la vieillesse et du „rajeunissement“.

Par *G. Marinesco*, Bukarest.

Avec 14 figures et 1 planche en couleurs.

A. — Théories de la vieillesse.

De nos jours la question de la sénilité et de la mort naturelle a été reprise par des auteurs très competents tels que: *A. Bühler, Hansemann, Delage, Mühlmann, Ribbert, I. Loeb, Sedgwick, Minot, Dastre, H. de Varigny, Lipschütz, Korschelt, Gley,* et surtout par *Metchnikoff.*

I. Théorie de *Metchnikoff* sur la vieillesse et la mort.

Elie Metchnikoff [1]) a consacré à ce problème deux volumes d'une haute portée philosophique et qui contiennent des vues très suggestives, mais aussi très hypothétiques.

La vieillesse se caractérise, d'après *Metchnikoff,* par une lutte entre les éléments nobles et les éléments simples ou primitifs de l'organisme, lutte qui se termine à l'avantage des derniers. Leur victoire se manifeste par l'affaiblissement de l'intelligence, par les troubles de la nutrition, par la difficulté d'épurer le sang. Cette lutte ou mieux cette attaque contre les éléments nobles de l'organisme est entreprise par les cellules mobiles, capables de dévorer toute sorte de corps solides, éléments connus sous le nom de phagocytes.

Dans la dégénérescence sénile, il s'agit d'une intervention des macrophages; l'envahissement des tissus par eux est un phénomène si général dans la vieillesse qu'on est nécessairement amené à lui attribuer une grande importance.

Ces lésions dégénératives qui caractérisent la vieillesse seraient sous la dépendance de substances toxiques d'origine intestinale.

Les mammifères, d'après *Metchnikoff,* ont acquis les avantages de leur gros intestin aux depens de la longévité; un grand nombre d'oiseaux à longue vie n'ont pas de coecum, cette partie du tube digestif qui renferme le plus de microbes. La flore intestinale ne servirait à autre chose qu'à raccourcir l'existence; aussi, pour parer aux inconvénients qui résultent du développement du gros intestin, il faudrait transformer la flore sauvage intestinale de l'homme en une flore cultivée. Grâce à cette méthode *Metchnikoff* et ses éléves ont poussé l'étude du mécanisme de la vieillesse encore plus loin; ils ont pu, par ingestion de petites doses de substances de la série aromatique, formées constamment dans l'intestin, reproduire chez les animaux des lésions qui peuvent être considerées comme la cause de la sénilité.

Ensuite *Metchnikoff* se demande s'il existe dans la nature une mort naturelle. L'auteur pense, qu'en laissant de côté les plantes, il y a dans le monde animal des exemples d'une telle fin du cycle normal de la vie.

---

[1]) *Elie Metchnikoff,* Etudes sur la nature humaine, Paris 1903. — Essais optimistes. Paris 1907.

Comme mort naturelle *Metchnikoff* admet, à vrai dire, la mort des êtres dont l'organisation est incompatibile avec une vie un peu plus longue. Donc, il ne peut partager l'avis des savants qui prétendent trouver des exemples de mort naturelle chez les animaux capables de vivre longtemps.

Une grande difficulté qu'on rencontre dans le problème de la mort naturelle c'est que la majorité des espèces animales ne sont pas aptes pour l'étude de cette question.

Pour les animaux supérieurs *Metchnikoff* s'est adressé d'abord aux rats et aux souris apprivoisés; dout le cycle vital est de fort courte durée: on leur attribue une longévité de trois jusqu'à cinq ans, mais on n'est pas parvenu à leur conserver la vie si longtemps.

De douze à dix-huit mois les rats, manifestant des signes évidents de vieillesse mourraient avant d'avoir atteint leur fin naturelle. Dans la grande majorité des cas leur mort était due aux abcès pulmonaires, dus à certains diplocoques.

Cet auteur ajoute qu'il a pu conserver la vie à une souris plus de trois ans. Elle- est morte d'une infection générale, causée par plusieurs espèces bacteriennes.

Pour l'espèce humaine, la difficulté est bien plus grande, parceque la mort est due, le plus souvent, a des maladies et pour cette raison *Oscar Bloch* met en doute l'existence de la mort naturelle dans l'espèce humaine.

Quand on pense que l'homme qui a vécu le plus longtemps, *Thomas Carr,* mort âgé de 152 ans et 9 mois, a succombé à la suite d'une maladie intestinale, due à un repas fort copieux, nous admettrons, avec une certaine peine, la mort naturelle prise dans des exemples d'une longévité bien moins grande.

Les maladies minent la vie des hommes à tout âge et il parait, d'après *Metchnikoff,* qu'il est bien établi que, vers l'âge de 70 ans, il se produit le plus grand nombre des décès, faisant abstraction des premières années de l'enfance.

Dès les temps les plus reculés le roi *David* avait déclaré que la vie des hommes était de 70 ans et que passé cet âge la vie n'était que douleur et peine. On sait aujourd'hui qu'une grande longévité est une qualité héréditaire. Tel le célèbre inventateur de l'antisepsie, Lister, a pu atteindre l'âge de 85 ans parce qu'il appartenait à une famille qui vivait longtemps. Son père était mort âgé de 83 ans et son grand père de 93 ans. Ce ne fut pas de même avec *Metchnikoff.* Ses grands parents, ses parents, ses frères, sa soeur sont morts avant d'avoir atteint son âge. *Metchnikoff* attribue sa longévité au regime hygiénique qu'il suivait depuis quelques années, régime basé sur la conviction de la nocivité de notre nombreuse flore intestinale.

Avec l'intention de pouvoir continuer les recherches avec plus de précision sur la mort naturelle, *Metchnikoff* a choisi, dans l'ordre des insectes, un exemple qui lui a paru être le meilleur de toute la série animale.

Il s'est adressé au ver à soie (Bombyx mori), qui est depourvu d'une trompe capable de saisir les aliments.

Les vers à soie cultivés dans des magnaneries en très grande quantité nous donnent la possibilité d'observer ces papillons plusieurs mois consécutifs. Assez grands pour se prêter aux dissections et à certaines recherches physiologiques ils s'adaptent fort bien à un examen histologique detaillé. Tous ces motifs justifient bien son choix.

Dans sa monographie sur le ver à soie *Malpighi* insiste sur l'influence de la température sur la longévité des papillons. Pendant les saisons chaudes ils meurent entre e 5e et 12e jour, tandis qu' au commencement de l'hiver leur vie peut se prolonger jusqu'à un mois.

D'après *Maillot* et *Lambert* la durée de la vie du papillon est, en moyenne, de 12 jours, mais la mort peut arriver avant 24 heures; d'autres fois la vie peut dépasser 25 à 30 jours.

Le papillon du mûrier ne se nourissant pas est donc capable de vivre longtemps ce qui prouve, d'après *Metchnikoff*, que sa mort doit être, à vrai dire, naturelle. Cette supposition trouve une confirmation dans l'exemple des rotifères mâles et des éphemères qui meurent sans être envahis par les microbes.

J'ajoute que la fin de *Metchnikoff* a quelques choses de tragique. En effet, après avoir prоné la valeur de son traitement, dirigé contre la vieillesse, [1]) et quand il avait dépassé 70 ans et régardait l'avenir avec joie, pas tant pour lui même, que pour la confirmation d'une théorie, qui lui était chère, il tombe frappé par la mort. C'est un exemple douloureux pour nous, mais, en jugeant de près, c'est un exemple réconfortant qui nous pousse à lutter continuellement contre les deux fléaux qui ravagent l'humanité: la maladie et la vieillesse. N'oublions pas cependant que si nous parvenons, à l'aide de la science, à éviter un grand nombre, de maladies et à devenir vieux le plus tard possible, la vieillesse, aussi bien que la mort, sont des fatalités inéluctables devant lesquelles nous devons nous incliner avec résignation.

De plusieurs côtés des objections sérieuses ont été élevées contre cette hypothèse. C'est ainsi que, dans une communication à l'Académie de Sciences de Paris [2]) et dans un travail publié dans la Revue Générale des Sciences sous le titre: „Etude histologique sur les mécanisme de la sénilité“, j'ai attiré l'attention sur les modifications importantes que subissent les cellules nerveuses chez les sujets âgés.

Nulle part dans le névraxe on ne voit des cellules nerveuses devorées par les phagocytes; aussi je me suis cru autorisé à conclure de ces études que la raison de la sénilité de la celulle nerveuse doit être cherchée dans un défaut de synthèse chimique entraînant une desorganisation de l'édifice cellulaire.

L'absence de neuronophagie a été confirmée, après nous, par tous les auteurs qui se sont occupés de la question. Je n'aurai qu'à citer *Cerletti* et *Brunacci, Esposito, Léri, Sand, Laignel-Lavastine* et *Voisin, Mühlmann* etc. Enfin, un auteur compétent en la matière, *Hugo Ribbert,* dans une monographie intéréssante sur la mort consécutive à la vieillesse, combat la théorie des macrophages, la trouve erronée et en contradiction avec les faits les mieux observés.

J'ai vu, non sans une certaine satisfaction, que deux élèves de l'Institut *Pasteur, Salimbeni* et *L. Gery,* dans un mémoire, publié il y

---

[1]) *Metchnikoff* est parti de la constation que les habitants qui s'alimentent avec du lait fermenté ou à l'aide de divers ferments lactiques, se destinguent par la longevité, une vigueur phisique qui se maintient même pendant la vreilesse. Il a expérimenté sur lui même, avec beaucoup de succès, un régime composé de 100—200 grammes viande ou poisson, farineux, légumes verts secs, compotes de fruits, du sucre, 500—600 grammes lait fermenté par le bacille paralactique et un tube de culture pure de bacille bulgare sous forme de pâte: tous ces aliments étaient distribués pendant les trois repas de la journée.

[2]) *G. Marinesco,* Mécanisme de la sénilité et de la mort des cullules nerveuses Académie des Sciences, séance du 23 avril 1900.

G. Marinesco, Etudes histologiques sur le mécanisme de la senilité. Revue générale des Sciences 30 Decembre 1909. Voir aussi du même auteur: Sur le mécanisme chimico-colloïdal de la senilité et le problème de la mort naturelle. Bucarest 1913 et le Problème de la vreillesse et de la mort naturelle Bucarest 1924 (en roumain).

a plusieurs années (1912) dans les Annales de l'Institut Pasteur, font certaines réserves à propos de la théorie proposée par *Metchnikoff*. Avant eu l'occasion de pratiquer l'examen complet des organes d'une femme de 93 ans, indemne de tares organiques, les auteurs ne parlent qu'en passant des figures de neuronophagie qu'ils ont rencontrées dans le cerveau, le cervelet et la moëlle; ils trouvent que ces figures sont nombreuses dans le cerveau, plus rares dans le cervelet et que, dans la moëlle, la réaction neuronophagique est légère. Les grands processus de sénéscence trouvés dans les organes se resument en sclérose, infiltration, mononucléaire et macrophagique, hypoplasie, dégénerescence céllulaire et calcification. L'autointoxication ne peut pas être envisagée, d'après ces auteurs, pour l'involution de certains organes, comme les organes génitaux de la femme, involution qui arrive, peut on dire, à date fixe, quelque soit l'état antérieur du sujet et son mode de vie. D'autre part, les lésions des cellules glandulaires ne peuvent pas toutes s'expliquer, d'après les auteurs, par l'auto-intoxication. On comprend bien, disent-ils, l'hyperépinéphrie ténant à la lutte contre l'intoxication mais non l'hypofonctionnement de l'hypophyse et de la thyroïde. Les auteurs sont portés à admettre que l'ensemble lésionnaire complexe ne peut être du qu'à un ensemble étiologique compliqué: une série infinie de causes dont le temps ne serait que le totaliseur où il intervient l'auto-intoxication par les poisons digestifs et la série infinie des maladies infectieuses ou des intoxications exogènes, l'usure des cellules et leur vieillissement, leur impotence plus ou moins complète à fonctionner, visible dans les transformations acidophiles du foie, du pancréas et de l'hypophyse. Enfin, une cause qui reste mystérieuse serait le ralentissement progressif de la reproduction cellulaire. Ceci aboutirait à l'hypoplasie de certains organes. On voit que nous sommes assez loin de la théorie simpliste de *Metchnikoff* dans laquelle l'auto-intoxication, par les poisons digestifs, était la cause unique de destruction cellulaire.

Tout ceci prouve que la vieillesse comme la mort ne peuvent plus être considérées comme des accidents liés à telle ou telle cause, mais qu'il s'agit de phénomènes inhérents à la matière vivante.

II. — Theorie de *Weismann*.

Weismann a soutenu autrefois que la mort de certains organismes n'est pas une nécessité. D'après cet auteur, il existerait une différence fondamentale entre les organismes pluricellulaires et certains êtres unicellulaires. Chez les premiers, la mort est un phénomène naturel, car, chez eux, il se produit des phénomènes de sénéscence, précédés, en général, par une diminution du pouvoir reproducteur des cellules somatiques. Par contre, lorsque les êtres unicellulaires ont atteint une certaine croissance, ils se divisent en deux moitiés qui, à leur tour, augmentent de volume, se divisent plus tard de la même façon et ainsi de suite. *Weismann* a supposé que ce processus de croissance et de multiplication des êtres unicellulaires se renouvelait indéfinement, parce qu'il y a chez ces êtres une continuité ininterrompue de la vie. Les organismes unicellulaires seraient donc immortels; la mort ne serait pas un phénomène inhérent à la nature même de la substance vivante, ne reposant pas sur des causes purement internes, tenant à l'essence de cette substance. Pour *Weismann* la mort serait un phénomène d'adaption apparu sur la terre au cours du développement des organismes pluricellulaires. Chez les êtres unicellulaires, au contraire, point de mort, parce qu'autrement l'espèce s'éteindrait.

La mort des organismes multi-cellulaires serait ainsi la suite des conditions externes, non internes de l'éxistence. La cause réelle de la mort, dit *Weismann,* doit être cherchée non pas dans l'usure des cellules somatiques, mais plutôt dans les limites du pouvoir reproducteur de ces cellules. Nombre d'objections ont été soulevées contre cette manière de voir. On a contesté tout d'abord que l'on eût le droit de déclarer les organismes unicellulaires immortels, uniquement parce que leur corps ne passait jamais à l'état de cadavre. On a dit, avec raison, que la vie individuelle cesse lorsqu'un organisme cellulaire se divise en deux moitiés. D'immortalité, il ne saurait être question, parce qu'en réalité la vie individuelle a disparu avec la division cellulaire. Tandis que *Grüber* se rangeait à l'opinion de *Weismann, Hertwig,* qui a étudié d'une façon si exacte le processus de la conjugaison des infusoires, établissait qu'une partie de chacune des cellules issues de ce processus succombe et meurt, et en particulier le noyau principal et une partie des noyaux secondaires. Ces éléments cellulaires tombent en débris, qui sont complètement dissous dans la protoplasme. On y rencontre donc des parties de l'individu qui meurent réellement. Bref, l'opposition fondamentale postulée par *Weismann* entre les organismes unicellulaires et pluricellulaires tombe d'elle-même. Ainsi que le remarque Verworn, toute la différence réside uniquement dans le rapport quantitatif entre la substance qui s u r v i t et celle qui m e u r t. Chez les organisme pluricellulaires aussi, il n'y a que les cellules somatiques qui meurent, les cellules destinées à la reproduction pouvant demeurer en vie.

III. — Reproduction des Infusoires et problème de l'Immortalité.

Dans le courant de ces dernières années parurent de nombreux travaux concernant la reproduction et l'immortalité des êtres unicellulaires.

Les uns démontrent que la conjugaison et le processus sexuel sont indispensables pour la reproduction et la vie des infusoires; d'autres, au contraire, affirment que les infusoires peuvent se reproduire indéfinement sans le processus sexuel.

Maupas [1]) a demontré contre *Weismann* et son disciple *Grüber*, chez les ciliés, l'existence d'une mort naturelle, causée par la sénéscence, mort qui n'a rien de pathologique. Il n'existe, en effet, chez ces Protozoaires, dit *Maupas,* aucune partie, aucun

---

[1]) *E. Maupas.* Recherches expérimentales sur la multiplication des infusoires ciliés. Arch. de Zool. exper. 2-e série T. VI. 1888. Le rajeunissement karyogamique chez les ciliés. Ibid. 1889. L'immortalité des Protozoaires ne peut plus se soutenir après l'expérience de *Maupas*, écrit *Bühler* de son côté (Biol. Centralbl. 1904, 6589). Les Protozoaires n'ignorent ni la sénéscence, ni la mort, mort amenée par le cours naturel des processus internes de la vie. Personne ne saurait plus révoquer en doute l'éxistence d'une mort physiologique.

élément qui, par lui-même et par ses propres facultés seules, puisse se maintenir et vivre indéfiniment. Le micro-nucléus, qui devrait être consideré comme le véritable substratum de plasma immortel, loin de jouir d'une jeunesse éternelle, paraît, au contraire, être affecté d'une caducité plus grande et plus prématurée que celle des autres parties de l'organisme.

De tous les noyaux, c'est le micronucléus qui s'atrophie et disparaît le premier sous l'influence de la dégénérescence sénile.

Cette caducité prematurée des noyaux et cellules germinales se constate, d'ailleurs, également chez les Métazoaires supérieurs. On sait, en effet, que, chez eux, c'est la fonction des glandes sexuelles et la génération qui faiblissent les premiers et que ces êtres deviennent stériles langtemps avant que les autres fonctions aient subi une degradation un peu sensible.

Les observations de *Maupas* ont été admises par la plupart des biologistes. Néanmoins *Joukowsky*, dans le laboratoire de Bütchli, avait observé la reproduction des infusoires pendant huit mois; dans ce laps de temps it avait obtenu plus de 450 générations, sans conjugaison, et n'avait observé aucune dégénerescence sénile. D'autre cultures reussirent moins bien et périrent après 150—160 générations [1]).

Une année après, Koulaghine reprit ses expériences avec le paramaecium; il emit la supposition que le phénomène de la dégénérescence manifeste dans les vieilles culture à la suite d'une agglomeration dans le corps de l'organisme de sécrétions nocives.

Les travaux de *Calkins* [2]), qui a perfectionné la méthode de ce genre de recherches, presente un intérêt spécial. Pour empêcher l'auto-intoxication des cultures par le produit de leurs propres sécrétions, il transferait fréquemment ses infusoires dans une infusion fraîche. Dans ces conditions, ses cultures vécurent vingt-trois mois. D'après lui, la reproduction de la culture ne se faisait pas toujours avec la même régularité, ni avec la même rapidité. Il y avait des périodes, disait-il, où un état de depression se faisait sentir dans toutes les fonctions vitales des infusoires. Dans ces moments-là, ils se nourrissaient mal, dévenaient plus petits, se reproduisaient moins, en un mot, ils subissaient les mêmes changements que ceux observés par *Maupas*, dans les cas de dégénérescence sénile. C'est ainsi que nombre d'infusoires périrent: d'autres furent soustraits à cet état grâce aux modifications apportées aux conditions de vie dans lasquelles ils se trouvaient. Il suffit d'ajouter un peu d'extrait de viande, ou quelques gouttes d'une solution de certains sels, à l'eau dans laquelle ils vivaient, pour ramener les infusoires à leur état anterieur. Dans la période finale de la depression, les sels et autres stimulants restérent inefficaces et les cultures perirent après avoir donné 742 générations.

Ainsi, des expériences de *Calkins* il résulte que la mort naturelle, à la suite de vieillesse, dans les conditions de laboratoire, est inhérente au protoplasme des êtres unicellulaires. Chaque infusoire a sa part de vie naturelle et de divisions, laquelle part est nommée faculté vitale potentielle. Lorsqu'elle est epuisée, la cellule meurt.

Les mêmes expériences eurent lieu en Allemagne, aux laboratoires des professeurs *Bütchli et Hertwig:* dans tous les cas les cultures d'infusoires, après une série de générations, depérirent et moururent.

Un disciple de *Hertwig*, *Popoff* [3]), essaya de donner une explication physiologique au phénomène de la depression, se basant sur la doctrine connue du Maître, au sujet du lien étroit qui existe entre le plasma et le noyau (Doctrine sur la Kernplasmarelation). Dans des conditions d'existence normale, le rapport entre la masse du plasma et celle de son noyau représente un coefficient constant. Mais dans la nature il n'est pas de conditions idéalement normales. Il y a toujours des oscillations soit de la température, soit des conditions physico-chimiques du milieu dans lequel vit l'organisme. Voilà pourquoi, avec le temps, ces rapports entre le noyau et le plasma se modifient, et l'harmonie intérieure, indispensable à l'existence normale, est rompue. De cet equilibre rompu, qui se traduit par un developpement demesuré du noyau, dépend la division de la cellule. Toutefois l'equilibre anterieur entre le noyau et le protoplasma se rétablit habituellement après la division.

Nous nous arrèterons tout particulièrement sur les travaux de *Woodruf* [4]), dont les expériences montrent que les infusoires peuvent, dans des conditions favorables, se reproduire indéfiniment sans se conjugeur.

---

1) *Joukovsky*. Verhandl. natur hist. med. Ver. Heidelberg Bd. VI.

2) *Calkins*. Arch. f. Entw. Mech. Bd. XV, Journ. of exper. Zool. Vol. I, Protozoology 1909.

3) *Popof, M.* Arch. f. Protist Bd. I; Arch. f. Zellforsch. Bd. I et III.

4) Arch. f. Protistenkunde F. 21. 1911; Journ. exper. Zool. F. 16. 1914; J. Exper. Zool. F. 17. 1914; Biol. Bul. F. 33. 1917.

Pour savoir si ces infusoires n'ont pas perdu la faculté de conjuguer, on les installa, de temps en temps, ensemble et en grand nombre.

En Decembre 1913, tous les infusoires de l'experience, après avoir donné 4. 100 générations, se mirent à conjuguer entre eux. Une seconde épidemie de conjugaison ne s'observe qu'en Juin 1920.

En Mai 1915 l'expérience de *Woodruf* fut terminée. Il obtint 5. 071 générations; mais les infusoires continuèrent à vivre dans les cultures isolée, même après 1915, donnant à peu près 600 générations par an.

Vers la fin de 1920, d'aprés ses calculs, *Woodruf* avait obtenu approximativement en treize ans et demi, 8. 400 generations. D'après lui, ses experiences demontrent que la cellule vivante, mise dans des conditions favorables, peut se diviser indéfiniment, que la conjugaison n'est pas une condition essentielle à la reproduction et à la vie des infusoires. *Métalnikov* [1]) a fait des expériences, du même genre que *Woodruf*, à partir de 1908. Ses cultures de paramaccium caudatum comptent actuellement plus de 5000 générations. Pour saisir le mécanisme de la sénili é il faut connaitre la structure colloïdale de la matière vivante et, depuis 1912 nous avons entrepris les recherches de ce genre à l'aide de l'ultramicroscope.

IV. — Altérations des particules colloïdales des cellules dans la vieillesse; théorie colloïdale.

Nous ne pouvons pas décrire toutes les lésions de divers organes qui caractérisent la vieillesse. Aussi, nous allons insister plus spécialement sur quelques changements remarquables du névraxe qui prêtent à discussion et que nous devons étudier attentivement, á savoir: la formation du pigment ou de la lipofuscine, les plaques séniles, la lésion *d'Alzheimer* et la gigantocytose. L'analyse de ces altérations nous a permis de formuler pour la première fois la théorie chimico-colloïdale de la sénilité.

A l'ultramicroscope, le cytoplasme des cellules des ganglions nerveux et sympathiques et des cellules des centres nerveux de tous les mammifères et d'animaux inférieurs, contient un nombre considérable de granulations, dont le volume et la densité varient avec l'âge et l'espèce de l'animal (Fig. I, 1—7). Cette constatation peut être faite sur toutes les cellules encore vivantes, soit à l'aide de l'ultra-microscope, soit même à la lumière directe si l'on fait usage de forts grossissements. La preéxistence de pareilles granulations ne peut pas subir la moindre doute et cette constatation viendrait à l'appui de la théorie granulaire du cytoplasma, soutenue par certains auteurs.

Un fait intéréssant sur lequel j'ai attiré l'attention dans mes recherches, c'est d'une part la tonalité de ces granulations et la non existence dans le cellules vivantes, de grumeaux à formes géométriques, connues sous le nom de corpuscules de *Nissl,* lorsqu'on fait usage de l'ultra-microscope.

La couleur des granules est en rapport, d'un côté, avec leur volume et de l'autre avec leur densité et aussi avec leur constitution chimique. Lorsqu'il s'agit de grosses granulations denses, nous constatons que le cytoplasma a une tonalité blanc jaunâtre ou même jaune d'or, tandis que s'il s'agit de granulations fines plus ou moins denses, nous observons une tonalité brun-clair, gris-neutre et gris-bleu. Les cellules des ganglions sympathiques prelevées sur l'animal vivant et dissociées dans le serum n'offrent pas cette riche variation de tonalité et de structure ultramicroscopique, que nous avons notée pour les cellules des ganglions spinaux. Il y a cependant deux sortes de cellules: de cellules gris-blanc à granulations fines, plus ou moins denses et d'autres plus près de blanc d'argent; enfin,

---

[1]) *Métalnikov*. Immortalité et rajeunissement dans la Biologie moderne. Paris, Flammarion éditeur.

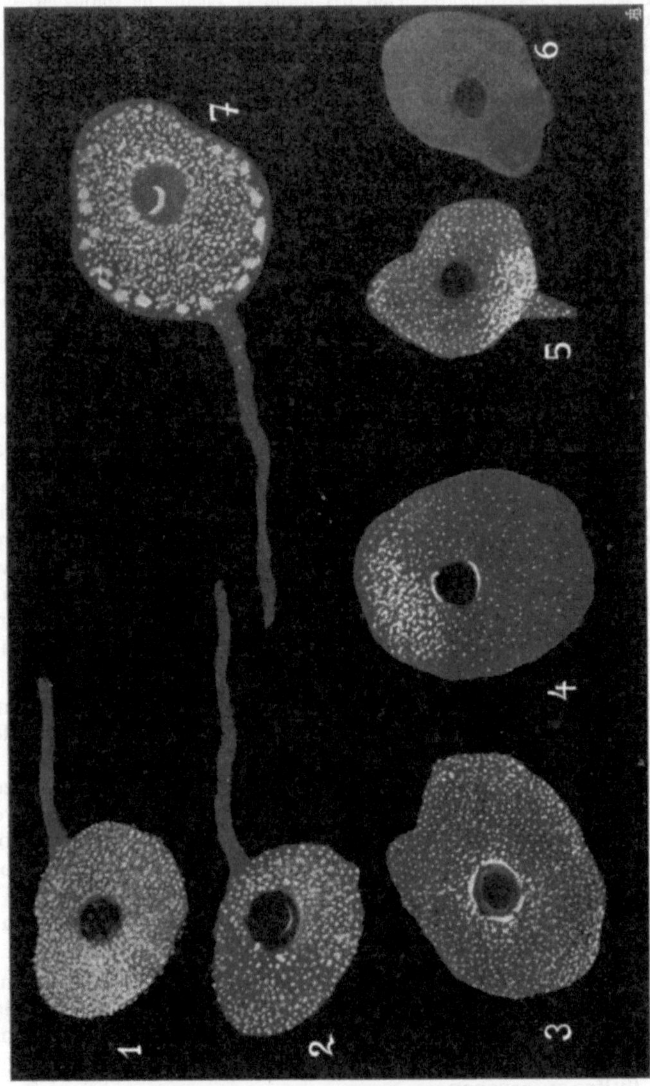

Fig. I

on trouve parfois des cellules, gris-jaunàtre. Chez l'homme, en général, il y a un rapport entre le volume des granulations et celui de la cellule. Les grosses cellules ganglionnaires, les cellules radiculaires, les cellules géantes montrent une dispersion très fine, dans les petites et moyennes pyramides les granulations sont plus grosses, tandis que dans les cellules de Pürkinje, elles sont intermédiaires. Les granulations se voient également dans le protoplasme, les prolongements et l'axone dans lequee leur grosseur est d'habitude celle des granulations du cytoplasme. L'axone montre facilement des granulations colloïdales; le cylindraxe, au contraire, est homogène et offre un vide optique, presque complet, c'est là une différence que je tiens pour importante. (Fig. I, 1 et 2.)

Les granulations colloïdales dont nous avons décrit plus haut les propriétés optiques, font partie intégrante de la constitution du cytoplasma nerveux. Elles existent problablement à tous les âges et dans toutes les espèces animales; j'ai dit probablement, car je n'ai examiné le foetus humain qu'à partir du quatrième mois et je ne sais pas comment ces granulations se présentent pendant les périodes de la vie embryonnaire. Comme tous les autres composants de la cellule nerveuse elles subissent des modifications parallèles à l'evolution de la cellule. Dans les cellules ganglionnaires du foetus humain et chez l'enfant, j'ai constaté qu'elles sont plus volumineuses que chez l'adulte et chez le vieillard, et chez ce dernier j'ai vu parfois qu'elles sont extrêmement ténues. Nous verrons par la suite les relations qui éxistent entre ces granulations et la formation de pigment chez l'homme.

Toutes ces constatations nous autorisent à affirmer que les diverses cellules nerveuses offrent une structure ultra-microscopique différente, variable jusqu'à un certain point avec l'espèce cellulaire et qu'on devrait mettre en parallèle avec la structure histologique telle que nous la montre l'emploi des différents réactifs.

Il n'y a pas de doute que les granulations colloïdales qui existent normalement dans toutes les cellules nerveuses jouent un rôle essentiel dans les processus qui caractérisent la vie de toutes les cellules vivantes. Je pourrais même dire que les granulations colloïdales constituent le substratum anatomique de la plupart des phénomènes de la vie.

1° Pigment jaune ou lipofuscine.

Ce qui nôs a surpris tout d'abord, à l'ultra-microscope, c'est la tonalité des granulations de pigment, tonalité variable avec le région examinée, l'espèce cellulaire et l'âge du sujet. Chez l'homme adulte, les cellules de ganglions spinaux offrent les tonalités suivantes:: blanc d'argent, blanc neige, blanc-jaûnatre, jaune, jaune-brun, jaune-orange. Chez le chien âgé, ces mêmes cellules ne sont presque jamais jaunes, mais blanc jaune ou jaune brun. Chez le vieillard, beaucoup de cellules de ganglions spinaux contiennent des granulations de tonalité jaune, jaune-orange, tandisque les cellules des ganglions sympathiques aussi bien chez le sujet adulte que chez les vieillards, sont la plupart, du temps jaune-orange. Les cellules du locus niger se font remarquer par leur tonalité orange vif, ocre clair et des nuances intermédiaires. La dendrite principale et le cytoplasma sont diaphanes; c'est à peine si l'on y voit quelques granulations. Le pigment peut se prolonger également sur les dendrites en granules de differents grosseurs. L'intensité de la couleur est en rapport avec l'état plus ou moins compact du pigment et le volume des granulations. Les grosses cellules de l'écorce cérébrale, les cellules géantes, celles de la corne d'Ammon contiennent plutôt des granulations blanc d'argent. Dans la dégénérescence pigmentaire, comme en général dans la surcharge de pigment, celui-ci offre une coloration jaune orange. Dans un cas de paralysie infantile très ancienne, les ganglions lombo-sacrés, correspondant à la lésion plus considerable de la moëlle, contenaient un grand nombre de cellules avec du pigment jaune orange, tandisque du côté opposé, où la lésion était moins accusée, le pigment avait une teinte blanche et blanc jaune. Parfois on trouve, dans la même cellule, un amas jaune, un autre blanc, ou bien d'autres fois, le pigment est jaune dans le centre et blanc à leur périphérie. Les granulations pigmentaires, par leur volume et leur tonalité, se distinguent complètement du reste des granulations colloïdales de la cellule. Tandisque ces dernières sont très fines, d'une tonalité gris blanc, ou blanc, en tout cas d'un blanc beaucoup moins vif que celui du pigment, cellui-ci offre toute une gamme de tonalités. Puis les granulations colloïdales du cytoplasma jouissent d'une grande sensibilité à l'égard des agents qui changent le millieu de la cellule. Les granulations de pigment sont inertes et résistent à l'action de tous les agents dissolvants que j'ai utilisés. A l'état normal, elles n'offrent pas de mouvements browniens, mais si on traite des cellules des ganglions spinaux du chien adulte par l'eau distillé, l'urée, l'antipyrine, etc. on peut constater des mouvements browniens, dont l'intensité est en rapport avec le degré de viscosité intracellulaire. Le pigment appartient à la classe des lipoïdes ainsi que le prouve sa coloration par le Scharlach (Fig. 1), le dahlia, le Nilblau etc. Phénomène curieux, le pigment ne se

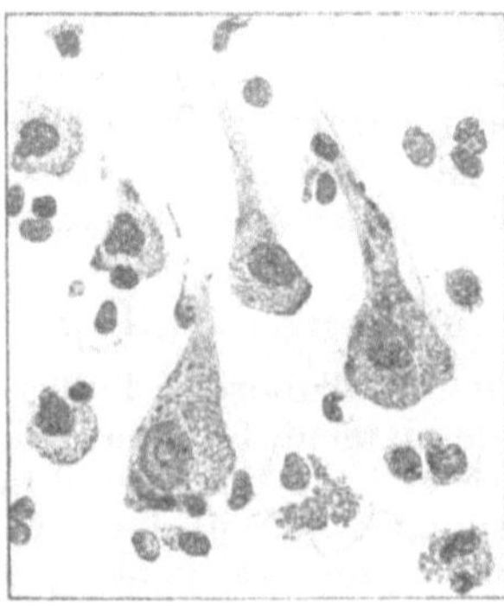

Fig. 1.
Cellules de l'écorce cérébrale remplies de pigment et provenant d'un vieillard âgé de 99 ans.

teint que très legèrement si l'on emploie la méthode de coloration supravitale, tandis qu'il se colore très facilement avec différentes substances colorantes injectées pendant la vie dans le ganglion même. Il résulte de mes recherches d'ultramicroscopie que chaque granule pigmentaire, le plus gros, comme le plus petit, est constitué de plusieurs granulations colloïdales.

Pour mieux saisir la formation du pigment jaune il est nécessaire d'entrer en quelques considérations sur l'évolution des particlasse des lipoïdes.

Certains auteurs, parmi lesquels il faut citer en première ligne *Bechold,* admettent que tous les colloïdes ont une évolution, autrement dit une courbe vitale: ce que nous expliquent du reste les modifications spontanées qu'éprouvent les colloïdes inorganiques conservés à l'abri de l'air et de la lumière. Aussi on a trop parlé du vieillissement des colloïdes, dont nous allons citer quelques exemples, sans toutefois nous y appesantir. Pour plus de détail je renvoie le lecteur aux travaux de *Pauli, Bechold, Zsygmondy* et *Bachmann, Fouard, Samec,* etc.

La sénéscence des colloïdes est un phénomène général auquel obéissent aussi bien les globulines, les serum-albumines que les hydrocarbonates et les lipoïdes. Les recherches de *Samec* ont montré que dans le vieillissement des colloïdes il s'agit d'un processus de deshydratation des granulation colloïdales et d'un commencement d'agglutination. Le premier phénomène est une réduction du volume des granulations consécutive a l'élimination de l'eau et une diminution de la friction interne.

Puis il s'ensuit l'agglomération des particules, qui conduit à la précipitation. Aussi, le degré de dispersion des granulations diminue. A mesure que la viscosité diminue, la conductibilité électrique augmente; ce phénomène est sous la dépendance de la sortie des électrolytes, liés aux granulations colloïdales, qui sont mises en liberté à mesure que les colloïdes vieillissent.

Zsygmondy et *Backmann* ont constaté que le stéarate de sodium et le palmitate de sodium, récemment gélifiés, offrent une formation cristalline tandisque les préparations vieilles se presentent sous un aspect fibreux.

Plusieurs expériences ont montré que l'âge des colloïdes exerce une action sur les phénomènes d'absorption et sur la diffusion. C'est ainsi que *Stopfel* a constaté que les cristalloïdes diffusent beaucoup plus facilement dans la gélatine récemment gélifiée que dans celle qui a été transformée lentement en gélée. La perte de l'élasticité est un phénomène caractéristique de la vieillesse des colloïdes, et peut être mesurée mathématiquement dans la gélatine vieille.

Les expériences montrent qu'une solution d'amidon presente, à partir du moment de sa préparation, un processus continu de deshydratation suivi de la précipitation plus ou moins accusée des granulations. Parallèlement à cette deshydratation ont lieu d'autres modifications de la solution d'amidon, car celle-ci perd la propriété de coloration par l'iode et n'est plus en état de se transformer en amilocellulose, grâce au malt ferment. Pendant la rétrogradation de l'amidon, on peut mettre en évidence expérimentalement la sortie de l'eau. *Samec* pense que la solution colloïdale d'amidon subit pendant la sénéscence deux processus parallels: 1) la deshydratation des particules en solution et leur agglutination, ce qui a pour conséquence la diminution de la friction interne et la réduction du diamètre des particules à cause de la sortie de l'eau; 2) lorsqu'il s'agit d'une concentration plus forte d'amidon, il y a agglutination réciproque des particules et la solution devient plus visqueuse.

La deshydration progressive des cellules en général et des neurones en spécial entraine des troubles fonctionnels importants. En effet, la constance de l'eau assume une importance considérable pour les processus physiologiques qui se passent dans les cellules. La quantité de l'eau joue un rôle important dans la concentration du suc cellulaire, dans la dissociation des molécules en ions, dans la conductibilité et dans l'activité chimique de la cellule, de sorte qu'il y a un certain rapport entre l'intensité des processus vitaux et la dilution des substances dissoutes. On peut dire, qu'entre certaines limites, les phénomènes de la vie sont d'autant plus intensifs que la quantité d'eau est plus grande. De plus, l'activité des enzymes ne peut avoir lieu que dans une certaine concentration aqueuse. Enfin, c'est par l'intermédiaire de l'eau, qu'il se produit dans les cellules, à l'aide des catalyseurs, des phénomènes d'oxydation et de réduction. D'ailleurs la formation du pigment jaune est précédée par la précipitation des granulations colloïdales, phénomène du à leur deshydratation. En même temps les granulations précipiteés perdent leur charge électrique avec leur vie. Sans doute la charge électrique joue un rôle essentiel pendant l'évolution et l'involution de la matière vivante, au point qu'on peut exclamer avec *Goethe,* que l'électricité est l'âme de l'univers. Ceci est tellement vrai que *Keller*[1]) a affirmé, à juste raison, que l'importance de la charge électrostatique n'a plas été estimée, à sa juste valeur par la physiologie regnante.

Avant d'arriver à l'étude des plaques séniles qu'il nous soit permis d'ajouter quelques mots sur les modifications qu'éprouve le noyau de la cellule nerveuse pendant les diverses phases de la vie.

C'est surtout les recherches systématiques pratiquées sur les amidons qui nous permettent de comprendre encore mieux le vieillessement.

Ces modifications de l'état colloïdal ont lieu non seulement dans les sols, mais aussi dans les gels et nous savons que les cellules nerveuses, ainsi que je l'ai montré dans un travail antérieur, appartiennent comme toutes les cellules en général, à une classe de gels plus ou moins spéciale.

Non seulement le cytoplasma offre úne courbe vitale variable avec les différentes espèces cellulaires mais la même remarque peut s'appliquer à l'évolution du noyau. A cet égard il faut citer les recherches de *G. Levi*[2]), *Marinesco*[3]), *Perrin de la Touche* et *Dide, Collin, Havet,* de *Retzius* sur le noyau des cellules nerveuses. Depuis 1902, *Pappenheim* a attiré l'attention sur la propriété spécifique que possé de le vert de méthyle de se fixer sur la nucléine, à son tour *Heidenhain* avait constaté que l'albumine attire la fuchsine d'un mélange de vert de méthyle plus fuchsine, tandis que l'acide nucléique se colore en vert intensif par la vert de méthyle.

Or, des recherches d'embryologie, d'histologie normale et pathologique ont montré d'un commun accord que les cellules capables de multiplication sont très riches en nucléine ou basichromatine, tandis que les cellules arrivées à la phase de repos contiennent une quantité très grande d'oxychromatine et peu de basichromatine. Cette constatation s'applique en première ligne à la cellule nerveuse ou la basichromatine est très réduite chez l'adulte est très riche pendant la vie embryonnaire. Dans les cellules nerveuses de grande taille et autrement différenciées, telles que les cellules de *Betz* et les cellules radiculaires la quantité de nucléine est très réduite, la cellule de petite taille en contiennent davantage. Or, mes nombreuses observations pratiquées sur les cellules nerveuses de l'homme et des mammifères à différentes âges de la vie n'ont montré l'absence de *Karyokinèse.* Il y a déjà quelques temps *Mühlmann* et moi même[4]) nous avons retrouvé à l'aide d'un mélange de *Biondi,* une grande quantité de nucléine dans les cellules nerveuses embryonnaires. Ces recherches concor-

---

[1]) *B. Keller,* Die Elektrizität in der Zelle, 2. Auflage.

[2]) *G. Levi.* Considerazioni sulla structura del nucleo delle cellule nervose. Rivista di patol. nervosa e mentale. 1898, p. 289.

[3]) *G. Marinesco,* La cellule nerveuse. 2. vols. G. Doin éditeur, Paris.

[4]) *G. Marinesco,* Nouvelles données sur la Biochimie du neurone avec considérations sur sa structure éléctro-colloïdale et les catalyseur endo cullulaires. Rivista sperimentale di Freniatria, vol. L., Fasc. I-II Reggio Emilia. 1926.

dent avec celles de *Heidenhain* qui dès 1904 soutenait que la basichromatine contient beaucoup de phosphore, tandisque l'oxychromatine n'en contient que des traces. Or il est évident, que ces variations de la chromatine nucléaire et la richesse en phosphore se font en dehors de l'influence extérieure bien définie et de l'intoxication et on doit les considérer comme l'expression de l'évolution naturelle de la matière vivante du noyau, c'est-à-dire de la basichromatine.

Il n'y a que les études d'ultramicroscopie qui nous ont permis de nous faire une idée plus exacte sur la génèse et la nature du complexus colloïdal représenté par les granulations du pigment jaune. En effet, il resulte de mes recherches que chaque granule pigmentaire, le plus gros comme le plus petit, est constitué de plusieurs granulations colloïdales de la cellule nerveuse qui se sont precipitées par un changement de réaction du milieu de la cellule et d'une matière colorante sur-ajoutée en proportions variables aux granulations colloïdales précipitées. La quantité de matières lipoides surajoutée nous éxplique les variations considérables des granules pigmentaires que nous avons constatés à l'ultramicroscopie; elle nous explique également la différence de coloration que nous avons constatée chez l'animal et chez l'homme, et aussi celle qui existe entre l'état normal et l'état pathologique. Les lipoides sont adsorbés par le conglomérat des granulations protéiques, il en résulte un complexus très stable et résistant à l'action des differents agents nocifs pour les autres éléments constitutifs de la cellule. Tandis que les agents termiques, mécaniques et beaucoup d'agents chimiques exercent une action manifeste sur les granulations colloïdales et sur les autres parties de la cellule nerveuse, le pigment reste à peu près indifférent à l'action de ces agents Il apparaît comme peu probable que le pigment puisse jouer quelque rôle dans le métabolisme cellulaire, c'est un produit à peu près inerte qui, comme on l'a vu augmente avec l'âge, et qui en raison du volume de ses granules s'élimine difficilement de la cellule. Néanmoins, comme nous l'avons fait remarquer, le pigment jaune jouit d'une grande affinité pour certaines matières colorantes injectées dans les ganglions spinaux telles par exemple: le rouge neutre, le bleu de toluidine, le bleu de Nil, qui sont des couleurs basiques.

Mühlmann [1]) n'admet pas que le pigment soit dû à l'activité du système nerveux, ou qu'il représente en d'autres mots un phénomène d'usure. Après avoir constaté que chez le foetus et chez l'enfant âgé de 1—2 ans il n'y a pas de lipoïdosomes et que leur nombre augmente avec l'âge, ce qui traduit un état pathologique, l'auteur a étudié les centres corticaux du bras gauche et du bras droit sur des coupes seriées, avec la méthode de Marchi. Dans le centre du côté droit, correspondant par conséquent au bras gauche, il y a une pigmentation plus intense que pour le côté opposé. Mêmes constatation dans la moëlle épinière.

Mühlmann se croit autorisé de conclure que le pigment n'est pas la conséquence de l'usure mais de la nutrition insuffisante. Ce qui le raffermit encore davantage dans son opinion c'est que, à mesure de la surcharge pigmentaire les granulations augmentent également dans les cellules névrogliques et dans l'endothélium vasculaire.

Les faits produits par *M. Mühlmann* sont peu nombreux et mes recherches de controle ne sont pas encore terminées, de sorte que je ne peux pus me faire une opinion décissive sur son hypothèse. Mais, il me semble, hors de doute, à l'état actuel de nos connaissances, que le pigment ne soit pas dû à des troubles d'oxydations, mes multiples recherches m'ayant fait voir le rapport inverse qui existe entre la quantité de pigment et la quantité d'oxydases.

Nous passons à présent à l'exposition des résultats que nous avons obtenus à l'aide d'une méthode de coloration spéciale appliquée surtout aux cellules des ganglions sensitifs. Cette méthode nous permet d'approfondir la structure électro-colloïde du neurone et de saisir les changements bio-chimiques de ce dernier, pendant les différentes phases de la vie.

Nous avous employé la technique suivante de *Ruzicka.* On prend une mélange de rouge neutre et de bleu de méthylène en so-

1) *M. Mühlmann,* Der Tod und die Konstitution. Nebst einem Beitrag zur Rechthändigkeitsfrage. *Ziegler's* Beiträge Bd. 75, 409, 1926.

lution à 0,50 °/₀ qu'on met dans une verre de montre et dans l'étuve de 37 °. Après le sèchement du mélange de couleur on ajoute à la pelicule de couleur, une quantité égale de sérum pris sur l'animal sur lequel on veut pratiquer, l'injection. La couleur se dissout dans le sérum. A l'aide d'une aiguille très mince, on injecte la liquide ainsi obtenu, le long de la racine postérieure dans un ganglion mis à un sur l'animal. On résèque le ganglion après un temps plus ou moins long, soit entre une demi-heure ou deux heures après cette injection; ensuite, on dissocie avec attention les cellules. Les résultats obtenus varient avec le séjour de la matière colorante dans le ganglion. On obtient des résultats favorables tant que l'animal est en vie; celui-ci mort, ils sont tout différents. Au bout d'une demi-heure à une heure, après l'injection du mélange rouge neutre et bleu de méthylène dans le ganglion de l'animal, on constate que la plupart des cellules nerveuses se colorent en rouge carminé, coloration due à la teinte des granulations colloïdales, tandis que l'axone, le glomérule et même le cylindraxe attirent le bleu de méthylène (Planche en couleurs, Figures 1 et 2).

Le pigment des cellules nerveuses se colore d'une façon intensive en rouge brique et il peut être coloré alors que les autres granulations de la cellule sont à peine teintées. Mais, en dehors de ces différences chromatiques qui attirent l'attention à première vue, nous constatons aussi certaines différences de structure entre le cytoplasma, l'axone et le cylindraxe. Les différences ne sont pas très accussées dans toutes les cellules. Nous constatons tout d'abord qu'à l'origine de l'axone il existe, sur un court trajet, des espèces de bâtonnets de différentes longueurs, assez denses à l'émergence et disposés parallément, se colorant d'une façon intense par le bleu de méthylène. Dans un autre groupe de cellules les bâtonnets sont plus denses à l'origine de l'axone et disparaissent après un court trajet. Enfin, dans une autre catégorie, nous trouvons à l'émergence de l'axone, non pas des bâtonnets, mais des granulations qui diffèrent par leur teinte et par leur volume, de celles du cytoplasma. De plus, dans les ganglions réséqués après un temps plus long, une heure et demi par exemple, après l'injection, nous voyons, à la surface des cellules nerveuses, les cellules amiboïdes de Cajal apparaître colorées en bleu foncé, avec une netteté peu commune.

La réaction, que nous venons d'indiquer, n'apparait avec toute sa netteté que dans quelques cellules et seulement dans quelque limite de temps, après l'injection de sérum avec du rouge neutre et bleu de méthylène dans le ganglion. Cette injection doit être faite avec prudence, soit dans la racine postérieure, soit dans la tronc du nerf pneumogastique, immédiatement au dessous du ganglion plexiforme. Le liquide doit être poussé lentement et le résultat obtenu dépend de la quantité de liquide qui arrive au voisinage des cellules. C'est là la raison pour laquelle nous observons un aspect très différent quand nous dissocions les cellules d'un ganglion. Au bout d'un quart d'heure, par exemple, on observe un certain nombre de cellules à granulations rouges, à noyau et nucléole incolores. Puis, nous constatons des cylindraxes, très visibles, colorés en bleu et même certaines cellules altérées ou mortes qui se teintent en bleu comme l'axone.

Plus tard il n'y a pas des granulationes rouges, mais un certain nombre de cellules sont colorées en bleu et montrent des corpuscules de Nissl, c'est-à-dire que la charge électrique des granulations est neutralisée et celles-ci précipitées se colorent en bleu comme le noyau. Ensuite, les bâtonnets de l'origine de l'axone ne se constituent que dans un nombre restreint de cellules, tandisque l'axone, comme le cylindraxe se colorent en bleu, le pigment, qui prend une nuance différente, se colore d'habitude très vite en rouge brun intense. Je dois ajouter que les cellules mortes n'offrent pas, en général, des granulations colorées en rouge, mais en bleu ou en violet. Cependant, il faut savoir que cette coloration spéciale dépend tout simplement de la réaction du milieu intracellulaire et que les fonctions de la vie reclament certaines conditions pour pouvoir s'exercer.

Nous arrivons à présent aux résultats obtenus par la méthode d'*Alzheimer,* qui consiste, comme on le sait, dans la fixation des pièces pendant 24 heurs dans une solution de formol. Puis, on les porte, pendant huit jours, dans la liquide de *Fleming.* Après lavage et inclusion dans la paraphine ou colore à la fuchsine S et, après lavage a l'eau on traite les pièces par une solution alcoolique d'acide picrique, et, ensuite, par le vert-lumière. Les granulations, fuchsinophiles et la nujéline se colorent en rouge, tandis que le cylindraxe prend le vert-lumière. Les méthodes de *Ruzicka* et celle d'*Alzheimer* nous permettent de tirer certaines conclusions sur la charge électrique de granules du cytoplasma, du cylindraxe et de la myéline. Néanmoins, il y a une certaine différence entre les résultats obtenus par les deux méthodes, car celle d'*Alzheimer* s'applique à la coloration des tissus déjà fixés, c'est-à-dire morts.

Dans la coloration dite vitale, le noyau reste incolore et à l'origine de l'axone dans certaines cellules il y a des bâtonnets colorés par le bleu de méthylène, tandis que, dans les pièces traitées par la méthode d'Alzheimer, on n'y voit que des granulations fuchsiophiles.

Faisons remarquer cependant que lorsque la cellule nerveuse est morte, elle se colore, par la méthode supravitale, de la même façon, c'est-à-dire il y a dans le cytoplasma des corpuscules de Nissl, le noyau et le nucléole sont colorés. Un fait important, qui nous montre l'influence de la réaction du milieu cellulaire qui varie avec l'âge, c'est que, comme je l'ai montré ailleurs depuis longtemps, les corpuscules de Nissl dans les cellules radiculaires apparaissent à la périphérie des cellules (Planche en couleurs, Fig. 4) et se teintent en vert par la méthode d'*Alzheimer,* tandis que la majorité des granulations sont colorés en rouge par la fuchsine. Au fur et à mesure que la cellule évolue, le nombre des corpuscules de Nissl augmente tandis que celui des granulations fuchsinophiles diminue, ce qui demontre que par le fonctionnement il se produit un changement dans la réaction de la cellule et le nombre des granules à charge électronégative augmente (Planche en couleur, Fig. 3).

Je pense que dans la coloration vitale, comme dans le traitement des pièces par la méthode de *Bethe* et celle d'*Alzheimer,* il intervient des phénomènes électrostatiques par le fait que la substance colorante et les substances protéiques sur lesquelles elles agissent, possèdent une charge de signe contraire. Dans la méthode d'*Alz-*

heimer nous avons une couleur basique: le vert de méthyle et une couleur acide: la fuchsine S.

D'après les recherches de *Bethe* on savait que la cylindraxe contient un acide dit fibrillaire. Or, dans la coloration vitale, comme dans la méthode d'*Alzheimer*, le cylindraxe se colore respectivement en bleu on en vert comme les corpuscule de Nissl, tandis que les granulations colloïdales possèdent une charge de signe contraire et se teintent en rouge par la fuchsine. Il s'agirait là d'un phénomène d'adsorption.

Keller [1]) a reconnu que l'importance de la charge électrostatique n'était pas estimée à sa juste valeur par la physiologie regnante et affirme que c'est l'électricité statique et non électricité dynamique, qui joue le rôle principale dans la vie de la cellule et dans l'organisme. L'idée principale qu'il a prise pour guide est cele-ci: La coloration vitale est entièrement influencée par le signe de la charge du colorant, d'une part, et par le signe de la charge de la cellule d'autre part; dans la réalisation de la coloration de la matière vivante la loi de l'activité électrostatique de Coulomb a pleine valeur. C'est pourquoi l'on peut, quand le signe de la charge de la matière colorante est connu, tirer des conclusions certaines, sur la charge électrique du complexe cellulaire vivant coloré par elle. La question a fait des progrès notables grace à la construction des microélectrodes de *Peterfi,* qui permettent de réaliser des opérations sur la cellule isolée lors de plus forts grossissements. *Peterfi,* par cette méthode qui confine au merveilleux, a pu mesurer la charge électrique des cellules isolées et des tissus et leurs transformations vitales. Ces mesures directs à l'électromètre ont justement toujours confirmé les charges déduites par *Keller,* des effets de la coloration vitale.

Dans un travail riche en faits nouveaux *M. Jules Schuster* [2]) s'occupe de la surcoloration du système nerveux central. Partant les recherches de *Karczag* qui soutient que dans l'organisme humain l'électricité joue un rôle considérable, parce que l'atraction électrostatiques exerce une action plus considérable que l'affinité chimique. *Schuster* s'est appliqué a étudier ce rôle dans le système nerveux ,entral des lapins en utilisant le Triphénylméthane. Les couleurs de bleu de méthyle utilisées par *Schuster* étaient absorbées par les forces électrostatiques de la cellule nerveuse, mais la fixation était passagère et la substance colorante était prise par les groupes cellulaires à charge électrostatique plus basse.

L'attraction et la répulsion dues aux charges électriques des cellules nerveuses, à la suite de l'action des charges électriques des couleurs injectées dans le sang, permettent que des grandes quantités de colorant soient adsorbées par le système nerveux central. Presque toutes les substances entrant dans la composition des corps vivants, se transportent vers le pole positif (+), car elles sont électro-négatives. Ce n'est que l'hémoglobine qui soit électro-positive. Pour des solutions vraies, le passage du courant électrique s'accompagne d'une décompostion, au contraire les colloïdes depourvus d'électrolytes, tels que

[1]) *Keller, B.* Die Elektrizität in der Zelle, 2. Aufl.

[2]) *Schuster, J.* Archiv für Psychiatrie, Vol. 73, Nr. 3, 1925.

l'albumine pure de *Pauli,* laissés, même pendant longtemps dans un champ électrique, ne se déplacent pas, mais la migration apparait dès qu'il y a des ions électrolytes sur les granules. Les agents qui précipitent les granulations colloïdales favorisent l'apparition des corpuscules de Nissl, tandis que les agents qui produissent la dissolution des granulations colloïdales la retardent ou l'empêchent. Les acides faibles, on bien les sels acides des métaux mono-et bivalents ne produissent pas des corpuscules de *Nissl,* malgré que certains d'entre eux donnent lieu à des précipitations. Au contraire certains acides forts, de même que les sels des métaux tri-valents, nous permettent d'étudier à l'ultramicroscope la formation des corpuscules de *Nissl,* qui est plus moins instantanée. (Fig. I. 7)

Il est incontestable que l'électricité statique joue un rôle essentiel dans tous les phénomènes de la vie, tels que sécrétion, croissance, involution et, par conséquent dans les processus de la vieillesse. On voit bien comme Goethe a eu raison lors qu'il a proclamé que l'électricité est l'âme de l'univers.

A mesure que nous avançons en âge, il y a un changement dans la tension et la neutralisation de la charge électrique des granules qui se trouvent dans le cytoplasma et le karyoplasma. La différence de potentiel entre les granules du noyau et celles du cytoplasma est plus grande chez les animaux jeunes, dont le noyau contient beaucoup de nucléine. D'autre part, on a vu que même pendant la vie foetale il s'opère une différenciation de charges électriques des granules, car à la péripherie de la cellule il apparait les granules qui se teintent en vert et la quantité de neurosomes fuchsinophiles diminue à mesure que nous avancons en âge. Or, toutes ces modifications de tension électrique, entraînant une uniformité ou neutralisent les charges électriques, comme c'est le cas pour les granulations fuchsinophiles, prouvent, à notre avis, que les phénomènes électriques jouent un grand rôle dans les processus de la vieillesse. Du reste nous reviendrons plus tard sur cette question.

2.° Plaques séniles.

Une lésion très caractéristique, que l'on rencontre dans les cerveaux des vieillards et dont la signification n'est pas encore élucidée, c'est la présence de plaques séniles disséminées dans l'écorce cérébrale.

Nous allons faire un court historique des plaques séniles car certains auteurs les disignent incorréctement du nom de plaques *Redlich-Fischer.* Et pour cela nous allons nous servir de documents produits par *Simchowicz* [1]), qui est l'un des auteurs qui les a étudié d'une façon très complète et qui même a proposé le terme de plaques séniles.

„En 1892, *Blocq* et *Marinesco* [2]) ont constaté dans l'écorce cérébrale d'un épileptique très âgé la présence de petits corpusculus ronds, granuleux, se colorant vivement, qu'ils considéraient comme des plaques sclérotiques de névroglie. *Redlich* [3]) en 1898 a

---

[1]) *T. Simchowicz.* Sur la signification des plaques séniles, Rev. neurol. 2, 1924.

[2]) *Blocq* et *Marinesco.* Sur les lésions et la pathogénie de l'épilepsie dite essentielle. Semaine medicale 1892.

[3]) *Redlich.* Miliare Sklérose der Hirnrinde, Jahrb. f. Psych. u. 1918.

étudié ces corpuscules plus minutieusement également chez 2 épileptiques séniles, et les a dénommé „sclérose miliaire" supposant qu'il y a une rélation entre leur existence et l'épilepsie tardive.

En 1906 *Leri*[1]) a observé dans quelques cas d'épilepsie sénile la sclérose miliaire et lui aussi supposait un rapport entre les crises épileptiques et ces plaques.

Au cours de la même année, en 1905, *Alzheimer*[2]) a observé les mêmes foyers de sclérose miliaire dans un cas de démence sénile précoce, donnant des symptomes de foyers. En 1909 *Perusini*[3]) a décrit 4 cas analogues; il a observé également de multiples foyers de sclérose miliaire dans l'écorce cérébrale de malades décédés d'une maladie à laquelle on a attaché ulterieurement le nom d'*Alzheimer*.

Alzheimer et *Perusini* ne savaient pas encore a cette époque que ces foyers sont des lesions caractéristiques de la démence sénile et ils supposaient que c'est une entité morbide tout à fait nouvelle. En 1907 *Fischer*[4]) arrive à la conclusion que les foyers des sclérose miliaire sont specialement caractéristiques de la présbyophrènie et qu'on ne les rencontre jamais ni dans la démence sénile essentielle, ni chez les vieillards normaux, ni dans aucune autre maladie mentale. *Fischer* considérait ces foyers comme une formation étrangère, rappelant la nécrose et activant la prolifération des fibres nerveuses avoisinantes. Étant donné la frequente ressemblance de ces foyers avec les myceliums actinomytiques, *Fischer* les a appellés „nécrose mycotique" et ensuite „sphaerotricose" en supposant que ces foyers sont d'origine parasitaire. Il a même essayé d'en faire des cultures, mais sans aucun résultat."

Les recherches de *Simchowicz* sur l'anatomie pathologique de la démence senile, poursuivies en 1907—1910 dans le laboratoire d'*Alzheimer* sur 108 cerveaux[5]) avaient entre autres pour but de contribuer à trancher les questions suivantes: Les foyers de sclérose miliaire, comme le suppose *Fischer*, apparaissent-ils seulement dans la presbyophrénie et y a-t-il une rélation quelconque entre ces foyers et l'épilepsie tardive, comme le supposaient *Redlich et Léri*?

M. Simchowicz n'a pas pu confirmer les recherches de *Fischer* car il a rencontré des plaques séniles de même que dans la présbyophrenie, dans la démence senile simple, en nombre considerable.

Outre la vieillesse normale et la démence sénile on peut constater de nombreux foyers de sclérose miliaire dans la maladie *d'Alzheimer* qui n'ont qu'une forme spéciale de la démence sénile[6]). Nous voyons donc que ces foyers n'ont rien de commun avec l'épilepsie tardive.

Simchowicz[7]) croit que les foyers de sclérose miliaire sont les seules lésions absolument caractéristiques et typiques de l'écorce sénile et qu'elles apparaissent dans l'écorce cérébrale d'autant plus nombreuses que d'autres lésions séniles y sont le plus exprimées C'est pour cette raison qu'il les a appelé plaques séniles, voulant, souligner par cela qu'elles sont spécialement un attribut de l'écorce cérébrale sénile. Quant au développement des plaques séniles, *Simchowicz* suppose qu'elles apparaissent de la façon suivante: après l'atrophie des plus fins éléments nerveux de l'écorce cérébrale, le réseau de la nevroglie se densifie davantage, les produits pathologiques du métabolisme s'y déposent; parmi eux apparaissent des cellules de névroglie qui écartent ces produits. Les cylindraxes sur la périphérie des plaques sont atteints en partie de lésions dégénératives, en partie de lesion irritatives de prolifération. Le tissu névroglique environnant réagit sur les dépôts par la formation de grandes cellules, dont les fibres tendent à encapsuler tout le foyer.

Chez des sujets très vieux, mais normaux et dans la démence sénile, elles apparaissent généralement, selon *Simchowicz*, les plus nombreuses dans l'écorce de la région frontale

---

1) *Leri*. Le cerveau sénile. Thèse de Lille 1906.

2) *Alzheimer*. Über eine eigenartige Erkrankung der Hirnrinde. Zentralbl. f. Nervenheilk. u. Psych. 1907. Bd. XVIII, Heft 3.

3) *Perusini*. Über eigenartige psychische Erkrankungen des späteren Lebensalters Hist. u. histopathol. Arb. Über die Großhirnrunde. 1909.

4) *Fischer*. Zur Histopathologie des Presbyophrenie. Zentralbl. f. Psych. u. Nervenheilk. 1908.

5) *Simchowicz*. Histologische Studien über die senile Demenz. Histol. u. histopath. Arbeiten über Großhirnrinde, Bd. IV, 2, 1911.

6) *Simchowicz*. La maladie d'Alzheimer et son rapport avec la démence senile L'encéphale. 1914.

7) *Téofil Simchowicz*. Sur la signification des plaques séniles et sur la formule sénile de l'écorce cérébrale. Revue neurologique. Févr. 1924.

et dans la corne d'Ammon, moins nombreuses dans l'écorce temporale et pariétale, en nombre très restreint dans l'écorce motrice et occipitale. Cet auteur n'a jamais vu de plaques séniles dans le cervelet et dans la moëlle.

Un examen plus minutieux lui a permis de décéler que les territoires de l'écorce cérébrale, contenant des plaques plus nombreuses, présentaient en même temps des profondes altérations seniles, dans les cellules et dans les fibres nerveuses, dans la névroglie et dans les vaisseaux. Le nombre de plaques séniles ne constitue donc pas seulement un symptôme des plus imposants au point de vue du diagnostic différentiel, mais il est en même temps un indice de l'intensité du processus involutif dans différentes régions de l'écorce cérébrale.

A cause du grand intérêt que réprésente la connaissance précise du nombre des plaques séniles, *Simchowicz* a proposé un moyen très simple de les compter. Comme moyenne il a accepté le plus grand nombre de plaques séniles dans un champ de microscope au même agrandissement faible (*Leitz*, Objectif 3, oculaire 3, grossissement 80). Cette méthode est très simple et quoique pas tout à fait précise, elle donne un bon apercu de la disposition des plaques séniles dans les différentes régions de l'écorce cérébrale.

Evidemment il est nécessaire et *Simchowicz* le reconnait lui même, que, pour avoir des chiffres exacts, il faut obtenir des régions diverses de l'écorce des coupes d'epaisseur identique et colorées de la même façon; il faut de préférence compter les plaques séniles sur des coupes obtenues à l'aide d'un microtome réfrigérant, de l'épaisseur de 20 microns et colorées par le bleu de méthyle et l'éosine selon la méthode de *Mann-Alzheimer* ou bien argentées, selon la méthode de *Bielschowsky*. Ces recherches le conduisent à la conclusion que, sur des coupes obténues de cette façon et examinées à un agrandissement de 80, nous comptons les plaques du champ visuel dans lequel elles sont les plus nombreuses. Si nous admettons que le nombre obtenu de la sorte est l'indice sénile de la région donnée de l'écorce cérébrale, nous pourrons déduire du rapport des differents indices la formule sénile de l'ecorce cérébrale en question.

En ce qui concerne la localisation des plaques dans les différentes couches nous le retrouvons de préférence dans la III-e et la V-e, puis dans la V-e, la I-ère et la VI-e. Elles paraissent manquer dans la substance blanche. Leurs dimension varient entre 16 $\mu \times 14\ \mu$ et $80\ \mu \times 72\ \mu$. Néanmoins on en retrouve d'un diamètre plus réduit.

Elles sont rondes, ovales ou ovoïdes parfois leur contour n'est pas régulier. Les grosses plaques offrent une constitution extremêment complexe et leur analyse réclame l'emploi systématique de plusieus méthodes à savoir: la méthode de *Bielschowsky*, les différents méthodes de coloration de la névroglie, la coloration des section de pièces durcies dans le formol et coupée au microtome de congélation par le Scharlach-hématoxyline et la méthode VI d'Alzheimer pour les granulations fuchsinophiles. Mais, pour étudier l'évolution de l'élément primordial de la plaque, des fibres, des bâtonnets qui constituent des formations décrites par *Fischer* il faut recourir à la methode de Cajal modifiée, que d'autres auteurs ont preconisée également et qui permet de décéler, sur le fond jaunâtre de la préparation, le lésion tout à fait à son début. Dans ces conditions, nous voyons disséminés, entre les cellules nerveuses, ou tout près de celles-ci, de petits bâtonnets tout à fait isolés, réunis en petit nombre ou constituant des amas en forme d'étoile, ou bien de petits conglomerats, qui tranchent par leur couleur noire foncée sur le fond jaunâtre de la cellule. (Fig. 2). Le mode de groupement de ces bâtonnets nous explique la production des différents figures sur lesquelles *Fischer* a attiré l'at-

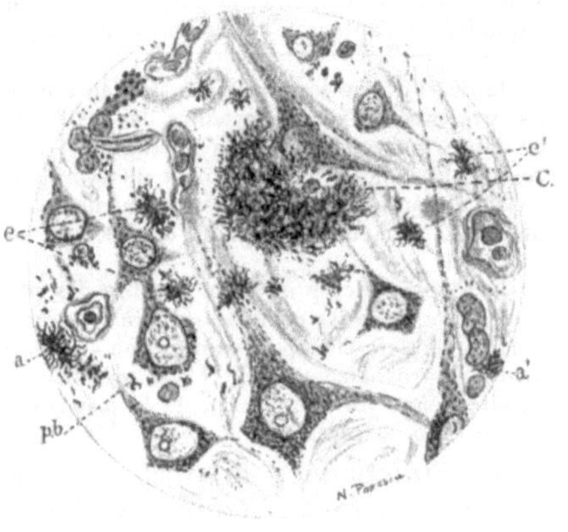

Fig. 2
Coupe de l'écorce cérébrale traitée par le procédé de Cajal modifié. On y voit toutes les formes de précipités, depuis le bâtonnet isolé, les petites ètoiles, les amas, jusqu'au conglomérat considérable situé au voisinage d'une cellule; C, conglomérat, a, a' amas; e, épetites étoiles.

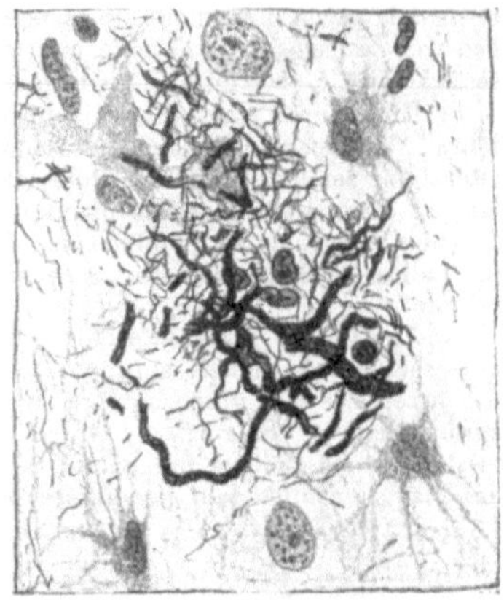

Fig. 3
Vieille plaque sénile qui a perdu son corpuscule central et qui presente des fibres epaisses, fortement impregnées, dont quelques unes ont un aspect fibrillaires.

tention. Nous voyons aussi que la petite étoile que *Fischer* considérait comme la première phase de la lésion est précédée par une autre où le précipité est réduit à sa plus simple expression.

Par le dépôt progressif de bâtonnets, les petites étoiles et les petites amas augmentent de volume, se réunissent entr'eux pour donner naissance à des conglomerats. Nous retrouvons ces conglomerats au voisinage d'une cellule nerveuse, (Fig. 2) d'un vaisseau, ou bien englobant une cellule nerveuse ou un vaisseau et contenant dans sa masse une quantité plus ou moins considérable de fibres nerveuses (Fig. 3, 4, 5 et 5 bis) et névrogliques, des cellules névrogliques, (Fig. 6 et 7)

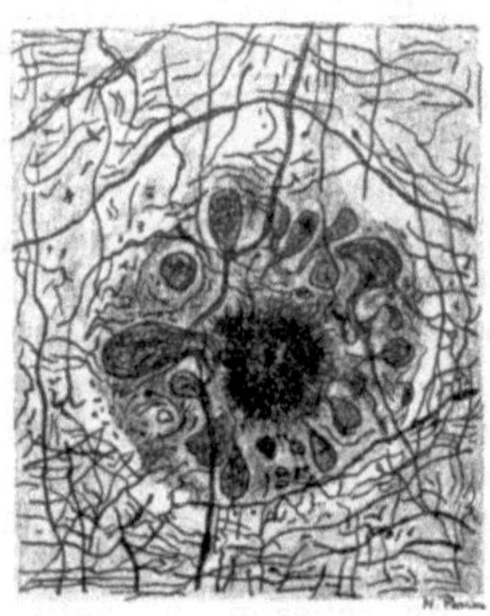

Fig. 4
Coupe traitée par l'acétone, où l'on voit un corpuscule central, fortement impregné et ayant une periphérie rayonnante. Il est entouré par des nombreuses fibres nerveuses terminées par des gonflements.

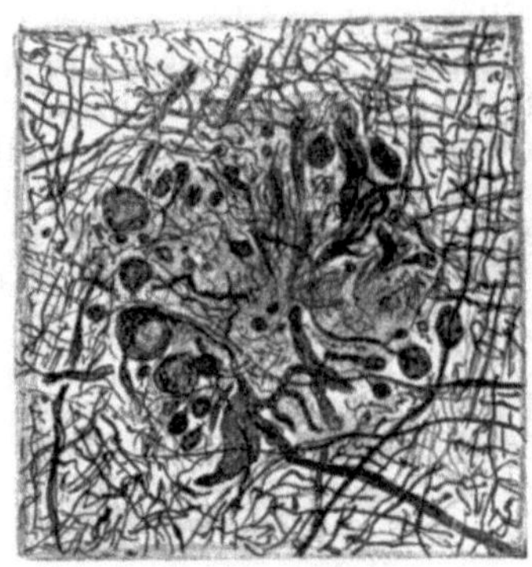

Fig. 5
La même explication que pour la figure précédente.

des macrophages etc., sur lesquels nous reviendrons plus loin. Mais, en tout cas les conglomérats et les plaques offrent une structure beaucoup plus compliquée que ne l'avait admis la majorité des auteurs. Dans la plupart des plaques d'un certain volume, nous pouvons distinguer trois régions: 1°—un noyau central (Fig. 4, 5bis et 7); 2°— une zone intermédiaire; 3°— une couche zonale constituant une espèce de délimitation naturelle entre le tissu sain et la zone intermédiaire ou le noyau central. Les dimensions de ces 3 zones varient avec le différantes plaques; on peut admettre les formes suivantes: 1° plaques constituées essentiellement par un noyau central, la zone intermédiaire et la couche zonale faisant plus ou moins défaut; 2° plaques ou la couche zonale et le noyau central sont bien devéloppées; 3° plaques ou la zone intermédiaire et surtout la couche zonale sont fortement développées, le noyau central étant rélativement plus petit. D'autres fois, surtout dans les pièces un peu épaisses, la plaque est constituée presque exclusivement par de petits conglomérats, des petits amas ou des bâtonnets.

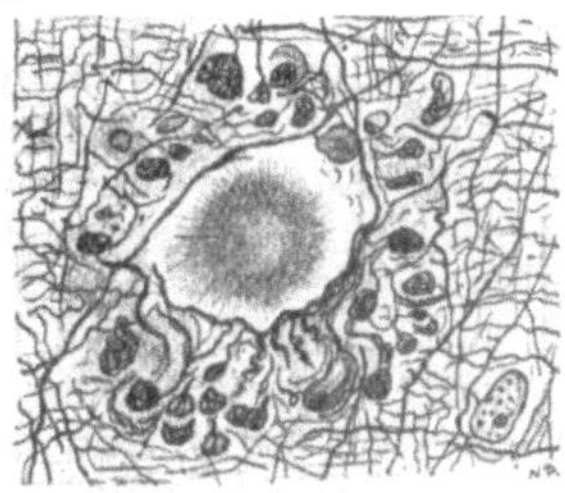

Fig. 5 bis.
Montre une plaque avec un noyau central volumineux et des phénomènes de neurotisation typique. Les fibres de nouvelle formation en pénétrant dans la plaque arrivent au voisinage du noyau qu'elles embrassent et donnent des ramifications collatérales terminées chacune par un bouton et disposées à la manière d'une rosette.

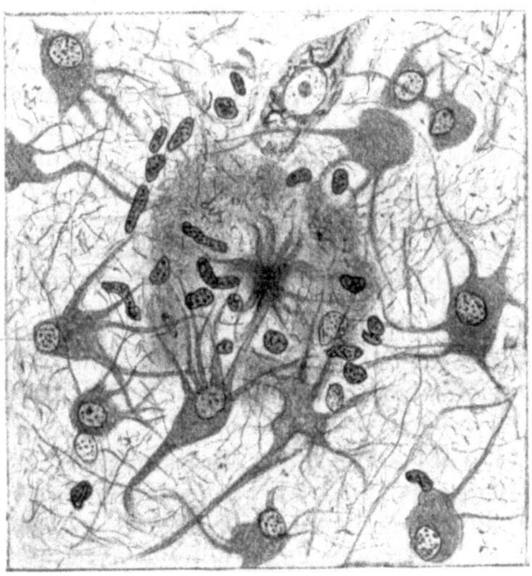

Fig. 6.
Prolifération des cellules névrogliques fibreuses autour d'une vieille plaque. La plupart

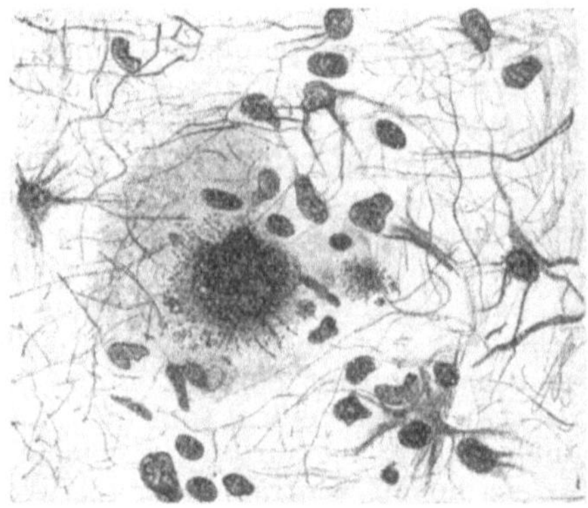

Fig. 7.
Plaque a noyau central fortement imprégné, à l'intérieur et à la périphérie de la plaque on voit une prolifération névroglique.

La nature du noyau central nous est complètement inconnue, et dans l'état actuel de nos connaissances, on ne peut faire que des hypothèses à ce sujet. Certains auteurs ont admis que ce corpuscule central provient d'un élément cellulaire préexistant, cellule nerveuse (Bonfiglio) ou cellule névroglique. Ce sont la des hypothèses très plausibles, au premier abord, mais à un examen plus approfondi, il y a deux objections qui se dressent contre cette manière de voir, tout d'abord, les cellules nerveuses ne paraissent pas très sensibles à l'action mécanique ou chimique des filaments de précipitation d'autre part, malgré que j'ai examiné plusieurs centaines de préparations, je n'ai jamais eu l'occasion de constater des formes de transition entre le noyau central des plaques et les cellules nerveuses plus ou moins altérées. Ce n'est qu'exceptionnellement que j'ai rencontré des cellules nerveuses, dont les dendrites traversaient les plaques et présentaient des phénomènes de métamorphose. Les mêmes considérations s'appliquent aux cellules névrogliques. J'ai rencontré, en effet, parfois, des plaques dont le centre était occupé par une ou plusieurs cellules névrogliques, mais celles-ci, loin d'être dégénerées et présentant des phénomènes de régression, pour donner naissance à un bloc central, étaient chargées parfois de granulations, teintées en noir par la méthode de *Cajal,* modifiée et colorée ensuite par la thionine. Du reste, les cellules névrogliques présentent, en général, les phénomènes de réaction progréssive, consistant dans la multiplication et la formation des fibrilles.

La même obscurité règne sur la nature et l'origine de la substance qui se depose sous forme de bâtonnets et constitue des petits paquets, des étoiles, etc. laquelle, en somme, forme l'élément primordial et essentiel des plaques.

Depuis le commencement de nos études nous avons été frappés par l'absence de ce filaments dans les pièces fixées dans l'alcool ammoniacal et traitées suivant la méthode de *Ramon* y *Cajal,* en opposition avec la méthode de *Bielschowsky,* qui nous a permis de déceler ces filaments même après plusieurs années. D'autre part, les filaments qui composent la couche zonale, se comportent, en général, comme certains lipoïdes que le formol conserve, mais que l'éther et le chloroforme, l'acétone et la sulfure de carbone dissolvent à différents degrés. C'est là la raison pour laquelle, dans les pièces traitées par la methode de *Cajal*, à l'alcool ammoniacal, incluses dans la celloïdine, les précipités se dissolvent et montrent en échange l'élément nerveux de la plaque avec une clarté parfaite. Mais nous pouvons encore avoir une démonstration plus précise en faveur de l'opinion que nous professons.

Si, en effet, on traite des morceaux de cerveau présentant des plaques séniles, par l'éther, le chloroforme et le sulfure de carbone, et si on les imprègne ensuite par la méthode de *Bielschowsky*, qui est la méthode de choix pour l'étude du précipité, celui-ci fait défaut, plus ou moins. (Fig. 8). Il n'y a que le corps central et ses petites aiguilles

Fig. 8.
Phénomènes de régénérescence dans une petite plaque; de la fibre située en bas se détache une collatérale qui pénètre dans la plaque et offre sur son trajet un bouton rétriculé. En outre, au contre de la plaque, trois boutons rétriculés.

fines périphériques qui persistent encore et s'impregnent assez bien par le nitrate d'argent. Le formol conserve admirablement bien le précipité puisqu'on peut bien le mettre en evidence plusieurs années après qu'on a enlevé la pièce. Par contre, un séjour dans l'eau destillé est défavorable à l'existence de ce filament. C'est précisement ce fait qui peut nous expliquer pourquoi les auteurs qui ont employé la méthode de *Bielschowsky* ont obtenu des résultats assez différents en ce qui concerne la constitution de plaques. Mais l'eau destillée ne dissout pas le précipité, car en traitant de nouveau la pièce par le formol et ensuite par la méthode de *Bielschowsky,* on peut encore le mettre en évidence.

On pourrait admettre, dans l'état actuel de nos connaissances, que la substance précipitée représente des principes chimiques qui se déposent dans le tissu de l'écorce cérébrale, à la suite d'un trouble dans l'équilibre colloïdal, sous forme de bâtonnets, filaments et que ce sont ces précipités qui constituent l'élément primordial des plaques séniles. Le colloïde précipité ou le gel a lieu en vertu d'un phénomène vital en rapport avec un trouble de métabolisme ou de désassimilation qui favorise la précipitation de cette manière dans l'écorce cérébrale. Il faudrait admettre que cette substance se trouve en état d'opportunité de précipitation et que la cause qui la produit exerce son action d'une manière progréssive. Conformément à cette conception, on ne saurait plus conserver le terme de sclérose miliaire, car la réaction névroglique qu'on observe dans quelques cas est un phénomène secondaire. D'autre part, j'ai eu l'occasion d'observer, exceptionellement il est vrai, la présence de petits nodules constitués essentiellement par la réaction de la névroglie, processus qui n'a rien à voir avec les plaques séniles. Sur la nature chimique de ce principe nous ne pouvons faire que les hypothèses, mais il ne s'agit pas là de substances cristallines ou cristalloïdes, mais, probablement, d'un mélange de lipoproteïdes, provenant de la décompostion des cellules de nature diverse.

Il serait important de détérminer la composition exacte de la substance précipitée, qui constitue la plaque. Mais le problème paraît extrêmement difficile à resoudre et, du reste, il semble bien que la nature des plaques soit assez variable au cours du processus évolutif et c'est ainsi sans doute que s'expliquent les divergences rencontrées dans les descriptions des auteurs. *Tinel* [1]) pense que dans les derniers stades, tout au moins, on puisse déceler la présence de lipoïdes; comme je l'ai déjà signalé [2]), les coupes traitées par l'éther, la sulfure de carbone ou l'alcool — ammoniaque, perdent une partie plus ou moins importante de leur précipité; mais il ne disparaît que d'une façon incomplète dans les plaques jeunes et même insignifiante ou nulle dans les plaques plus âgées.

Tinel croit qu'à ce stade, la substance des plaques est plutôt de nature protéique. Elle ne présente ni les caractères des graisses, ni surtout les réactions si caractéristiques des lipoïdes phosphorés. Elle ne contient ni calcium, ni fer, ni phosphore; elle ne présente pas les reactions de la fibrine, non plus de la substance amyloide. Par contre, *Tinel* a pu décéler à l'intérieur ou au centre des plaques l'existence de la m u c i n e, avec la coloration rose si caractéristique que lui donne la thionine; peut-être faut-il rapprocher ce fait des constatations de *Gryndfeldt,* qui permettent d'envisager la mucine comme une dégradation possible de la névroglie. *Penfield* a identifié les mucocytes de *Grynfeldt* à l'oligodendroglie.

En tout cas, la plaque sénile apparait comme une substance amorphe, simplement superposée au tissu nerveux, et qui n'altère en rien ses divers éléments. Il n'existe à ce moment ni réaction névroglique ni lésion nerveuse. Tout ce que l'on constate c'est que les cellules et fibres nerveuses qui traversent la plaque, impregnées qu'elles sont par la substance argyrophile précipitée, se colorent à ce niveau avec une intensité toute particulière. Dans quelques cas cependant de plaques assez anciennes, *Tinel* a pu constater d'une part la démyélinisation locale des fibres nerveuses pendant leur traversée de la plaques.

Dans l'autre cas on peut voir les fibres légèrement refoulées par la plaque, la contourner en s'infléchissant. Toujours d'après *Tinel,* les plaques séniles plus âgés présentent, au contraire, un semblant d'organisation. C'est à dire que le précipité n'y présente plus l'aspect granuleux homogène du début, mais par suite d'iné-

[1]) *Tinel.* Les processus anatomopathologiques de la démence sénile R e v u e n e u r o l o g i q u e, Juillet 1924.

[2]) *G. Marinesco.* Etude anatomique et clinique des plaques dites séniles. L'E n c é p h a l e, 10 Fevrier 1912.

galités dans sa répartition et dans sa composition chimique, il réalise des figures qui pourraient, au premier abord, donner l'impression d'une structure.

C'est ainsi que se constituent les plaques annulaires où l'on peut distinguer souvent un sorte d'anneau fortement coloré, entouré d'une plage claire, qui borde elle même une couronne plus dense et plus fortement impregnée.

Ainsi apparaissent également sur toute l'étendue, ou seulement au niveau de la couronne, ces formations en bâtonnets, en épines, en étoiles, sur lesquelles insistait *Fischer* et surtout l'aspect filamenteux, en forme de pseudo-mycélium qui fit donner à cette lésion le nom de sphérotrichose *(Fischer)*.

Tumbelaka résume de la manière suivante [1]) ses idées sur la morphogénèse des plaques:

„Par suite d'une cause encore inconnue, des cellules nerveuses ou névrogliques, des vaisseaux et des voies de conduction se détruisent dans des endroits circonscrits, surtout dans l'écorce cérébrale. En même temps il y a formation d'une substance argentophile.

„L'organisme réagit à ce processus par la mobilisation des éléments névrogliques doivoisinage. Les cellules névrogliques pénètrent cette substance pathologique, s'y accolent ou y envoient des prolongements.

„C'est au contact avec cette substance argentophile que les cellules névrogliqus doivent leur affinité pour l'argent. La conséquence de la migration des cellules névrogliques est que l'endroit malade est isolé de l'entourage et en même temps que le produit pathologique est éliminé du cerveau. Finalement il persiste de l'endroit malade une cicatrice névroglique, de dimensions bien plus réduites que la place malade originaire.

„L'élimination du produit pathologique argentophile se fait surtout de la manière suivante: les cellules névrogliques émigrées isolent l'endroit où se fait le processus de destruction, de son entourage. Plus tard quand la substance argentophile a été modifiée par ces cellules et écartée, ces dernières se sont substituées à elle.

„Avant que l'endroit malade soit isolé, surtout au debut du sphacèle du tissu nerveaux, on peut croire qu'une partie des produits argentophiles formés à cette occasion pénètrent aussi dans les éspaces lymphatiques et sont éliminés du cerveau le long de cette voie. Il est légitime de supposer que la rélation entre les plaques diffuses et les vaisseaux est l'expression d'un transport de la substance argentophile, parvenue dans les éspaces lymphatiques, vers le système vasculaire par lequel elle est éliminée du cerveau".

Ley [2]) en affirmant que la première lésion reconnaissable est le dépôt d'un substance cristalloïde reprend l'idée que j'avais emise antérieurement, malgré que je ne suis pas d'avis qu'il s'agit là d'une substance cristalloïde. Suivant l'auteur belge cette substance semble exercer une action soit mécanique, soit chimique sur les éléments voisins, action qui a pour résultat une réaction de la part de la microglie; mais cette réaction a des caractéres extrêmement particuliers. Sous l'influence de ce cristalloïde on voit une partie quelconque de la cellule de microglie réagir, se gonfler et former une sorte de bulle. Cette bulle est le résultat de la transformation vésiculeuse d'un prolongement ou du protoplasma microglique. Elle peut se produire en n'importe quel endroit de la cellule de microglie, aussi bien tout près du corps cellulaire qu'à l'extremité d'un prolongement; le corps cellulaire lui-même peut y prendre part. *Ley* considère cette réaction comme une tentative de la microglie d'englober le produit étranger; mais à un stade plus avancé la plaque renferme parfois une formation pourvue de prolongements amiboïdes contenant une substance homogène qui se colore légèrement en bleu par le Mann; à la surface de ces prolongements amiboïdes on remarque parfois la présence de fibres neurocladiques qui en épousent les accidents variés. Cette formation provient-elle da la „bulle" formée par les prolongements de la cellule microglique? *Ley* ne le croit pas; elle lui semble plutôt être le résultat d'une déstruction de la myéline.

---

1) Cité d'après *Rodolphe Ley*.

2) Etude anatomique sur la sénilité par *Rodolphe Ley*, dans le Livre jubilaire de la Société Belge de neurologie et de Psychologie. Bruxelles 1922.

Mais l'action irritative du cristalloïde ne se borne pas, suivant *Ley*, à la microglie; les fibres nerveuses réagissent également: les axones, au voisinage de l'endroit malade, montrent des phénomènes de neurocladisme et le contraste est souvent frappant entre le deux parties d'un axone, la partie centrale neurocladique se colorant fortement et la partie située au delà de la lésion irritative ayant perdu une grande partie de son affinité pour l'argent.

Lorsque la lésion continue à progresser il semble bien que la névroglie entre également en jeu et alors nous avons des images bien connues de la plaque sénile constituée comme l'ont souvent décrite les auteurs.

Urechia et *Elekes* [1]) ont appliqué la méthode de Hortega a l'étude des plaques séniles. Il résulte de leurs intéréssantes recherches que les plaques séni.es sont constituées en majorité par des cellules de microglie, qui se disposent assez souvent sous forme de rosettes et qui présentent progréssivement des altérations régréssives ou nécrotiques. Les plaques fibrillaires, sans noyaux ou substance centrale sont des formations plus vieilles et plus évoluées. Il est incontestable que les cylindraxes prennent part aussi dans la structure des plaques, nous présentant les aspects bien connus. En essayant de depister dans la plaque si la réaction des cylindraxes est premonitoire, concomitante ou secondaire aux altérations de la microglie les auteurs ont acquis l'impression que les cylindraxes réagissent le plus souvent dès le commencement de la formation des plaques et, probablement après que les altérations de la microglie se produisent. *Urechia* et *Elekes* ont l'impression qu'il existe des plaques où la réaction des cylindraxes est insignifiante, ou même nulle.

En ce qui concerne la névroglie, sur des pièces où elle est impregnée en même temps que la microglie, on constate qu'elle a un rôle assez réduit. Elle peut envoyer des fibrilles à l'intérieur des plaques et *Urechia* a observé cela dans la couronne névroglique et mésoglique qui limitait un foyer de ramollissement. Dans cette capsule avec des cellules névrogliques géantes et de nombreuses cellules microgliques qui se transformaient en partie en cellules réticulées. *Urechia* et *Elekes* ont trouvé plusieurs plaques séniles. Mais, la question qui se pose dans ce cas est de savoir si la névroglie envoie des fibres d'une manière active ou expréssément dans la plaque, ou bien si la plaque ne s'est formé que dans un tissu qui contenait ces fibrilles névrogliques et qu'elle ne fait qu'englober passivement? Quiqu'il soit difficile de répondre précisement à cette question *Urechia* et *Elekes* sont d'avis que la névroglie ne prend que très rarement une part active dans la formation des plaques.

Comme moi-même les auteurs ont constaté que le traitement préalable des coupes avec les dissolvants des graisses rend invisibles une grande partie des éléments de la plaques.

Je suis d'avis que ces disolvants agissent sur les substance lipoïdiques qui prennent part à la constitution de la plaque. *Urechia* et *Elekes* confirment ces observations en ce qui concerne la méthode de *Bielschowsky*. Ils ont soumis, en effet, des coupes, pendant 5 heures, à la temperature de 40^0, à l'action du chloroforme, de l'éther et de l'alcool. La méthode de *Bielschowsky* sur ces piéces dégraissées ne montraient aux auteurs que très peu de plaques pâles avec des caractères que j'ai décrit moi-même. Avant mordancé de nouveau ces pièces par du formol à 20%, le résultat a été le même. En appliquant le même traitement préalable à des séction colorées ensuite par la méthode de *Hortega, Urechia* et *Elekes* ont constaté que les plaques se coloraient tout aussi bien que celles qui avaient subi l'action de l'éther, du chloroforme et de l'alcool. Il résulterait donc que les plaques ne contiennent pas de substances lipoïdes. Le traitement par les dissolvants des graisses empèche la coloration de *Bielschowsky*, mais n'a aucun effet sur celle de *Hortega*. S'il s'agissait de lipoïdes, il faudrait qu'ils ne se colorent par aucune méthode, après avoir été traités par des dissolvants appropriés. En appliquant la méthode de *Hortega* sur des pièces dégraissées, (mais au lieu de carbonate de soude en em-

---

1) *C. I. Urechia* et *N. Elekes*. Contribution à l'étude des plaques séniles. Rôle de la microglie. Bulletin de l'academie de médecine (Paris) Nr. 28, séance du 15 Juillet 1925.

ployant le hydrate de soude), les plaques ne se colorent plus que très faiblement. Grâce à obligeance de *M. C. Urechia* qui m'a envoyé des pièces traitées par la méthode de *Hortega,* j'ai pu me convaincre que réellement la microglie joue un rôle important, mais non pas exclusif, dans la formation les plaques.

Voici l'opinion emise par *Timmer*[1]) sur la pathogénie et le développement des plaques séniles. Il se produit, d'après cet auteur, dans le cerveau sénile des substances toxiques, de cause inconnue, dues peut être à des lesions renales, existant chez les vieillards et comme tendrait aussi à le prouver la présence des attaques épileptiques et les troubles délirants qui existent dans la maladie d'*Alzheimer*. La microglie est mobilisée dans le but de phagocyter et transporter ces substances. Les cellules de microglie commencent à se tuméfier et se dirigent du côté où il apparait les substances toxiques. Mais comme il s'agit des cellules séniles de microglie elles ne peuvent plus accomplir leur tâche, comme chez les sujets jéunes. Chez les sujets vigoureux, la microglie absorbe vite les produits toxiques, les transportent et ensuite disparait. Chez le vieillard le procéssus a une évolution lente; la microglie prend les substances toxiques, mais elle ne peut plus les transformer si rapidement car leur activité est ralentie et elles se detruissent lentement. Sitôt que la microglie se détruit, des nouvelles cellules de microglie absorbent les débris cellulaires avec les substances toxiques. Il s'ensuit une plaque composée par des cellules microgliales. Lorsque il s'est formé un amas de cellules de microglie c'est à dire une plaque, la névroglie proprement dite commence à réagir, mais comme ces cellules sont moins nobles, elles réagissent plus lentement et circonscrivent le foyer. A la fin la masse de substances toxiques est détruite et resorbée par les cellules de macroglie ou bien par le courant lymphatique et transformées en des substances inoffensive. Il n'en reste qu'un anneau constitué par la macroglie qu'à son tour peut aussi disparaître.

Comme on le voit les recherches de *Timmer* et celles de *Uréchia* et *Elekes* sont venues à completer en quelque sorte nos idées sur la constitution des plaques séniles, car la méthode de *Hortega* a montré à ces auteurs que les cellules de microglie jouent un rôle essentiel dans la génèse et la structure de plaques. C'est la un fait qui a son importance, mais je me demande si l'on peut admettre comme démontré que la plaque sénile est constituée tout simplement par les débris des cellules apolaires ou des cellules de microglie et qu' en dehors de l'émiettement de la microglie il n'y aurait pas une précipitation provenant du plasma interstititiel qui jouerait aussi un rôle dans la constitution des plaques. Ce qui me confirme dans cette manière de voire c'est que la substance précipitée sous forme de bâtonnets, mèches, étoiles etc. se depose dans des endroits ou l'on ne voit pas encore des noyaux de microglie et puis comme se fait-il que dans les pièces traitée par la variante de la méthode de Cajal utilisée par nous, le précipité s'imprègne facilement, alors que l'imprégnation de la névroglie ou de la microglie ne se fait pas. C'est pour cette raison que sans dénier le rôle de la microglie, j'admet que celle-ci est excitée et mobilisée à la suite d'une action chimio-taxique exercée par les substances qui se précipitent sous forme de flocons ou d'amas.

En ce qui concerne la phagocytose, j'avais attiré l'attention sur l'existence des macrophages bourrés de granulations au niveau de la plaque dans mes travaux antérieurs en colaboration avec *M. Minea*[2]).

---

[1]) Dr. *A. P. Timmer*. Der Anteil der Mikroglia und Makroglia am Aufbau der senilen Plaques. Zeitschr. f. d. ges. Neur. und Psych., 98. Bd., H. I/II, 1925.

[2]) *G. Marinesco* et *I. Minea*. Untersuchungen über die „senilen Plaques", Monatsschr. f. Psychiatr. u. Neur. Ergänzungsheft 1912.

G. Marinesco. Etude anatomique et clinique des plaques dits séniles L'encéphale N. 2 Fevrier 1912.

Le premier bâtonnet se dépose assez souvent dans le tissu névroglique d'aspect normal.

3.° Lésion neurofibrillaire d'Alzheimer, sa signification.

Nous arrivons à présent à la description des modifications des neurofibrilles que nous avons constatées dans plusieurs cas de cerveau sénile.

Tout d'abord nous apercevons des cellules n'offrant plus des traces de réseau neurofibrillaire, surtout au niveau de l'hippocampe ou bien les neurofibrilles sont en état de désintégration et de dégénérescence. Ensuite, une seconde variation de l'appareil neurofibrillaire consiste dans la présence, à l'intérieur de la cellule, d'une réticulation tantôt fine, tantôt plus grossière, qui peut occuper la base de la cellule, l'un des côtés, (Fig. 9 et 10) la région supra-nucléaire ou bien tout le

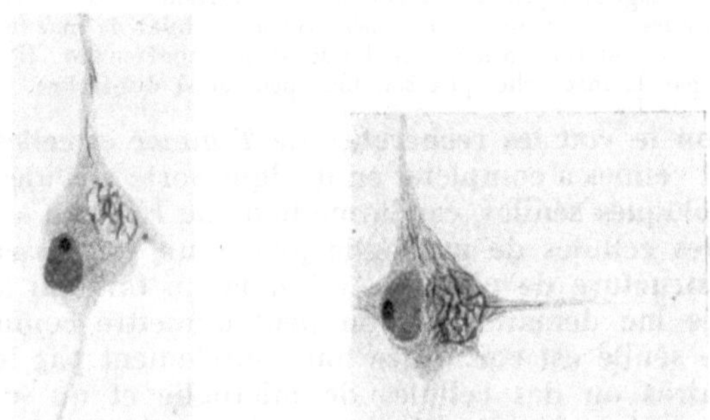

Fig. 9 et 10.
Différentes formes de la première phase de la lésion fibrillaire d'Alzheimer.

corps cellulaire, voire même les dendrites qui, à l'état normal, présentent toujours, comme on le sait, des neurofibrilles primaires. L'épaisseur, la teinte des travées de ce reticulum ainsi que la grandeur de ses mailles sont très variables. Il peut en effet, être très fin, pâle, avec des mailles dilatées (Fig. 9). On a l'impression que, dans ce cas, le depôt des lipoïdes qui se fait dans ce reseau, distend le corps de la cellule, dont le conteur est arrondi, et, lorsque cette lésion est accusée, elle simule celle décrite par *Schaffer* et d'autres dans l'idiotie amaurotique. Il n'y a qu'à la périphérie et dans les dendrites qu'on peut encore apercevoir des neurofibrilles. En dehors de cette réticulation pâle, on peut voir dans d'autres cellules une reticulation foncée, c'est à dire que les travées sont un peu plus épaisses et mieux colorées (Fig. 10). Dans ce dernier cas, le réseau offre de grandes analogies avec celui que j'ai décrit sous le nom de réseau spécial pigmentaire et, en effet, il existe d'habitude à la base de la cellule, là où se depose le pigment.

Puis, on trouve une troisième forme de modification du reticulum, laquelle se passe au niveau de la region pigmentée. On voit que certaines travées du réseau s'épaississent et deviennent argentophiles constituent des espèces de cordonnets qui tranchent par la teinte foncée sur le reste du réseau. Petit à petit, la transformation gagne d'autres travées et, suivant le nombre et le siège de celles transformées on a des images très differentes ainsi qu'on le voit dans nos figures. La lésion peut intérésser également le réseau superficiel de la cellule (Fig. 11-A) et, à la place du réseau mince, on voit alors, dans ce cas,

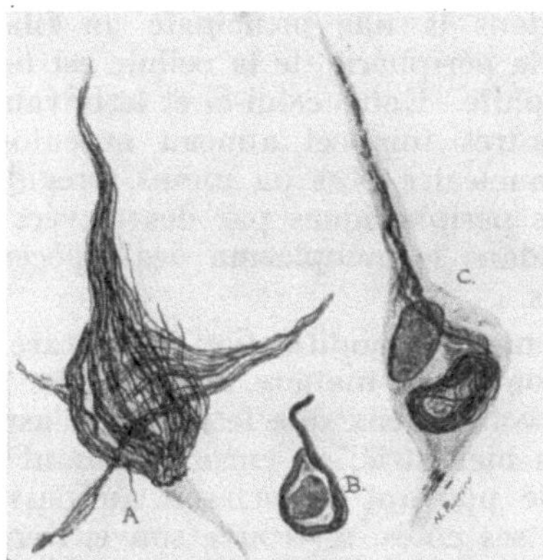

Fig. 11.

A, cellule on le réseau superficiel est transformé en un système de faisceaux fibrillaires traversant le corps cellulaires dans le sens du plus grand diamètre. — B, cellule petite pyramide, le réseau est condensé en une espèce de noeud qui limite le contour de la cellule — C. cellule où le corpuscule vacuolaire, situé au dessous du noyau, se continue également avec un filament très epais de la dendrite principale.

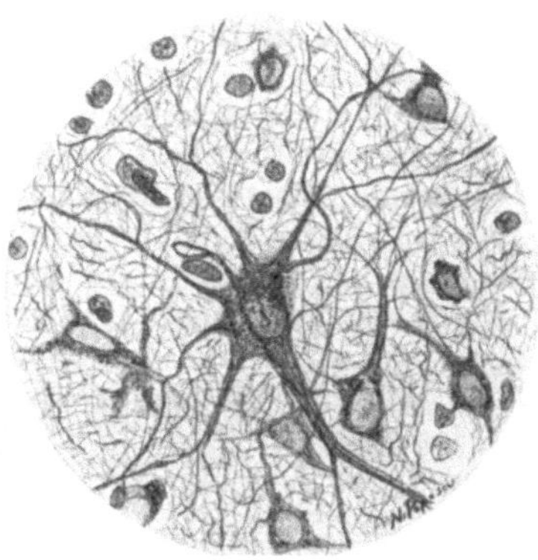

Fig. 12.

un réseau fortement argentophile et très grossier. Parfois même, on observe des cellules avec une disposition mixte: un réseau grossier et des neurofibrilles épaisses. Lorsque ces fibrilles épaisses se forment à la base de la cellule, elles décrivent des espèces de spirales, pouvant être reliées entre elles par des travées minces.

Il y a encore une quatrième métamorphose qui attire notre attention, même a faible grossissement, car il s'agit d'une métamorphose spéciale de l'appareil neurofibrillaire de la cellule. Elle est beaucoup plus compliquée dans les moyennes et surtout les grosses pyramides que dans les petites. Il ne s'agit plus ici de cordonnets ou de cordons assez minces, mais de cordons épais ou de rubans offrant des dispositions très variables, dont la plupart ont été déjà décrites par les observateurs précedents. Dans les petites pyramides, où la lésion est discrète, on voit dans la tige principale un filament primaire très épais, très noir, et la périphérie de la cellule est limitée également par un anneau argentophile. Entre celui-ci et le noyau, il reste une région libre claire. D'autres fois cet anneau argentophile constitue une éspèce d'anse périnucléaire plus ou moins irregulière, réunie ou non avec d'autres anses périphériques par des travées argentophiles. Plus rarement, on voit dans le cytoplasma des espèces de cordons ou de rubans enchévêttrés.

Une autre forme de modification plus rare que la précédente c'est la condensation de la matière argentophile dans un corpuscule qui peut être plus volumineux que le noyau, d'aspect homogène, vacculaire, réticulé, ou bien strié, ou encore formant une espèce de peloton. Ce corpuscule pouvant siéger, soit au dessus, soit au dessous du noyau, soit sur ses côtés, se trouve souvent en continuité avec un filament extrêmente épais (Fig. 11-C) et fortement impregné par le nitrate d'argent, descendant de la tige principale, qu'il remplit en moyenne partie, vers le corpuscule que nous avons décrit. Parfois on ne voit pas cette continuité, et le corpuscule paraît tout à fait isolé. Enfin, une dernière métamorphose constitue apparement une espèce assez caractéristique. C'est la formation de faisceaux de neurofibrilles ondulés ou tourbillonnants, assez bien isolés et qui suivent d'habitude le grand axe de la cellule. (Fig. 11-A). Aussi, dans la tige principale et le corps cellulaire, nous voyons ces faisceaux avoir une direction longitudinale ou oblique et, à la base de la cellule, ils suivent une direction transversale. Cette transformation fasciculaire intéresse non seulement le réseau superficiel, mais aussi le réseau profond, elle peut être seulement partielle et n'intéresser que le réseau situé au dessous du noyau. Avant de finir je dois dire quelques mots a propos de leur localisation. D'une façon générale, les métamorphoses décrites par *Alzheimer* coexistent dans les mêmes types cytoarchitectoniques où nous avons trouvé des modifications, analogues des fibres de nouvelle formation des plaques seniles. C'est ainsi qu'elles font defant dans les types 1, 2, 3, 4, 6, 11, 44, 45, 47; tandis qu'elles existent dans les types 8, 9, 10, 28, 34, 38, 41, 42.

Ce dernier temps, quelques auteurs ont émis de doutes sur la nature de la lésion *d'Alzheimer* dans le sens qu'elle ne représente — rait pas une lésion des neurofibrilles, mais de la nevroglie satellite Achúcarro a attiré tout d'abord l'attention des histologistes sur quelques formes de la névroglie, qu'on pourrait prendre pour la lesion *d'Alzheimer*. *Perusini* ensuite a insisté sur le même sujet, mais, c'est surtout *Simchowicz* qui soutient que la lésion *d'Alzheimer* est simplement une lésion de la névroglie, indépendante de la cellule nerveuse. Les images qu'en donne cet auteur sont très suggestives, mais elles ne sont pas convaincantes pour ceux qui ont eu l'occasion d'analyser minutieusement la lésion *d'Alzheimer* à l'aide de méthodes neurofibullaires. Nous avons fait nous même, autrefois, cette étude et nous avons tenté de donner une explication plus claire de sa production. A cette occasion, nous avons eu aussi des pièces ou la névroglie, très bien impregnée par la methode de *Bielschowsky,* ne semblait pas être en rapport direct avec les cellules *d'Alzheimer.* Nous avons toutefois admis que le même agent pathogène puisse atteindre également la névroglie et lui faire prendre des aspects la rapprochant quelquefois de celui des fibres nerveuses, comme par exemple autour des plaques séniles, que nous avons decrites comme des plaques vieilles.

D'ailleurs les lésion des cellules nerveuses que nous avons trouvées dans les cultures in vitro, prouvent que la cellule nerveuse peut revêtir un aspect absolument comparable à la lésion *d'Alzheimer* sans que la névroglie intervienne en quoique ce soit dans leur production.

Il est évident que la lésion *d'Alzheimer* constitue un trouble du métabolisme cellulaire, ce qui nous explique l'existence de pareilles lesions dans le cerveau des sujets surtout très âgés, et particuliérement dans l'archipallium, sans qu'il y ait des troubles mentaux caractéristiques de la maladie *d'Alzheimer.* La lésion a notre avis est en rapport avec un trouble de l'equilibre celloïdal des neurofibrilles.

Il est difficile en l'état actuel de nos connaissances de tracer la frontière entre la sénilité simple et la démence sénile. C'est là la raison pour laquelle les avis sont partagés sur la signification des plaques séniles et de la lésion *d'Alzheimer.* Certains auteurs prétendent que ces lésions peuvent exister en dehors de dans la sénilité simple, tandis que d'autres, parmi les quels il faut citer en premiere ligne *F. H. Lewy,* admettent que l'augmentation du pigment d'usure, la disparition de quelques cellules, la dégénérescence hyaline des vaisseaux et la noncolorabilité de la membrane élastique, avec prolifération moderée de la névroglie, appartiennent en propre au cerveau sénile et sont de nature involutive. Les plaques séniles et surtout les différentes altérations du noyau, du cytoplasma et des fibrilles sont secondaires et, par conséquent, sont de véritables lésions. La cause de ces altérations secondaires réside dans des troubles fonctionelles des glandes à sécrétion interne.

Schükry [1]. chez deux anatoliens, âgés réspectivement de 60 et 70 ans et atteints de démence sénile avancée, a trouvé une atrophie des circonvolutions, un épaississement de la pie mère, un diminution du volume des cellules nerveusès et l'augmentation du pigment d'usure, de même que la raréfaction des fibres myéliniques, mais il n'y avait pas de plaques séniles. Chez un autre sujet, présentant des troubles semblables à ceux de la maladie *l'Alzheimer,* les plaques comme la lésion fibrillaire *d'Alzheimer* faisaient défaut.

Spatz remarque à cette occasion que l'absence des plaques séniles dans le cas de *Schükry* est digne d'attention parce que *F. H. Lewy* n'a pas vu également, dans le cerveau des anatoliens âgés, ni des plaques ni la lésion *d'Alzheimer.*

Ces constatations négatives posent, d'après *Spatz,* le problème intéressant: si les plaques séniles et la lésion fibrillaire *d'Alzheimer* existent avec un fréquence égale dans les différentes races?

---

[1]) *Schükry Ichsan:* Recherches histopathologiques sur des cerveaux des vieillards d'Asie mineure. Stambul Seriryaty Vol. 7, Nr. 2, 1925 (en turc).

Qu'il me soit permis d'ajouter à ces reflexions, le fait que je n'ai pas vu des plaques ou des lesions fibrillaires *d'Alzheimer* chez des sujets roumains qui avaient atteint l'âge de 99 ans, car à mon avis, ces lésions ne sont pas l'apanage de tout vieillard, mais leur apparition réclame un trouble special de l'équilibre physico-chimique du plasma interstitiel ou bien du milieu intracellulaire.

4⁰ Gigantocytose sénile.

I. Minéa [1]) a attiré dernièrement l'attention sur une particularité curieuse des cellules de écorce cérébrale, d'une centenaire. Il s'agit de la présence de cellules nerveuses situées dans la I-ère fontale. I-ère orbitaire, la corne *d'Ammon* et l'hippocampe, qui s'-imposent par leur volume et par leur imprégnation. Leur volume se rapproche de celui des cellules géantes de *Betz* et comme celles-ci elles sont situées dans la III-ème couche, et elles contrastent avec les pyramides avoisinantes. L'imprégnation éxcessive fait encore augmenter ce contraste et concourt aussi à masquer le contenu de la cellule et par celà même l'étude de sa structure intime, car on n'y distingue pas de réseau neuro-fibrillaire. Les prolongements de ces cellules sont très developpés et occupent une grande partie du champ microscopique. Tandis que les autres cellules occupent un petit éspace dévolu à leur existence et n'empiètent pas l'espace des autres, les prolongements de ces cellules géantes sont fortement impregnés et peuvent être suivis sur de lonques distances depuis leur origine. Leur calibre se maintient sur un assez long trajet et ils se divisent par dichotomie successive.

En examinant en collaboration avec *Bistriceanu* [2]) le cerveau des sujets âgés réspéctivement de 105, 94 et 90 ans nous avons pu confirmer les constatations faites par *M. I. Minea.* C'est ainsi que nous avons remarqué la présence de cellules géantes dans la corne d'*Ammon* (Fig. 12) et dans le lobe frontal, au niveau de la II-e et la III-e couches. Les cellules atteignaient les dimensions indiquées dans le tableau suivant.

Tableau comparatif des dimensions des cellules géantes et des cellules qui les avoisinent mesurées sur des préparations faites avec la methode de *Bielschowsky*.

	Nom des sèniles	L'âge	Diagnostic	Dimension des cellules géantes	Dimension des cellules voisines des cellules geantes	Provenance des cellules
1	Anica Al	105 ans	Senilité	94μ × 44μ	36μ × 40μ	Corne d'Ammon II-ème frontale
2	C. Tal.	94 ..	..	76μ × 38μ	39μ × 22μ 8	Corne d'Ammon
3	Mih. Di.	90 ..	..	66μ × 48μ	30μ × 18μ 4	Corne d'Ammon

Il n'est pas facile de donner une explication sur la génèse de cette gigantocytose. Peut-être faudra-t-il rapprocher cette modification importante des cellules nerveuses des manifestations dendritiques vues par *Lafora,* dans quelques cellules de la corne *d'Ammon,* chez un vieux basset. Ces néoformations qui ont un aspect très cu-

1) *I. Minea.* Contribution à l'étude des lésions des cellules nerveuses dans la sénilité. Archives de neurologie. Septembre—Octobre 1921.

2) *G. Marinesco* et *I. Bistriceanu.* Quelques recherches sur la gigantocytose. Spitalul, 1. 1925 (en roumain).

rieux, paraissent des végétations neurofibrillaires dévoloppées sur le prolongement principal de la cellule et plongées dans une masse de substance homogène de couleur jaunâtre. Leur imprégnation par l'argent est très intense. Cet auteur rapproche les phénomènes observés dans un cas de plaques séniles et admet que la dite substance homogène est analogue à celle qui constitue le noyau de ces formations et qui serait le produit d'une excrétion pathologique de la cellule nerveuse, capable de donner naissance, lorsqu'elle se trouve encore à l'intérieur de la cellule, à la lesion *d'Alzheimer* et, lorsqu'elle est expulsée à l'extérieur de la cellule, aux dites plaques et à des néoformations dendritiques assez analogues.

V. Théories de *Ruzicka* (Hystérèse) et de *Lumière*.

La tentative la plus importante qu'on ait entreprise sur les phénomènes physico-chimiques de la vieillesse à l'aide de méthodes modernes d'investigation est due à *Ruzicka* et à ses élèves [1]) qui depuis des longues années se sont appliqués à résoudre le mécanisme physico-chimique de la sénéscence.

Pour le biologiste de Prague, le phénomène essentiel de la vieillesse consiste dans une hystérèse du protoplasma cellulaire qui conduit fatalement à l'entropie, à la mort. L'hystérèse signifie que le protoplasma cellulaire subit une condensation depuis la naissance jusqu'à la mort de l'individu, qui réprésenterait la cause générale de la vieillesse. Un autre facteur du processus de vieillissement serait la diminution progréssive des charges éléctriques des colloïdes réalisant une diminution progréssive du degré de dispersion des micelles et entraine la condensation du protoplasma. L'hystérèse n'appartient en propre aux métazoaires parce qu'elle existe aussi chez les protozoaires. Plusieures méthodes permettent à *Ruzicka* de mettre en évidence la condensation du protoplasma. Une prémière méthode c'est la dissolution du protoplasma cellulaire de l'organisme de la grennouille par la trypsine. C'est ainsi qu'il constate qu'une dissolution de la blastule demande 3—6 heures; il faut 26—32 heures pour dissoudre les têtards pendant les premiers stades. La digestion des têtards avec des branchies se fait au bout de 45—53 heures; le têtard avant une longuer 19 mm, disparait après 71—80 heures. Les têtards longs de 24 mm. réclament de 6—10 jours et laisse un sédiment. Ceux qui ont une longueur, de 28 mm. mettaient de 25—31 jours pour se dissoudre et la quantité de substance restée insoluble est assez grande. En resumé, la dissolution de stades avancés demande un temps plus long que les stades précoces et après la dissolution des premiers il reste un sédiment dont la quantité est proportionnelle avec l'âge de l'animal.

D'autre part, le métabolisme est plus marqué dans les premières stades et diminue à cause de la condensation de la matière vivante de la cellule.

M. Ruzicka affirme ensuite qu'à l'état de repos, c'est à dire entre deux divisions cellulaires, le noyau n'offre pas de la chromatine, mais seulement de la plastine. Les noyaux des cellules sécrétoires, pendant la phase de repos, contiennent donc des substances difficilement solubles, c'est à dire que le processus cyclique tend naturellement vers le

---

[1]) *Vlad. Ruzicka*. Über Protoplasmahysteresis und eine Methode zur direkten Bestimmung derselben. Pflügers Archiv, Bd. 194, Heft 1/2; Beiträge zum Studium der Protoplasmahysteresis. Arch. f. mikr. Anat., 101. Bd., 4. Heft; Die Protoplasmahysteresis und das Verjüngungsproblem. Deut. Med. Woch., N. 28, 1922.

Dr. *Erwin Bauer*. Beiträge zum Studium der Protoplasmahysteresis. Arch. f. mikr. Anat., Bd. 101, H. 4.

F. Hajek. Beiträge zum Studium der Protoplasmahysteresis. Arch. f. mikr. Anat., Bd. 101, H. 4.

Dr. *Ol. Bergauer*. Über den Einfluß der inneren Sekretion auf die hysteretischen Prozesse. Arch. f. mikr. Anat., Bd. 101, H. 4.

Alois Svoboda. Zur Kausalität des Alterns. Arch. f. mikr. Anat., Bd. 101, H. 4.

E. Vejnarova. Beiträge zum Studium der Protoplasmahysteresis. Arch. f. mikr. Anat., Bd. 101, H. 4.

stade de repos, manifestant un maximum d'entropie. En conséquence, pendant l'evolution des phénomènes de la vie le protoplasma ne revient pas au point d'où il est parti, mais, en évoluant il se condense progressivement. On savait dejà que le gonflement des tissu diminue avec l'âge parce que les tissu souffrent un processus de déshydration.

2. Une autre méthode pour l'étude de l'hystérèse c'est la détérmination de la concentration en ions H, qui nous donne la mesure du dégré de dispersion de la phase disperse d'un ampholyte et permet la détérmination des ions actuels. On sait que la concentration en anions est égale à la concentration des cations des éléctrolytes amphotères au point isoéléctrique. Elle nous indique le degré d'agrégation de la matière. Au point isoéléctrique la solubilité est tombée à un minimum et la coagulabité est au maximum.

Hajek, élève de *Ruzicka*, a utilisé la méthode des indicateurs de *Michaëlis* pour détérminer la concentration en ions H et a constaté que chez les personnes saines, n'ayant pas presenté de lésion à l'autopsie et morts par accident, le pH diminuait d'une façon progressive avec l'âge. Chez un sujet agé de 17 ans le pH = 7,2, tandis que chez un autre âgé de 56 ans le pH = 6,55 (dans le sang).

On peut affirmer d'une façon générale que si nous trouvons pour le pH un chiffre supérieur à 6,77 nous avons affaire à un sujet jeune. Si au contraire, le chiffre trouvé est inférieur il s'agit d'un sujet âgé.

On pourra de cette manière dresser un tableau qui indique l'âge d'un sujet suivant le pH du sérum sanguin, malgré qu'il existe des exeptions nombreuses, dues à des causes inconnues.

Ces résultats sont en contradiction avec ceux obtenus par *Ruzicka* qui a trouvé une augmentation de l'exponent avec la progréssion de l'âge. Ceci s'expliquerait par l'emploi du material. En effet, *Ruzicka* a fait usage de materiel frais, tandis que *Hajek* s'est servi de materiel des séché et dissout ensuite.

3. Une troisième méthode à laquelle *Ruzicka* et ses élèves on fait appel c'est la réaction à la floculation, qui marche parallèlement avec la concentration en ions H malgré qu'ici il y ait également des exceptions, surtout chez les sujets âgés.

Les recherches de Mlle *Mendéléeff*[1]) sur les variations du pH pendant l'ontogénie cadrent avec les constatations de *Ruzicka*. Cet auteur ayant examiné par la méthode éléctrométrique les humeurs des animaux adultes et des embryons a constaté qu'il y a une différence constante.

Elle a obtenu les résultats suivants:

	pH	concentration des ions H
Sérum sanguin de cobaye mère	7,4	$3,98 \times 10^{-6}$
Sérum sanguin d'embryon (recueilli au coeur)	5,8	$1,58 \times 10^{-8}$

Les embryons dans le corps de la mère sont dans des conditions speciales de vie. En possédant un pH différent de celui de la mère, l'embryon est à l'égard de la mère un être hétérogène. *Puis, Mlle Mendéléeff* à mesuré le pH du sérum sanguin de l'embryon de cobaye de terme différent et a vu qu'il faut un certain temps de croissance générale de l'animal après la naissance avant que le pH de son sérum se stabilise à la valeur qu'on constate chez l'animal adulte. Il en resulte que la croissance embryonnaire de même que la croissance cellulaire sont en rapport direct avec l'état physico-chimique du milieu.

Il faut s'avouer que nous ne sommes pas tout à fait renseignés sur les variations du pH pendant l'évolution. D'ailleurs, ce facteur qui est en rapport étroit avec les phénomènes de la vie, varie non seulement avec l'âge, mais avec l'organe et les cellules du même

---

1) Mlle. *P. Mendéléeff*. Les phénomènes physico-chimiques dans la génèse des tissus embryonaires. C. R. Soc. Biol. société belge de biologie, séance du 27 Janvier 1923.

tissu. C'est ainsi, par exemple que *Schmidtmann*[1]) a trouvé chez l'embryon des souris, de 0.65 centimètre longueur, une reaction alcaline uniforme de tous les organes. Chez l'embryon de même animal ayant un longueur de 1,3 centimètres il y a déjà une déviation des muscles et des fibres conjonctifs vers d'acidité, puis l'épithélium de l'estomac offre une réaction légèrement acide en rélation à l'apparition des ferments digestifs. L'ovule offre une réaction alcaline intense.

Les organes ayant la même fonction présentent la même concentration en ions H.

Chez le cobaye, les cellules périphériques du foie ont un pH supérieur à celui des cellules centrales, ce qui peut s'éxpliquer par l'irrigation sanguine. La réaction des ilots de *Langerhans* diffère de celle de la glande acineuse, ce qui indique qu'ils ont des fonctions différentes. Les tissus conjonctifs offrent une réaction plus acide et l'endothélium capillaire a une réaction acide même chez les animaux inférieurs.

Ces faits dénotent qu'on ne peut pas tirer des conclusions fermes de l'examen global d'un organe ou d'un animal entier, mais qu'il faut examiner séparement les différents organes et les différents tissus, ce qui n'ont pas fait *Ruzicka* et ses élèves, lesquels ne se sont pas servis du potentiomètre, mais de la méthode colorimétrique. Tout ceci tend à prouver qu'actuellement nous ne sommes pas renseignés, d'une façon certaine, sur les variations du pH dans les différents organes et dans les diverses époques de la vie. Je croirais plutôt que l'accumulation de substances de déchet, à réaction acide, peut faire descendre le pH dans les cellules des organes des vieillards et surtout dans les cellules nerveuses. La concentration en ions H des tissus n'est connue qu'imparfaitement.

Rien ne permet d'affirmer qu'entre la réaction du sang, celle des liquides nutritifs interstitiels et celle des cellules il y ait similitude et parallélisme.

Pourtant si une réaction importe plus que l'autre, c'est bien celle des tissus, puisque à la concentration intra-cellulaire en ions H sont reliés les phénomènes d'oxydation et de réduction et les propriétés physico-chimiques des colloïdes cellulaires, puisque de la différence entre le pH extra-cellulaire dépendent la perméabilité cellulaire et les phénomènes de surface, facteurs qui sont tous à la base même de la vie des cellules. Pour celles-ci comme pour le milieux humoraux, la constance du pH est une nécessité biologique primordiale et les changements même minimes du pH doivent avoir d'énormes conséquences à l'intérieur de l'infiniment petit cellulaire.

Pour connaître le pH des tissus, ceux-ci doivent être frais, vivants, en effet des que la vie cesse, l'acidification des tissus apparait; c'est un phénomène très précoce et c'est un signe certain de la mort, utilisable en medicine légale (*P. Delore*). Cette acidification serait un phénomène d'autolyse due à des acides gras (lactique, acétique, etc.). D'autre part, le CO_2 inclus dans les tissus est le facteur prin-

[1]) *Schmidtmann M.* Über die intrazelluläre Wasserstoffionen-Konzentration unter physiologischen und einigen pathologischen Bedingungen. Zeitschr. f. d. ges. Medizin, Bd. 45, 1925.

cipal du pH intra cellulaire, d'ou nécessité de prevenir la fuite de gaz; d'après Vlès toute cellule lésée mécaniquement élève son pH par fuite de CO_2, en vertu d'un processus qui represente le début de cytolyse.

Une autre cause d'erreur, plus difficile à eliminer c'est celle tenant à la présence les liquides organiques (sang, lymphe, liquides à sécrétion) présence impossible à suprimer complètement lorsqu'on étudie un fragment de tissu.

Pour toutes ces raisons, on ne peut pas exiger une précision absolue du pH tissulaire.

Un élève de *Ruzicka, Swoboda* a étudié également l'influence sur le processus de l'hystérèse, de l'inanition absolue, qui aurait une action analogue à celle de l'extrait de thyroïde, produisant comme dans le rajeunissement, la préponderance de la désassimilation sur l'assimilation. Mais il ne faut pas oublier que le soi-disant rajeunissement, dont nous parlerons dans la suite, ne peut pas consister simplement dans la désassimilation. En effet, la croissance de la jeunesse est due fait que l'assimilation l'emporte sur la décomposition. S'il n'y avait dans le rajeunissement que les phénomènes de désassimiliation sans phénomènes de synthèse organique on ne saurait pas comprendre les phénomènes de réactivation passagers que la plupart des auteurs ont constaté chez lex animaux ou les hommes qui ont subi l'opération de *Steinach* ou les greffes testiculaires.

Comme le rémarque très justement *M. Gley* il semble que par une exacte compensation entre les 2 processus, la vie pourrait se maintenir indefiniment dans un organisme donné, uni ou pluricellulaire; en fait, cette compensation, que contrarient de nombreuses circonstances et de multiples accidents, n'est jamais réalisée que pour des courtes durées. Les conditions dans lesquelles les cellules arrivent à la vie et s'y adaptent sont trop complexes pour qu'un equilibre parfait entre les causes d'évolution et les causes de regression puisse être permanent. Là, est une des raisons profondes de la sénéscence et la mort des êtres.

Pour *Lumière* [1]) c'est la floculation colloïdale qui entre en jeu dans la sénilité, de la façon suivante: les cellules épithéliales, celles qui forment les parenchymes spécifiques des organes, ont un protoplasma rélativement fluide, le mouvement brownien y est actif et le mûrissement fatal des colloïdes qui compesent ces éléments doit donc s'effectuer rélativement vite. Au contraire, les matérieux colloïdaux de la charpente conjonctive sont denses, compacts, beaucoup plus stables et resistent plus longtemps à la coagulation. Il arrivera donc que les cellules nobles perdront leur vitalité alors que le tissu conjonctif continuera à vivre et même à se développer; il y aura, par conséquent, envahissement des organes par les éléments conjonctifs, sclérose et sénéscence des organes et de l'individu lui-même.

Pour rétarder ces transformations et l'envahissement conjonctif il faudrait trouver un moyen d'agir sur la structure des colloïdes protéiques, ce qui n'est pas possible dans l'état actuel de nos connaissances et c'est pour cela que la sénilité et la mort sont inévitables.

La différence de longevité des espèces animales peuvent s'expliquer aisément par ce fait que les colloïdes qui les constituent evoluent plus ou moins vite vers la floculation.

M. Lumière [2]) admet que les protozoaires ne sont pas immortelles. Pour lui la desintégration cyclique des vieux macronucléus correspond à l'élimination des colloïdes

[1]) *Auguste Lumière.* Théorie colloïdale de la vie et de la maladie. Lyon 1925.
[2]) *Auguste Lumière.* Théorie colloïdale de la Biologie et de la Pathologie. Paris 1922.

floculés, à la mort parcellaires des noyaux et il est bien probable que les autres éléments colloïdaux du paramaecium subissent le même sort; ceux-ci étant moins visibles que les portions nucléaires nous ne pouvons, pour l'instant, démontrer que le processus s'applique à tous les colloïdes de l'individu, mais il est bien probable que les choses se passent ainsi.

Quand la reproduction des infusoires s'opère par conjugaison il se fait, dans les cellules qui se réunissent de profonds changements, des rénovations, des éliminations, des digéstions de floculats.

L'ancien macronucléus de chaque protozoaire, floculé, sans doute, est éliminé; le micronucléus rejette également la majeure partie de sa substance pour s'unir à un autre micronucléus ayant subi les mêmes réductions.

Il y a la encore une mort partielle de certains éléments, ceux qui sont susceptibles de donner naissance à de nouveaux colloïdes actifs subsistant seuls pour se conjuguer.

L'immortalité particulière des protozoaires se conçoit donc parfaitement si l'on se raporte à ce processus; il n'y a pas de cadavre, à proprement parler, dans cette évolution, mais les parties constitutives des individus ancestraux plus ou moins éloignés meurent néanmoins.

Le vieil individu disparait sans doute par morceaux extrèment nombreux, dans le cas de la réproduction par simple division, mais déjà appréciables et parfaitement décélables quand il s'agit de réproduction de l'éspèce par conjugaison.

M. Mühlmann a fait une critique sevère de la théorie colloïdale de la vieillese et particulièrement de celle de *Ruzicka.* Selon *Mühlmann* les changements chimiques des colloïdes ne surviennent seulement en conséquence des propriétés physiques des colloïdes vivants, mais ils sont dus à la hydrolyse, aux phénomènes de dedoublement et de synthèse qui sont des phénomènes chimiques.

M. Mühlmann en emettant des pareilles idées, qui sont justes, ne fait que répéter ce que j'ai écrit dans mes travaux antérieurs ou j'ai mis en évidence le rôle des ferments oxydants et hydrolytiques au cours des phénomènes de la vie.

Sans doute que les phénomènes chimiques qui se deroulent dans l'organisme modifient l'état physique du protoplasma, mais j'ajoute que l'état physique de condensation de cytoplasma exerce également un rôle sur l'intensité des phénomènes chimiques.

Il est vrai qu'à la fin *M. Mühlmann* trouve que la plupart des données produites par *M. Ruzicka* et antérieurement par moi sont justes et spécialement la condensation des particules, la diminution de la dispersion des particules celloïdales etc., mais *M. Mühlmann* pense que ces modifications sont dues à l'âge et aparaissent à la suite de transformations chimiques. Lorsque p. ex. les colloïdes de l'organisme jeune se distinguent de ceux de l'organisme âgé par la dispersion plus grande, par leur plus grande viscosité et par la tuméfaction plus accusée, ce n'est pas parceque ces colloïdes sont jeunes, mais parce que leurs propriétés chimiques leur confèrent des pareilles propriétés. La condensation du protoplasma dans la vieillesse n'est pas la conséquence de l'hystérèse, mais elle serait due à la diminution de la capacité d'oxydation.

Dans la vieillesse il y aurait une diminution de l'oxydation des substances protéiques, dont les propriétés physiques comme la diminution de l'eau, représentent non pas la cause de la vieillesse, mais en sont la conséquence.

Je pense que ces considerations de *M. Mühlmann* sont moins claires que les faits que j'ai établis par la méthode micro-chimique des oxydases, qui m'a permis de constater que les cellules du nevraxe et des glandes subissent, pendant la vieillesse, une diminution de la quantité d'oxydase, tandis que la lipofuscine augmente dans la même proportion [1]).

M. Mühlmann [2]) qui, à coup sûr, ne connait pas mes recherches et parait ignorer les travaux dans lesquels j'ai fait intervenir les ferments oxydants dans les phénomènes de la vie et spécialement dans l'hérédité, a fait une critique très sévère de la théorie de *Ruzicka*, critique dans une certaine mesure justifiée. Tout d'abord il remarque, fait constaté par moi aussi, que des auteurs tel que *Drouin, Limbeck* et *Ledow* ont trouvé que dans la sénilité il n'y a pas une diminution de l'alcalose su sang, comme le pretend *Ruzicka*, et que, d'autre part, la concentration en ions H, de même que la floculation pendant les diverses phases de la vie, n'offrent que des légères différences qui ne permettent pas d'en tirer des conclusions fermes.

Un des élèves de *M. Mühlmann, Schubenko*, a constaté une diminution de la tension de surface chez les vieux moutons, ce qui est en discordance avec la théorie de *Ruzicka*, car dans l'hystérèse il devrait y avoir une augmentation de la tension de surface.

On ne saurait identifier les manifestations offertes par la vieillesse avec celles qui se passent dans les colloïdes morts.

L'hystérèse de ces derniers, à la suite des changements de la tension de surface, a pour but la condensation des particules dans un éspace restreint sans modifier leur constitution chimique.

L'hystérèse des colloïdes morts est la conséquence des proprietés physiques des colloïdes, sans l'intervention des facteurs externes, tandis que les colloïdes vivants subissent l'action des différents agents tels que la température, l'humidité, la nutrition qui exercent une influence sur les echanges chimiques des cellules de l'organisme. Après avoir montré que l'hypothèse de l'hystérèse telle qu'elle a été formulée par *M. Ruzicka* et par nous même, independamment l'un de l'autre, et acceptée par *M. Lumière*, est trop simpliste pour expliquer tous les processus physico-chimiques et morphologiques qui caracterisent la vieillesse, nous passons au rôle des catalyseurs et des enzymes qui gouvernent l'equilibre des phénomènes physico-chimiques, qui se deroulent dans les cellules pendant les différentes phases de la vie. Par plus de details nous renvoyons le lecteur à nos recherches publiées anterieurement.

VI. — Rôle des catalyseurs dans le mécanisme de la vieillesse.

Nous ne pouvons pas entrer dans des détails sur le rôle des ferments dans les phénomènes de la vie et dans le mécanisme de la vieillesse. Je voudrais bien rappeler à ce propos une pensée profonde de *Claude Bernard:*

»Les phénomènes dont l'organisme est le théatre, écrit le grand physiologiste francais [3]), sont des phénomènes chimiques soumis aux mêmes lois que ceux qui se réalisent en dehors de la vie, mais executés par des agents spéciaux. Ces agents sont des ferments solubles: ils président à toutus les oxydations et hydratations de l'organisme. Leur rôle dans les manifestations de la vie sont d'une importance, capitale; ils constituent ce qu'il y a de particulier dans les procédés de la nature vivante, puisque le fond des phénomènes est le même que dans la nature inorganique. Ce n'est pas trop s'avancer de dire qu'ils contiennent en définitive le secret de la vie«.

---

1) *G. Marinesco*, Le rôle des ferments oxydants dans les phénomènes le la vie, in Libro en honor de D. Santiago Ramon y Cajal, Madrid 1922.

G. Marinesco, Recherches histo-chimiques sur le rôle des ferments oxydants dans les phénomènes de la vie. Annales d'Anatomie pathologique Nr. 2, Mars 1924, Paris.

2) Prof. *M. Mühlmann*, Der Tod als normale Wachstumserscheinung. Zeitschr. f. Konstitutionslehre, Bd. XI, H. I, 1925.

3) Leçons sur les phénomènes de la vie communes aux animaux et aux végétaux T. I. p. 160, 1878—1879.

Ces paroles prophétiques ont été confirmées par des recherches ultérieures et on admet, actuellement, qu'à chacun des grands processus chimiques et biologiques, tels que dedoublement et synthèse, hydratation et déshydratation, oxydation et réduction, correspondent des diastases, parmi lesquelles les diastases de dedoublement ou d'hydrolyse et celles d'oxydation nous intéressent tout particulièrement. Parmis les diastases d'hydrolyse des proteïques, les diastases digestives (trypsine, pepsine, érepsine) jouent problement un certain rôle dans les processus des lésions qui caractérisent la vieillesse.

Nos études de micro-histochimie tendent à prouver qu'il y a dans le cytoplasma de toutes les cellules et particulièrement dans celui du neurone, un système diastasique representé par deux fonctions: une fonction de catalyse proprement dite, due au fer et probablement au manganèse et une fonction de ferments oxydants attachée à une particule colloïdale. A la notion de ce système correspondent ce que *M. Bertrand* appelle complementaire active et complementaire activante, ou ferments et co — ferments et aussi aux oxydases stabiles, qui exercent la catalyse proprement dite et celles labiles dependant de la particule colloïdale. L'action des fixateurs et des agents nocifs en général, altère la fonction oxydasique des particules colloïdales, tandis que la catalyse par un métal peut persister, ce que l'on constate quand la réaction pour le fer, est présentée sur des pièces fixées par l'alcool, et traités ensuite par la méthode de *Macallum* ou celle de *Perls,* alors que la fonction de synthèse du bleu d'indophénol est anéantie. Cette synthèse est réalisée au niveau des granules colloïdales qui existent, en général, dans le cytoplasma de toutes les cellules et qui sont facile à voir à l'ultramicroscope. Au contraire, dans le noyau (et j'ai en vue les noyaux des cellules dites somatochromes ou il n'y a pas de granulations colloïdales), il n'y a non plus d'oxydases.

En outre, on peut toujours déceler le fer au niveau du nucléole. Le fer du noyau fait partie intégrante de la chromatine, car j'ai constaté que la réaction de *Perls* met en évidence les chromosomes dans les cellules en caryokinèse.

Mes récherches de micro-histochimie m'ont conduit à admettre que la cellule possède deux mécanismes de réspiration et d'oxydation, a savoir: un mécanisme nucléaire, dans lequel le fer joue le rôle de catalyseur; un second protoplasmique, dans lequel intervient, en première ligne le fer, comme catalyseur, et une oxydase ou polyphénolase associée à cet ion, ce qui semblerait prouver que le mécanisme de la respiration protoplasmique, liée à des échanges nutritifs intenses, est plus grande, le noyau étant surtout un organe végétatif [1]).

Si sur l'existence d'un ferment proprement dit il y a encore des divergences, presque tous les auteurs s'accordent pour admettre qu'il existe un catalyseur, représenté par le fer, le manganèse et par tous les deux dans les cellules et que la répartition de ce fer est en rapport avec les échanges nutritifs.

Les phénomènes de la vie sont intimement liés à l'activité des ferments, parmi, lesquels les catalyseurs et les ferments, qui president à

[1]) *Marinesco.* Livre jubilaire de R. Cajal. Madrid 1922. Id. Annales d'anatomie pathologique Nr. 2, 1924.

la respiration, jouent le rôle essentiel. Malheureusement les recherches faites, jusqu'a present, pour étudier l'activité des différents ferments, pendant l'évolution et l'involution, sont tout à fait reduites. Aussi nous nous sommes adressés à la méthode histochimique, en faisant usage du procédé de *Graeff,* qui nous a permis de nous rendre compte de l'influence des oxydases sur la croissance des tissus. Nous ne pourrons pas entrer ici dans la discussion de la valeur de cette méthode. Elle est faite ailleurs. Ce que je peux affirmer pour le moment, c'est que tous les éléments constitutifs du névraxe, des organes et des glandes à sécrétion interne sont très riches en oxydases. Le placenta se fait surtout remarquer par l'abondance de granulations d'oxydases et des oxydasophores. Ces derniers sont des éléments mobiles qui circulent dans les vaisseaux et émigrent dans les tissus. Les oxydasophores sont représentés surtout par des polynucleaires, mais je n'entends pas que les oxydasophores représentent toujours une entité anatomique, mais plutôt une fonction des éléments mobiles, qui transportent des ferments oxydants dans des organes en voie de croissance ou régénerescence, de même que vers les tissus qui subissent un processus inflammatoire.

L'évolution du développement des fibres nerveuses est très instructive à cet égard. En effet, tandisque les fibres nerveuses après la naissance ne contiennent pas de granulation d'oxydases, en opposition avec toutes les terminaisons sensitives *(Meissner, Krause, Pacini* etc.) les troncs nerveux et les faisceaux nerveux des tissus sont pourvus d'une quantité considérable de granulations, alors que la gaine de myéline n'est pas encore differenciée. A mesure que la fibre nerveuse se differencie et se couvre d'une gaine médullaire et les etranglements de *Ranvier* se dessinnent, les granulations d'oxydases diminuent pour disparaîte ocmplètement de la fibre nerveuse, quand celleci a acquis sa structure définitive. Fait important, les granulations d'oxydases apparaissent toutes les fois quand les nerfs périphériques subissent un traumatisme, précisement en vue de procurer l'énérgie nécessaire à la régénerence.

Il n'y a que les fibres sans myéline qui possèdent pendant toute la vie des granulations d'oxydases. Or, à mesure que nous avançons en âge, les granulations d'oxydases subissent une diminution du nombre et des modifications qualitatives qui jouent un rôle essentiel dans le mécanisme de la vieillesse. Tout d'abord on constate une diminution de l'énergie avec laquelle ils réalisent la synthèse du bleu d'indophénol et que d'autre part à la place des granulations d'oxydases il en apparait d'autres plus grossières par suite de la précipitation des premières. Ce processus de diminution de la capacité fonctionelle des ferments aboutit à l'anéantissement de l'activité fonctionelle d'une région donnée de la cellule, qui survient d'une façon fatale chez tout les individus, à mesure que l'on avance en âge. Pour s'en convaincre on n'a qu'a considérer des coupes de moëlle, de bulbe, de cerveau, etc. pour voir que les ferments oxydants, qui, chez le nouveau né et chez l'enfant, remplissaient complètement le corps du neurone, déviennent moins nombreux et leur place est occupé en général par une substance grasse qui porte le nom de pigment jaune. Dans la substance noire, locus coeruleus et certaines cellules des ganglions spinaux les ferments oxydants sont remplacés par la mélanine. Aussi, il y a un rapport inverse entre la quantité des ferments oxydants et la quantité de pigment. Chez le vieillard beaucoup de cellules radiculaires, de *Betz,* etc. sont occupées, en grande partie, par le pigment jaune. Cette constatation nous explique la diminution de l'énergie chez les sujets âgés, de même que la diminution de la température.

La compression des cellules nerveuses par des processus inflammatoires ou par des tumeurs, l'intoxication du système nerveux, comme c'est le cas pour la pellagre, les poisons d'origine endogène qui réalisent les lésions de la sclérose laterale amytrophique, l'atrophie musculaire progressive par dégénérescence des cellules radiculaires et les diverses maladies familiales (idiotie amaurotique, l'hérédo-ataxie cérébelleuse) se caractérisent également par une diminution progréssive du nombre des ferments oxydants.

La suppression brusque de la circulation arterielle, comme c'est le cas dans la greffe ou la culture des ganglions nerveux de même que l'autolyse in vitro de divers lissus nous offrent des exemples très caractéristiques de la mort des ferments oxydants, dans les cellules qui siègent dans la profondeur des tissus greffés ou cultivé et où la pénétration des substances nutritives est arrêtée. Il se passe dans ces cellules un veritable processus d'autolyse produit par la mort des ferments oxydants. Par contre, les cellules situées a la surface du ganglion greffé offrent une quantité plus ou moins grande de ferments oxydants et, grâce à leur presence, la cellule nerveuse non seulement peut vivre, mais montrer des signes d'activité morphogène, se traduisant par une formation des plexus pericellulaires et péri-axonaux, étudiés par nous mêmes et par *M. M. Nageotte, Cajal.*

La disparition des ferments oxydants dans les cellules a pour conséquence l'accumulation des matières grasses dans les cellules satéllites qui sont surchargées de graisse car les ferments oxydants ne sont plus là pour detruire les matières grasses et les lipoïdes, non saturés. Un phénomène identique se passe dans le cas de culture »in vitro«, suivant la méthode de *Burrows* et de *Carrel.* Ici on voit également des cellules dont les ferments oxydants sont conservés, pour un certain nombre de cellules de la surface cultivée et d'autres cellules qui offrent toutes les dégrés de diminution des ferments oxydants jusqu'à leur disparition complète. Dans ce dernier cas il apparait une surcharge graisseuse des cellules satellites.

La cellule géante, qu'on rencontre dans les granulations milliaires de la tuberculose, constitue un exemple très demonstratif, de la différence qui existe entre la region centrale nécrosée de la cellule, privée des ferments oxydants, et la periphérie vivace, ou l'on constate des vrais ferments.

L'évolution des ovules de la femme nous montre, avec l'âge, une diminution progréssive de ces ferments, de sorte que les ovules pendant la puberté contiennent moins d'oxydases que chez l'enfant et le nouveau né. On dirait que la diminution progressive des ferments oxydants est arrêtée par la fécondation qui détermine, comme phénomène principal, l'accélération des oxydations de cette façon l'ovule échappe à une mort certaine.

Cette constatation est conforme aux recherches de *J. Loeb* qui, depuis longtemps, a montré que l'oeuf d'oursin fécondé ne peut se developper qu'en présence de l'oxygène libre; supprimons complètement l'oxygène, le développement s'arrête, mais il recommence aussitôt que cette substance est rendue. De cela et d'autres expériences analogues *Loeb* a conclu que le spermatozoïde provoque le développement en accélérant les oxydations dans l'oeuf. Cette conclusion s'est trouvée confirmée par les expériences de *O. Warburg* et de *Jacques Loeb* et *Wasteney,* qui ont permis de voir que, grâce à la fecondation, la vitesse des oxydations dans l'oeuf devient 4 ou 5 fois plus grande qu'auparavant.

Comme on le sait le nombre des ovules destinés à être fécondés est extrêmement restreint par rapport au nombre très grand de ceux qui vont disparaître, en vertu d'un processus dé généréscence du protoplasma et du noyau. Les ovules destinés à disparaître subissent une trajectoire fixe, indépendante de toute influence extérieure, mais il n'en est pas de même pour ceux qui seront fécondés. Tous ces ovules pendant la vie embryonnaire et, même quelque temps après la naissance sont pourvus d'un grand nombre de granulations d'oxydases dans le cytoplasma. Le reséau de chromatine nucléaire se modifie constamment, la chromatine diminue de plus en plus; il apparaît un nucléole amphophile, c'est-à-dire que la nucléine diminue progressivement. En même temps les mitochondries se transforment en granulations de vitelline. La quantité d'oxydases diminue d'une façon progressive et ces ovules échappent, comme on vient de le voir, à la mort, grâce à la fécondation qui augmente les échanges nutritifs.

Une source nouvelle d'énergie est apportée à l'ovule par l'intermédiaire, d'un spermatozoïde. La vie qui se ralentissait reprend son élan, les échanges nutritifs, comme les oxydations sont plus intenses, la quantité de fer augmente dans le noyau, la chromatine devient plus riche et les phénomènes de *Karyokinèse* se déclanchent; C'est ainsi que la conservation de s'espèce est assurée. Mais, tous ces phénomènes qui caractérisent l'évolution de l'ovule sont influencés par les glandes, endocrines et surtout par la thyroïde, qui, ainsi qu'il résulte des expériments de *Koltzoff,* mentionnées antérieurement, accelère l'évolution, grâce à l'action antagoniste qu'elle exerce sur le thymus. La première c'est la glande de la différenciation, qui provoque la vieillissement, et le thymus, qui marche à pas rapides, vers l'involution, maintient l'état juvenile c'est-à-dire la non différenciation.

C'est en réactivant l'ovule, c'est-à-dire en reveillant l'activité des catalyseurs et des ferments oxydants, et en augmentant leur nombre que la fécondation donne naissance à une nouvelle source d'énérgie. Les autres éléments de l'organisme, c'est-à-dire les cellules nerveuses, lès muscles et les glandes ne recevant pas une pareille stimulation nécéssaire à la formation des ferments, sont vouées fatalement à la mort. Nous n'avons, pour nous convaincre, qu'à suivre l'évolution des cellules ganglionnaires et radiculaires pendant la vie utérine et après la naissance. En effet, nous voyons que les cellules des ganglions spinaux, chez l'embryon de $4^1/_2$ mois, sont remplies d'oxydases, comme celles du foetus à terme. Elles offrent seulement chez ce dernier un volume plus considérable et, par conséquent, la cellule du nouveau né contient un nombre plus grand de ferments oxydants. Mais, à partir d'une certaine époque, pendant que l'individu est encore jeune, les ferments oxydants disparaissent par endroits et, à leur place, il apparaît des granulations de substance grasse, c'est-à-dire le pigment jaune. A mesure qu'elles avancent en âge et qu'on s'approche de la vieillesse le nombre des granulations de pigment augmente et celui des oxydases diminue, autrement dit ces matières grasses ne sont plus brûlées, mais s'accumulent dans le protoplasma des cellules et la capacité respiratoire de ces dernières diminue de plus en plus dans la vieillesse.

La diminution progressive des ferments oxydants et l'apparition des matières grasses comme signe caractéristique de la vieillesse se rencontrent dans tous les organes. Et lorsqu'on pratique des coupes histologiques des différents organes, ou dans différentes régions du système nerveux, on voit une quantité considérable de substance dite lipochrome et la disparition correspondante des granules et des ferments oxydants. On est même frappé de rencontrer une véritable surcharge de lipoïdes dans les cellules de l'hypophyse, de la thyroïde, du rein etc. chez les persennes âgés, de sorte qu'on se demande comment ces organes peuvent encore respirer. Et ce n'est pas seulement les ferments oxydants qui diminuent, mais aussi les peroxydases subissent le même sort. La diminution progressive des peroxydases parait être également un autre phénomène caractéristique de la vieillesse.

D'accord avec *Guizzetti, Spatz, Müller* etc. nous avons pu constater avec M. le dr. St. *Draganesco,* [1]) que certains centres nerveux affectent une prédiléction spéciale pour la réaction du fer, à l'etat moléculaire. Ces centres sont: le globus pallidus, la substance noire, c'est à dire les cellules situées dans la zone reticulée, ou même dans la substance de *Soemmering,* qui presentent cette réaction, car les cellules à mélanine n'en contiennent pas. Le noyau rouge et le noyau dentelé donnent également cette réaction. La quantité et l'aspect des granules de fer, contenus dans ces régions, varient d'un cas à l'autre. Le fer, constaté par les méthodes utilisées par les auteurs précédents, n'est pas une constante cellulaire. La réaction peut se produire, à l'état normal, non seulement dans le globus pallidus, mais encore dans le striatum. Nous avons trouvé la réaction du fer même dans les ganglions du sympathique cervical. Les processus pathologiques et la sénilité modifient d'une façon considérable la teneur en fer des centres mentionnés, parce que, d'une part, il est augmenté et, d'autre part, il y a des modifications même dans forme sous laquelle il se présente. Comme *Guizetti* et *Spatz* nous avons également fait usage de la réaction macroscopique au sulfure d'ammonium, suivant le procédé indiqué par *Guizzetti,* et nous avons pu confirmer leurs résultats, c'est-à-dire qu'on obtient tout d'abord une réaction très intense et rapide dans le globus pallidus et le locus niger et ensuite une réaction un peu plus

[1]) *G. Marinesco* et *St. Draganesco,* Recherches sur le metabolisme du fer dans les centres nerveux. Revue neurologique, Novembre 1923.

faible, dans le putamen, l'avant mur et le noyau dentelé du cervelet. Dans la couche optique, dans la substance grise de l'insula et du cervelet, la réaction est tardive et de faible intensité. La substance blanche du cervelet, de la capsule interne et de la capsule externe n'offre pas de réaction positive.

Or, dans tous les cas où nous avons pu examiner les centres extrapyramidaux, nous avons constaté la présence d'une quantité, considérable de fer de desintégration, surtout dans le globus pallidus, et le pédoncule sous forme de granules, de corpuscules, de boules, disséminés soit dans le parenchyme, du locus niger, soit disposés autour des vaisseaux. D'autre part, les cellules du globus pallidus contiennent un grand nombre de granulations qui donnent la réaction du bleu de Turnbull.

V. — Théorie endocrinienne de la vieillesse.

Les glandes à sécrétion interne jouent un rôle decisif dans l'évolution des vertébrés, car elles président à l'équilibre physicochimique des phénomènes qui caractérisent la vie et par conséquent elles dirigent les differentes phases de l'évolution.

Il était tout naturel que plusieurs auteurs, parmi lesquels *A. Lorand* [1]), *L. Levi, H. de Rotschild* [2]), *Hessley, A. Paris, Parhon* et *Goldstein* [3]) attribuent aux glandes endocrines un rôle important dans la vieillesse.

En effet, on trouve chez les vieillards comme chez les animaux âgés, des alterations de la glande thyroïde, de la parathyroïde, des surrénales et surtout du testicule et de l'ovaire. De plus, la plupart des auteurs et plus récemment *Parhon* et *Kahane* [4]), retrouvent dans la vieillesse des troubles analogues à ceux qu'on rencontre dans l'insuffisance glandulaire.

L. Lévi et *H. de Rothschild* citent les symptômes suivants comme se retrouvant en même temps dans l'insuffisance thyroïdienne et la sénilité.

L'état sec, ridé et squameux de la peau; l'abaissement de la température avec les troubles thermiques subjectifs et les réactions vasomotrices qui en dépendent; la chute des cheveux, la raréfaction des sourcils; l'anoréxie et la constipation; l'absence des règles chez la femme, l'impuissence chez l'homme; la somnolence diurne; la chute de dents; le rhumatisme vague, l' alanguissement de l'ensemble des fonctions nutritives; l'affaiblissement des fonctions organiques et nerveuses; la tendance aux diverses scléroses et en particulier à la sclérose vasculaire.

La sénilité représente, dans la conception de ces auteurs, comme

---

1) *Lorand.* Quelques considérations sur les causes de la sénilité. Soc. Biol. 3 Dec. 1904 et La Vieillesse. Paris.

2) *Levi* et *Rothschild.* Corps thyroïde et sénilité. Paris. Doin 1911.

3) *Parhon* et *Goldstein.* Les secretions internes. Paris 1919.

4) *Parhon* et *M. Kahane,* Sur les greffes testiculaires chez les vieux organismes. Revue française d'endocrinologie, Fevrier 1924.

dans celle de Létienne, une sorte de vieillesse précoce et proprement pathologique [1]).

Mais on doit remarquer que si l'état normal est considéré comme celui dans lequel on trouve l'optimum fonctionnel, toute vieillesse est pathologique.

En outre, les symptômes ci-dessus indiqués et communs au myxoedème et à la sénilité appartiennent aussi à la vieillesse au sens étroit du mot.

On trouve, en outre, chez les vieillards ainsi que chez les vieux animaux, des altérations du corps thyroïde, que l'étude microscopique met bien en evidence.

De nombreux auteurs *(Peremeschko, Pilliet, Erdheim, Parhon* et *Goldstein, Claude* et *Blanchetière, Amaldi, Perrin de la Touche* et *Dide, Zalla, Garbini, Buscaino)* ont étudié ces altérations [2]). *Monery* constata la diminution de l'iode dans la thyroïde des vieillards et *Fenger* observa la diminution et l'augmentation des substances solubles dans l'éther de pétrôle marchaient parallelement avec l'âge des individus auxquels appartenaient les glandes examinées.

On doit se demander dans quelle mesure les symptômes communs à la vieillesse et à l'insuffisence thyroïdienne sont réellement en fonction de cette dernière? C'est le traitement thyroïdien qui doit répondre à cette question. *Hertoghe, Leopold Lévi* et *Rotschild, Parhon* ont eu souvent l'impression que le traitement thyroïdien avait rajeuni leurs malades et le premier de ces auteurs en parlant de l'effet produit chez une de ses malades par ce traitement dit qu' »on dirait sa propre fille«.

Lavaud sur lui même, *Leopold Lévi* et *Rothschild,* chez des malades séniles, ont vu des cheveux noirs pousser à la place de blancs à la suite du même traitement. *Star* est arrivé à la conclusion que des petites doses de glande thyroïde (pas plus de 1 grain par jour) sont capables de faire arrêter ou régresser certains symptômes, tels que l'état sec des teguments, la fragilité des ongles, la chute de cheveux, la dépression psychique, les troubles du sommeil, qu'on attribue généralement à la vieillesse et qui sont dus, en realité, à l'insuffisance thyroïdienne.

Ce que nous avons dit pour sa thyroïde peut se répéter en partie pour les parathyroïdes. Certains symptômes de la vieillesse, tels que la chute de dents, la fragilité des os, la cataracte sénile, eveillent l'idée d'une insuffisance parathyroïde et certains modifications histo-patho-

---

1) Une autorité en matière d'endocrinologie, j'ai nommé le prof. *Gley*, exprime une opinion à peu près analogue: „on peut dire que la vieillesse ne dépend pas ou ne dépend pas uniquement de l'état des glandes génitales, mais bien plutôt que la décadence de ces organes est un des signes de la vieillesse. Combien *Brown-Séquard*, que l'on a accusé de témérite, fut plus prudent que plusieurs de ceux qui ont repris l'étude de la question qu'il avait posé, puis qu'il a écrit ces lignes: «La faiblesse chez les vieillards, dépend de deux causes: des changements organiques et de l'absence de la stimulation exercée sur les centres nerveux par les testicules actifs.» Et cette remarque de l'illustre physiologiste va nous conduire à la conclusion de tous ces faits».

A son tour le physiologiste bien connu *C. Foà* à l'occasion de ces expériences de transplantation des ovaires embryonnaires affirme que l'âge des humeurs commande l'âge de l'ovaire et n'est point commandé par celui-ci.

2) *C. Parhon* et *M. Goldstein.* Traité d'Endocrinologie. Ier vol. Le corps thyroïde. Jassy Ed. »Viata Romineasca«.

logiques (éosinophilie, surcharge en granulations graisseuses des cellules) ont pu être observé par *Pepere* et par *Parhon,* dans les parathyroïdes des vieillards.

Une autre preuve en faveur de l'évolution fatale de l'organisme nous est offerte par l'interdépendance des glandes à sécrétion interne et cette interdépendance est l'expression d'une espèce de mécanisme préétabli. En effet, dès 1912 *Gudernatsch* a montré que si à l'époque de leur développement on ajoute, à la nourriture des têtards, de la glande thyroïde ou de la thyroïdine, leur croissance s'arrête et ils se transforment en des petites grenouilles. Au contraire si on leur donne de la glande thymique les faits sont diamétralement opposés. Tant que dure cette alimentation les têtards grandissent sans pouvoir réaliser leur transformation. Même après avoir atteint une très grande taille et la maturité de leurs organes sexuels, ils ne sont pas en état de se transformer en grenouille et de prendre terre.

Allaen [1]) a obtenu des têtards géants (de 4, 3 centimètres) par une autre voie. Il a effectué l'ablation ou la cautérisation de la glande thyroïde d'un jeune têtard. Cette opération a suffi pour empècher la transformation. A l'âge de 10 mois les organes sexuels des têtards, avant subi cette opération, atteignaient leur pleine maturité et leur spermatozoïdes, parfaitement mobiles, étaient comme ceux d'une adulte. Les expériences de *Koltzoff* sur un axolotl sont des plus intéréssantes. On sait que l'axolotl est une forme larvaire qui vit et se multiplie dans l'eau. Déjà en 1915. *Koltzoff* émit l'hypothèse que les axolotls restent toujours dans l'état larvaire ou juvénile à cause du manque de développement de la glande thyroïde, donc, on peut les vieillir artificiellement en leur inoculant de la thyroïdine. Les expériences du laboratoire de *Koltzoff* ont confirmé cette hypothèse. En donnant à l'axolotl de la thyroïdine on l'amenait à se transformer en amblystome, c'est à dire atteindre l'état adulte [2]).

Ces expériences montrent que la nature dispose de deux principes actifs, le premier représenté par la glande thyroïde, utilisée par les expérimentateurs, provoque le vieillissement, c'est à dire qu'elle favorise le passage de l'animal à l'état adulte, et le second, le produit de la glande thymique qui rajeunit, c'est à dire qu'il conserve l'animal dans l'état juvénile ou larvaire.

Mais la glande thyroïde exerce une action décisive sur l'évolution de toutes les cellules de l'organisme. Elle accélère les oxydations et permet à l'organisme d'atteindre la maturité. J'ai montré dans un travail antérieur que, dans un cas de myxoedème infantile, où il y avait absence de corps thyroïde, les ovules, les cellules des organes et du névraxe ont subi un arrêt dans leur développement.

La transition à la puberté n'a lieu que grâce à l'involution du thymus et au fonctionnement normal de la thyroïde. Même le développement de la glande interstitielle est soumis à l'évolution physiologique du thymus et de la thyroïde.

La différenciation des cellules suivant leur fonctions entraîne fatalement la vieillesse et la mort et elle s'accompagne d'une diminution des diverses énergies (électrique, tension de surface etc.), des oxydations.

Sans doute les glandes à sécrétion interne offrent des lésions importantes au cours de la vieillesse, ce qui n'a rien de particulier parce qu'elle obéissent aux lois générales qui gouvernent l'évolution

---

1) *Allaen*. Biolog. Bull. 1917.

2) Cité d'apres *Metalnikow*. Immortalité et rajeunissement dans la biologie moderne. Paris. E. Flammarion, éditeur.

de la matière vivante. Et nous sommes convaincus que parmi les phénomènes qui caractérisent la sénilité, un certain nombre relève des troubles des glandes endocrines. Mais, il faut l'avouer aussi qu'en faisant de la vieillesse une dystrophie pluriglandulaire on n'a pas résolu le problème de la vieillesse, parcequ' une théorie de la sénilité doit comprendre la généralité des faits et il ne faut pas oublier que la vieillesse existe non seulement chez les animaux, ayant des glandes à sécrétion interne, mais également chez tous les animaux et les végétaux. Chez les plantes on n'a pas encore décrit des glandes à sécrétion interne et leur vieillesse est un phénomène aussi caractéristique que chez les animaux. D'ailleurs, les partisans de la nouvelle théorie ne nous expliquent pas pourquoi les endocrines sont alterées pendant la vieillesse et quel est le mécanisme de leur lésion. L'hypothèse de la dystrophie pluriglandulaire de la vieillesse écarte momentanément la difficulté, sans résoudre le problème. Par contre, dans l'hypothèse que nous soutenons, les glandes à sécrétion interne subissent les mêmes modifications morphologiques et biochimiques, leur état colloïdal se modifie et leurs ferments vieillissent, de sorte que toutes les cellules de l'organisme sont tributaires à la loi fatale de l'évolution. Toutes les glandes à sécrétion interne sont encombrées, pendant leur involution, de déchets tels que le pigment graisseux et même des particules de glycogène, qui ne sont plus transformés et constituent un produit fixe, dont la cellule ne peut pas se défaire L'état colloïdal des cellules des glandes à sécrétion interne, comme celui des cellules nerveuses, subit un processus lent de déshydratation que nous avons pu constater en employant différents agents disolvants.

Ensuite les expériences physiologique et les recherches cliniques (*Ashner, Roussy et Camus, Lhermitte....*) tendent à prouver qu'il y a dans le tuber cinereum des centres végétatif pour les échanges nutritifs des hydrocarbonates, pour la circulation de l'eau, pour le développement normal des organs sexuels. Or, mes constatations histologiques n'ont montré que les cellules des noyaux du tuber subissent également un processus de sénéscence.

Il me semble que tous ces arguments ont une valeur péremptoire et qu'il ne faut attribuer tout simplement la sénilité aux lésions des glandes à sécrétions internes, car les cellules de ces glandes comme toutes les autres cellules de l'organisme, ont une courbe vitale, c'est-à-dire qu'à partir de leur naissance elles subissent un processus de déshydratation progressive et d'altération des catalyseurs avec accumulation dans le cytoplasma de substances résultant de leur fonctionnement qui exerce une action fatale sur leur évolution.

En résumé, les glandes à sécrétion interne jouent un rôle de tout premier ordre dans la différenciation et l'évolution des cellules vivantes, comme cela est demontré par les expériences faites sur les métamorphoses de larves de grenouille. Mais leur action est l'expression de l'activité des hormones, des ferments etc.; que ces glandes secrètent et qui à leur tour subissent des lois de l'évolution de la matière vivante. En effet, il se passe dans l'évolution de la matière vivante une succession de phénomènes régis par la loi générale qui domine la chimie biologique. Dès la naissance, il y a des réactions chimiques qui satisfont à la loi des masses et à la dégradation de l'energie.

Le double rythme, décrit par *Spencer,* de faits de différenciation et de faits de retour à l'homogénéité se retrouvent aussi bien dans la vie des êtres les plus élémentaires que dans la matière dite inorganique. Les substances radio-actives, comme aussi le étoiles, subissent la loi de dégradation de l'énergie qui est l'expression de l'évolution.

B. — Rajeunissement.

I. — Travaux de Brown Séquard, Ancel et Bouin, Steinach et Voronof.

C'est *Brown Séquard* qui a tenté, pour la premère fois, d'obtenir chez le vieillard, des manifestations de rajeunissement, à l'égard du travail intellectuel et des forces physique de l'organisme.

Même plus, avec son intuition vraiment géniale il a compris la complexité du problème de la vieillesse et même l'irréversibilité des phénomènes qui caractérisent la sénilité. On sait que ses expériences consistèrent tout simplement à faire des injections souscutanées à des vieillards et à des malades, du suc dilué exrait de testicules d'animaux que l'on venait de sacrifier. *Brown Séquard* commença par pratiquer ces injections sur lui-même, alors âgé de soixante-douze ans et il déclairait avoir regagné, après huit injections, au moins toute la force qu'il possédait "il y a nombre d'années". "Je puis dire aussi, — ajoutait - il —, que d'autres forces, qui n'étaient pas perdues, mais qui étaient diminuées, se sont notablement ameliorées". C'est d'après de nombreuses observations de ce genre qu'il affirma que l'extrait testiculaire agit sur les centres nerveux pour en augmenter la puissance, qu'il possède, suivant une expression qu'il a crée, une propriété "dynamogénique" considérable. Il importe de rappeler la conclusion qu'il tira de ses expériences et de ses essais thérapeutiques. On y verra que ce grand savant, quelque hardi qu'il fut dans l'hypothèse, savait rester prudent et mesuré dans la théorie et s'efforçait dans l'interprétation de ses expériences, de ne pas aller au delà de celle-ci.

»Arriverai-je, dit-il, à changer organiquement l'état des muscles, des nerfs et des centres nerveux? Je ne possède pas de faits capables de conduire à une solution à priori de cette question. J'ai toujours craint et je crains encore que le travail nutritif qui produit les changements organiques, que l'on sait exister depuis l'état primitif, embryonnaire, jusqu'à la mort par la vieilesse, ne soit absolument fatal et irréversible. Mais, de même que nous voyons des muscles ayant eu par maladie, des altérations organiques considérables, regagner quelquefois leur état normal, de même les changements organiques, qui dépendent de la vieillesse, pourraient aussi disparaître, permettant ainsi à ces tissus de revenir à un état organique semblable à celui de l'âge adulte. Cela est certainement possible et il importe assurément, surtout en présence des résultats que nos expériences ont déjà donnés, de chercher à resoudre cette grande question. J'ajoute que, tout en craignant un echec, il y a lieu au moins d'espérer que les injections de liquide testiculaire arrèteraient ou diminueraient la vitesse des transformations dans la structure des tissus liées au progrès de l'âge«.

Comme on le voit *Brown-Séquard* avait admis une activité endocrine de la glande testiculaire. Or, *Ancel* et *Bouin* se sont efforcés de montrer que le testicule représente en réalité deux glandes distinctes, à savoir: la glande interstitielle et la glande séminale. La première possède une indépendence relative vis-à-vis de la seconde, au triple point de vue ontogénique, morphologique et fonctionnel. Dans le testicule vieux les cellules de la glande interstitielle conservent leur intégrité, alors que les éléments sexuels sont en dégénérescence ou ont disparu. Dans les testicules ectopiques, les représentants de la lignée spermatogénétique n'existent pas, tandis que la glande interstitielle possède son développement normal. Dans les testicules des animaux, dont les canaux déférents on été ligaturés ou réséqués sur une certaine étendue, la glande séminale dégenère, puis disparaît.

Par contre, la glande interstitielle persiste et présente les manifestations cytologiques de son activité, en offrant les modifications histologiques d'une hypertrophie compensatrice. Ces faits autorisent les auteurs à admettre que la glande interstitielle jouit de la propriété des glandes à sécrétion interne. En effet, les hommes, comme les animaux cryptorchidiques, conservent leur ardeur génitale et les atributs extérieurs de la virilité, tout en étant infeconds. Il en est de même chez les animaux ayant subi la réséction des canaux déférents ou épidydimectomie. L'apparition des caractères sexuels secondaires se trouve sous la dépéndance de la glande interstitielle. La sténose expérimentale des voies excrétrices du sperme, pratiquée sur des cobayes, des lapins et des chiens à l'âge de la puberté, a montré à *Ancel* et *Bouin* la disparition des éléments séminaux. La spermatogénie s'arrête tout d'abord, puis les spermatocytes et les spermatogonies disparaissent. Les auteurs n'ont obtenu ces résultats que chez quelques cobayes, qui sont restés en expériences 8—10 mois. Avant de sacrifier ces animaux, on les a placés, à différentes reprises, avec les femelles en chaleur; ils conservaient toute leur ardeur génitale, contrairement à ce qui arrive aux animaux castrés.

Steinach, dans son livre sur le rajeunissement, confirme les recherches *d'Ancel* et *Bouin*, qu'il complète et accorde une importance considérable à la glande interstitielle qui est la condition indispensable de l'apparition des caractères sexuels secondaires et qu'il designe du nom de glande de la puberté. Les manifestations de la vie sexuelle étant commandées par cette glande, mâle ou femelle, il a tenté de reveiller cette glande avant son involution sénile. Pour arriver au but proposé, il y avait diverses méthodes possibles: action des rayons X, application de substances chimiques, ligature des canaux déférents.

C'est cette dernière voie que *Steinach* a choisie; il a ligaturé puis sectionné le canal déférent, entre le testicule et la tête de l'épididyme, en prenant soin d'éviter les vaisseaux sanguins qui desservent le tésticule. Leur ligature entraînerait des processus nécrotiques. Ces expériences ont été pratiquées sur des rats, animaux dont on connaît bien le cycle de la vie. Au moment de l'opération les rats étaient âgés d'environ 27 mois, et presentaient de nombreux signes de sénilité. Ils ne mangeaient plus, ils avaient perdu leurs poils, ils someillaient presque complètement, ils étaient très maigres; ils ne se nettoyaient plus, même en presence de femelles et ne donnaient plus aucun signe d'ardeur sexuelle.

Celle-ci revient toutefois, moins de trois semaines après l'opération, pour atteindre, en général, un degré supérieur et se maintient ainsi. pendant plusieurs mois. Partout où auparavant ils avaient disparus. les poils repoussaient et la force musculaire revenait. Les rats recommencent à sauter et à grimper. Alors qu'avant l'opération ils ne se défendaient plus contre les agressions, c'est maintenant eux qui attaquent. avec succès, les jeunes mâles contenus dans leur cage. Les manifestations de jalousie réapparaissent et le poids du corps augmente d'environ 40 gr.

En faisant une laparatomie on constate que les muscles sont rouges, que la graisse sous cutanée est réapparue et que les testicules ainsi que la vésicule séminale et la prostate sont développés et fermes. La puissance sexuelle récupérée se maintient pendant sept mois environ, ce qui correspond à un quart de la durée totale de la vie normale du rat. Ensuite, l'état de sénilité réapparaît et l'animal meurt de marasme sénile, sans que les glandes sexuelles: (prostate, vésicule séminale. testicule) présentent, comme pendant la sénilité première et normale, des signes d'involution. La glande de la puberté se maintint, la spermatogenèse étant en plein épanouissement au moment de la mort.

Des phénomènes analogues se constatent chez les femelles séniles, chez lesquelles on a greffé l'ovaire d'une jeune femelle. A la suite de l'opération, l'approche du mâle est suivi de phénomènes d'ovulation et de grossesse. Apres dix mois d'infécondité complète, due à la sénilité, la femelle donna naissance à deux petits et fut à même de les nourir de son lait.

D'après les conseils de *Steinach*, le chirurgien *Lichtenstern* a appliqué les données des recherches expérimentales au traitement de la sénilité chez l'homme. Chez trois sujets dont l'un âgé de 44 ans, offrant les signes d'une sénilité précoce et chez deux autres âgés réspéctivement de 66 et 71 ans, *Steinach* a observé, après la ligature du canal déférent, un rajeunissement physique et psychique. Avant, le suyet âgé de 71 ans n'avait plus de tout de sensations sexuelles; il est redevenu gai, l'appetit a augmenté, il s'exprime couramment et facilement; sa barbe repousse plus vite et les désirs sexuels ont reapparu.

Le livre de *Steinach* a produit, comme il était naturel, une sensation enorme dans le monde médical; mais il fallait répéter et controler ses recherches pour voir si elles correspondent à la réalité. Par un hasard curieux, les données de la découverte de *Steinach* ont eu le même sort que la methode de *Brown Séquard,* qui s'est fait injecter du suc testiculaire de bélier pour récupérer l'énergie de la jeunesse. En effet, presque toutes les recherches des auteurs allemands, qu'elles soient d'ordre expérimental ou pratiquées chez l'homme, sont en discordance à peu près complète avec les affirmations de *Steinach,* dont les constatations sont mises en discussion, même la dualité de la glande, telle qu'elle a été établie par les expériences patientes *d'Ancel* et *Bouin*, de *Steinach* etc.

C'est ainsi que *Godard* et *Simmonds* [1]) soutiennent que la ligature du canal déférent n'est pas toujours suivie d'atrophie des cellules des canalicules séminifères et des spermatogonies, ni de la prolifération des cellules interstitielles. *Tiedje* [2]) ajoute même que ces phénomènes ne s'observent jamais chez les animaux jeunes. *Benda* [3]) a son tour, n'admet pas le grand rôle accordé au cellules de *Leydig*, dans le développement des caractères sexuels. D'autre part, *Benda* est d'avis que, chez la plupart des mammifères, comme chez l'homme, on ne trouve pas, dans l'ovaire, des cellule comparables à celles de *Leydig;* il n'y a que chez la marmotte qu'il existérait exceptionnellement une glande interstitielle féminine analogue à celle du testicule. Pour cette raison *Benda,* comme *Sternberg* [4]), croit que le moment n'est pas encore arrivé pour fixer d'une manière définitive la signification fonctionnelle des cellules interstitielles.

La spécialisation de la glande interstitielle n'est pas applicable à tous les animaux. Déjà *Pézard* [5]) a montré que le tissu interstitiel était absent chez le coq adulte et chez le faisan doré adulte, à la période de l'activité sexuelle. C'est pour cette raison qu'il admet avec *Loizel,* que la sécrètion interne est aussi bien élaborée par les cellules séminales, c'est à dire par les cellules reproductrices et les éléments de *Sertoli.*

A son tour *Gley* [6]), en se basant sur les recherches de *Pézard* et *Champy*, admet que »chez les oiseaux et les batraciens et même chez les mammifères, il n'y a aucun rapport chronologique entre le développement de l'interstitielle et celui des caractères sexuels secondaires«.

Tiedje n'a pas observé, après la ligature du canal déférent, la prolifération des cellules interstitielles, qui constitueraient d'après lui, un appareil favorisant les échanges nutritifs de la glande génitale. La glande interstitielle fournirait les substances nécéssaires à

1) *Simmonds.* „Über das Verhalten des menschlichen Hodens bei narbigem Verschluß des Samenleiter", Deutsch. path. Ges. Jena 1921.

2) *Tiedje.* „Unterbindungsbefunde am Hoden unter besonderer Berücksichtigung der Pubertätsdrüse", Jena 1921.

3) *Benda, C.* „Bemerkungen zur normalen und pathologischen Histologie der Zwischenzellen des Menschen und der Säugetiere", Arch. f. Frauenk. u. Eugenet. 1921, T. VII, N. 1.

4) *Sternberg.* „Zur Frage der Zwischenzellen", Deutsch. pathol. Ges. Jena 1921.

5) *Pézard.* Les conditionnements physiologiques des caractères sexuels secondaires. Paris 1918.

6) *Gley.* Biologie médicale, juin 1925, p. 196.

la spermatogénèse et participerait au processus de résorption du tissu séminal. Les changements constatés, après la ligature, ne constituent pas une preuve en faveur de la doctrine de la glande de la puberté.

Simmonds tire, de ses recherches anatomo-pathologiques, la conclusion que l'oblitération permanente du canal déférent n'entraîne pas fatalement, chez l'homme, la destruction des éléments des tubes séminifères, ni la prolifération de la glande interstitielle.

On ne saurait, pour cette raison, transporter dans le domaine de la pathologie humaine les résultats constatés chez les animaux. Même les résultats obtenus par la roentgenisation ne sont pas décisifs en faveur de la thèse soutenue par les auteurs français et par *Steinach*, aussi *Simmonds* croit que la sécrétion interne du testicule appartient normalement à l'epithélium des tubes séminifères.

Romeis [1]) n'a pas observé une augmentation de l'appetit sexuel chez les rats, après l'opération de *Steinach*. La vivacité, l appé it, le poids, seraient dus a la ré orption des produits de desintégration des éléments sexuels. Pour cette raison, on ne peut pas parler d'une hyperplasie des éléments de la glande de la puberté. La solution du problème reclame de nouvelles expériences. *Harms* [2]) a remarqué chez un chien âgé de 17 ans, qui presentait des signes très marqués de sénilité (perte des poils sur le dos, dents vacillantes, cataracte, surdité et anosmie presque complète, l'animal restait immobile), que la vasectomie et l'autotransplantation de morceaux de testicule n'ont pas eu d'effet. Mais après la greffe testiculaire, répétée deux ou trois fois, greffe prelévée sur un jeune chien, l'appetit sexuel se reveilla, l'état général s'améliora, les poils poussèrent, les dents sont devenus plus solides, cependant les troubles nerveux ne s'améliorerent pas.

Les avis sont également partagés en ce qui concerne les résultats obtenus par la ligature du canal déférent chez l'homme.

Les essais entrepris par différents auteurs pour appliquer la methode de *Steinach* et la greffe testiculaire dans diverses maladies et dans la sénilité n'ont pas abouti à des conclusions définitives, mais les résultats de la plupart des auteurs ne concordent pas avec les faits avancés par *Steinach*.

Retterer et *Voronoff* ne partagent pas l'avis *d'Ancel* et *Bouin* en ce qui concerne la signification physiologique des cellules de *Leydig* et dénient à la vasectomie toute influence stimulante de l'ardeur sexuelle: »Chez le belier et le bouc, la sécrétion interne des testicule ne saurait dépendre des cellules interstitielles. *Schmalz* l'a indiqué, leur testicule ne montre que de rares cellules interstitielles. Dans les testicules greffés de ces animaux nous n'avons pas pu en voir. Par conséquent, les effets généraux que détermine la greffe de ces organes ne peuvent pas être dus à des cellules spécifiques [3]).

Dès 19 octobre 1919 *Retterer* avait écrit que les cellules interstitielles sont des cellules graisseuses ou en voie d'engraissement.

Il avait même ajouté: »on sait d'ailleurs de longue date qu'un coq engraissé n'est pas un bon coq«.

Il a ajouté que le testicule de jeune chimpanzé manque de cellules de *Leydig*, Greffé à l'homme débilité, il lui confère la force musculaire, rélève les facultés intéllectuelles et améliore la mémoire [4]).

Dans une conférence faite à la Société philomatique[5]) il a comparé les manifestations sexuelles et la structure du testicule et il a conclu: »la greffe de testicule en préspermatogenèse (bouc, belier, chimpanzé) confère au porte-greffe tous les caractères séxuels secondaires, même en l'absence de cellule de *Leydig*«.

La ligature ou la résécion [6]) du canal déférent, pratiquée sur le chien adulte, amène un affaiblissement progressif des ardeurs et de la puissence génitale. Sur des vieux chiens elles ne reveillent [7]) pas la puissance génitale, bien que les chiens possèdent de cellules de *Leydig* dans le tissu conjonctif interséminipare.

---

1) *Romeis, B.* „Untersuchungen zur Verjüngungshypothese Steinachs", Münch. med. Wochenschr. 1921, N. 20, p. 600.

2) *Harms, W.* „Das Problem der Geschlechtsumstimmung und die sogenannte Verjüngung". Naturwissenschaften 1921 9-e annee Nr. 1, 104—109.

3) Glande génitale mâle. 1921, p. 117.

4) C. R. Soc. de Biol. 13. Octobre 1923, p. 717.

5) Bulletin de la Société philomatique, année 1924, p. 22.

6) C. R. Soc. de Biol. 25 Juin et 20 Mai 1922.

7) Jbid. 19 Mai 1923, p. 1267.

Recapitulant cet ensemble de faits hystologiques et mentaux, *Retterer*[1]) a conclu: »Le tissu conjonctif interséminipare n'ayant pas augmenté et les cellules de *Leydig* ayant diminué de nombre, l'action du tissu testiculaire, ne saurait provenir que de l'épithélium des tubes séminipares qui, en proliferant activement, prédomine sur les autres éléments du testicule. C'est l'épithélium qui, par ses échanges nutritifs, verse dans le sang les principes ou plasmas de la sécrétion interne«.

K. Mendel, présentant un cas de sénilité précoce, traité par ligature double, fait remarquer que, le sujet, a eu après l'opération des troubles psychiques: délire, désorientation dans le temps et dans l'espace, troubles qu'il attribue à une intoxication produite par la résorption des produits séminaux. Il conclut que la théorie de *Steinach* sur la glande de la puberté est hypothétique et que la valeur de l'opération preconisée par cet auteur n'est nullement prouvée.

Il est vrai que *Bonhoeffer* a objecté que la psychose, constatée par *Mendel,* serait due, non pas à l'intervention operatoire, mais à l'artério-sclérose. D'autres auteurs ont fait intervenir le rôle de la suggestion dans les résultats obtenus par la méthode de *Steinach.* Par contre, *Lévy Lenz* et *Peter Schmidt*[2]) ont obtenu plutôt des résultats favorables. Le dernier auteur a traité 24 cas par ligature du canal déférent. Dans tous, il y a eu une action évidente, à l'exception d'un seul qui était un anaphrodisiaque congénital Les phénomènes constatés sont les suivants: augmentation du poids, modification de la pression arterielle, croissance des poids, augmentation du pigment, amélioration de l'acuité visuelle, sensation du bien-être. Cette action favorable s'est maintenue pendant une durée d'observation de sept mois.

Comme ses sujets n'ont pas connu le genre d'opération, on doit exclure l'action de la suggestion.

Peter Schmidt fait observer, qu'on ne doit pas traiter les malades atteints d'artériosclérose; les meilleurs résultats ont été obtenus dans la sénilité précoce, due à la suppression du processus de régénération des testicule.

Un auteur qui possède une expérience très étendue sur la vaséctomie c'est *Benjamin Harry*[3]), qui a publié une statistique de 114 cas soumis a l'opération de *Steinach,* en vue de combattre la vieillesse ou bien les troubles des glandes à sécrétion interne. Mais, comme il le réconnait lui même, c'est la vieilesse qui est la principale indication de l'opération. *Harry* croit qu' une des causes principales de la vieillesse, mais non pas l'unique, c'est l'insuffisance de la glande séminale. On ne doit récourir à la vaséctomie pour traiter l'impotence functionnelle qu'en dernière instance. Il faut préférer la ligature double qui agit d'une façon plus marquée. Une maladie du coeur ou des vaisseaux, de même que la vieillesse très avancée avec l'atrophie des testicules sont des contraindications. Dans 22 cas, 16 seulement sont utilisables, avec 9 résultats positifs, 4 douteux et 3 négatifs. Le rajeunissement de la glande de la puberté a pour effet de stimuler la thyroïde et les autres glandes, surtout les déficitaires: l'opération régenère l'équilibre endocrinien; elle est exemple de nocivité.

La conclusion, plutôt favorable, est que l'opération de *Steinach* ne constitue ni un panacé ni un traitement miraculeux, néanmoins elle garde une certaine valeur en ce qui concerne l'amélioration des troubles endocrines, l'atténuation des troubles de la vieillese et l'augmentation de la capacité de travail.

Les idées de *Steinach* ont exercé une influence considérable dans le domaine de la prophylaxie sociale. C'est ainsi que dans l'état d'Indiana (Amérique) il existe une loi légalisant la stérilisation des défectueux héreditaires, qui y est appliquée par les adeptes des nouvelles idées. Cette loi est libellée comme suit: en vue de parer à la postérité des criminels invétérés, des idiots, des faibles d'esprit et des violateurs, l'Assemblée générale de l'état d'Indiana, considérant que l'hérédité joue le

[1]) Puberté et maturité sexuelle 1925, p. 201.

[2]) *Levy Lenz* et *P. Schmidt* — Erfahrung mit der *Steinach'schen* Operation. Deutsche med. Wochenschr. 1921, Nr. 12, 327/8.

[3]) *Benjamin Harry.* Neue klinische Ergebnisse des Vasoligatur nach *Steinach. Bruns* Beiträge zur klin. Chir., Bd. 135, H. 1, 1925 et The *Steinach* operation. Endocrinology VI Novembre 1922.

principal rôle dans la transmission de la criminalité, de l'idiotisme et de l'imbecilité, a arrêté: "après publication du présent acte, chaque institution d'Etat à laquelle incombe le soucis des criminels invéterés, des idiots, des faibles d'esprit et des violateurs, est autorisé à adjoindre au medicin de l'institution deux praticiens experts. Cette commission sera chargé d'examiner, conjointement avec le médecin de l'institution, l'état physique et mental de ceux des détenus que le medecin ou le conseil administratif de la dite institution auront désignés à cet effet. Si la commission juge inadmissible qu'un tel detenu ait de la postérité et qu'elle reconnaisse son état physique et mental non susceptible d'aucun traitement, les praticiens seront tenus, dans le but de parer à la production de posterité, par le dit detenu, de le soumettre à une opération qui sera la plus éfficace et la moins dangereuse". Toutefois cette opération n'aura lieu que dans le cas ou toute espoir de guérison du detenu sera abandonnée.

C'est le docteur *Sharp* qui a effectué la stérilisation artificielle des detenus en appliquant la vaséctomie.

Voici ce qu'il écrit au sujet de cette opération: „Je puis attester que les résultats de la réalisation effective de la loi d'Indiana, concernant la stérilisation, ont été reconnus les plus favorables. Notre commission était extrêmement attentive et reservée quant au choix des sujets, qui étaient designés par la loi. Malgré la fréquence de l'opération effectuée contre leur gré et en dépit de leurs protestations énergiques, les opérés, dans tous les cas, m'exprimaient invariablement, quelques mois après, verbalement ou par écrit, la plus cordiale reconnaissance au sujet des suites de l'opération à laquelle ils avaient été soumis.

„Ils affirment que cette opération les preservait de toute affection nerveuse, fortifiait le sommeil, augmentait l'énergie physique.

„J'ai commencé ces opérations de vaséctomie en Octobre 1899. L'opération est des plus simples et facile à effectuer. Je la fais sans anésthésie locale ou générale. Elle n'exige plus de trois minutes de temps, et le sujet opéré peut se rendre immédiatement après, à son travail. Je la pratique depuis plus de neuf ans. Les 246 cas d'opération m'ont donné la possibilité d'étudier les phénomènes postérieurs et je n'ai jamais constaté de symptômes défavorables."

Les expériences de *Voronoff* ont porté sur un troupeau de moutons et de chèvres, dont il garde encore un grand nombre à la station physiologique du Collège de France. Il a choisi ces animaux parce que, chez eux, le sexe se reconnait à première vue par suite du développement des caractères secondaires, à l'encontre de ce qu'on observe chez les chiens, rats, cobayes, etc.

Le bouc n'est pubère et ne peut engendrer que vers l'âge d'un an, le belier à dix-huit mois.

Les boucs, castrés très jeunes (âgés de quelques mois), auxquels on a greffé des testicules de boucs (prepubères) ont en un développement semblables à celui des animaux entiers; leur taille ne depasse pas celle de ces derniers, leurs cornes ont pris les dimensions des boucs témoins, leur aspect, leur allure, leur vivacité, leur combativité sont les mêmes. Ils recherches les femelles et tentent de les couvrir.

Au lieu de supprimer les testicules, *Voronoff* a greffé un troisième testicule à côté des testicules normaux. Choisissant deux boucs jumeaux dont l'un continue à se développer dans les conditions normales *Voronoff* a greffé à l'autre (à l'âge de six sémaines) un testicule supplémentaire, emprunté à un troisième petit bouc. Au bout de deux ans et demi, les différences étaient considérables entre les deux boucs; le bouc greffé est bien développé, il avait les cornes énormes et était plus vélu que le bouc temoin; de plus, il était plus bas sur jambes que le bouc normal. L'action du troisième testicule a agi dans le même sens en précipitant la disparition des cartilages de conjugaison, ce qui hâte la fin de la croissance: la présence d'un troisième testicule fait que l'animal reste plus bas sur jambes et y en a qui parlent d'arrêt de développement; c'est, en réalité une accélération évolutive analogue à celle de jeune taureau comparé au boeuf.

Sur les béliers, la greffe d'un troisième testicule produit des effets analogues, parmi lesquels il faut surtout noter l'augmentation de la laine au point de vue de son abondance et de sa longueur.

Pratiquée sur des vieux boucs, affaiblis par l'âge et auxquels on a laissé leur propre testicules, la greffe de testicules prepubères produit des effets plus nets encore. Ces êtres renaissent pour ainsi dire, car non seulement ils reprennent une apparance de santé et de vigueur, mais leurs ardeurs sexuelles se réveillent et ils sont capables de courir et de féconder des brebis.

25 fois *Voronoff* a greffé des testicules entiers, 58 fois de gros fragments, 37 fois de tout petits fragments. La transplantation a été faite 65 fois sous la peau, 32 fois dans les bourses, 23 fois dans le péritoine.

La greffe dans les bourses, dans les tuniques vaginales, dans ce milieu naturel pour les testicules, donne des résultats bien supérieurs à ceux que fournit la greffe sous la peau et même sous le péritoine.

Comme exemple nous allons reproduire les résultats obtenus chez un des vieux béliers. Il avait quelque douze, quatorze ans, limite extrême chez ces animaux, titubait sur ses jambes et donnait l'impression d'un être extenué par la sénilité et proche de la fin de ses jours. Le 7 Mai 1918 on lui a greffé dans le scrotum, sous la glande séminale, quatre fragments représentant, dans leur ensemble, une glande entière qui avait été prise sur un jeune mouton. Quelques mois après la greffe, l'animal s'était totalement transformé: l'incontinence d urine, la trépidation des jambes, la mine piteuse avaint disparu; la démarche même était dévenue vive, agressive. Le vieux bélier s'était transformé, de toute évidence, en un jeune et robuste animal. On a observé chez lui non seulement la libido sexualis et autres caractères males qu'il avait perdus; mis en compagnie d'une jeune brebis, celle-ci mit bas un agneau en Fevrier 1919 et un autre en 1920. Afin d'éviter tout malentendu et de pouvoir affirmer que le mobile de la régéneration de l'énergie, dans le cas présent, est précisement la transplantation sur le bélier de la glande séminale, nous avons éliminé celle-ci ou bout d'un an. Trois mois après, le bélier s'est remis à vieillir avec une rapidité épouvantable. Au bout de 6 mois, il était transformé en un vieil animal piteux. Alors on lui a réiteré l'implantation d'une glande séminale d'un jeune bélier. Le résultat ne s'est fait pas attendre. Derechef il a rajeuni et s'est transformé en un animal robuste. Un agneau mis bas par une brébis fecondée par lui en fait foi. Effectuée maintes fois sur maints animaux, préalablement castrés ou affaiblis par l'âge, cette opération a toujours donné un bon resultat, dans des conditions, bien entendu, d'une mise en scène favorable et qu'elle n'ait provoqué ni suppuration ni nécrose.

Après les expériences sur des animaux, *S. Voronoff* en a effectué avec succès tout une série sur des hommes. Les jeunes glandes génitales de l'homme étant difficiles à se procurer, il employait pour la greffe celles des singes anthropomorphes supérieurs. Les opérations se faisaient à l'anesthésie locale. Des fragments de glande de singe étaient introduits dans le scrotum et cousus à la glande séminale de l'homme. Résultat, une amélioration sensible de l'état général du patient, psychique et moral. Souvent restauration de l'activité sexuelle. Un cas surtout, décrit récemment par *Voronoff*, est frappant.

Une opération avait été faite sur un vieillard de soixante-quatorze ans qui était dans un état d'affaiblissement sénile totale. Peu de temps après l'opération, le vieillard avait quitté la ville et n'y était venu que huit mois après. Il était méconnaissable. Son état psychique et mental était entièrement modifié. Il était rajeuni de quinze à vingt ans. La capacité de travail d'autrefois était revenue et aussi la force physique et la puissance sexuelle.

Vingt mois s'étaient écoulés depuis l'opération et le vieillard avait le même aspect de verdeur et de santé, la même prestance juvénile, le même pas sur et sa calvitié tendait à dispaître sur la poussée de jeunes poils.

Les recherches de contrôle des expériences de *Voronoff* n'ont pas toujours confirmé les résultats obtenus par cet auteur. Dans la clinique chirurgicale de Leipzig, *W. Haubenreisser* [1]) a pratiqué, au mois de Mars 1922, 8 transplantations testiculaires et 2 vaséctomies selon *Steinach*. En ce qui concerne la greffe testiculaire il n'a constaté aucune action favorable chez les eunuchoïdes, homosexuels, ou dans les cas de castration précoce. Il émet de doutes sur l'action durable du testicule transplanté car il est certain pour cet auteur que le testicule transplanté se resorbe ou dégénere. La vasectomie a rélevé la force génitale d'une façon passagère phénomène qu'il attribue à l'augmentation de resorption de l'hormone sexuelle consécutive à la stase testiculaire. Chez un étudiant à tendances homosexuelles la vaséctomie n'a eu aucun effet et l'auteur conclut que l'hypothèse de la glande de la puberté a vecu.

---

1) *Walter Haubenreisser*. Über sexuale Operationen. Dtsch. Zeitschr. f. Chirurg., H. 1/3, 1922.

C. Rossi [1]), après avoir pratiqué dans plusieurs cas la vaséctomie, n'a pas constaté une amélioration manifeste de la vigueur génitale et de la libido.

Au point de vue histologique, l'auteur a constaté que le tissu intérstitiel augmente légérement, tandis que les spermatozoïdes ne disparaissent pas complètement. Il aurait observé en outre une hyperplasie des cellules de la glande pinéale avec éosinophilie abondante. Dans la parathyroïde, le thymus, les surrénales *C. Rossi* n'a pas constaté des modifications d'aucune sorte.

Arthur Gregory [2]) en utilisant la résection unilatérale du déférent n'a obtenu aucun résultat favorable dans 4 cas. La transplantation hétéroplastique n'a pas réussi. Comme les homo-transplantations chez l'homme ont été peu éssayées jusqu'à présent, étant donné que la glande à transplanter est difficile à obtenir, on pourrait prendre des glandes du cadavre frais chez des individus n'ayant pas succombé à une maladie inféctieuse.

Gregory a observé le cas suivant: au milieu de mars 1922 se présentait à lui un homme de 68 ans, qui était incapable depuis 4—5 ans à exercer son métier de ménuisier, se fatiguait vite, était dyspnéique et toussait beaucoup. Depuis 7 ans pas d'érections, le dernier coït rémontait à 10 ans. Examen objectif: myocardite, brochité chronique, emphysème pulmonaire, arterio-sclérose, marasme sénile.

Le 12 avril 1922, 5—10 minutes après la mort, on prit, sur un homme de 20 ans, mort de tuberculose pulmonaire, un testicule et on le conserva dans une solution physiologique chaude.

Incision comme pour une appendicite et implantation an malade du testicule et de l'épididyme, dans une niche formée entre le grand oblique d'une part, le petit oblique et le transverse d'autre part. Fixation avec 2 points de suture du grand oblique par dessus. Fermeture de la peau.

Après l'opération le vieillard n'avait plus de dyspnée, se sentait chaque jour de mieux en mieux, et etait comme transformé. Il prend de nouveau goût à la vie, comme dans sa jeunesse, se sent fort et pense pouvoir reprendre le travail. Trois semaines après l'opération apparaît la première érection, qui devient fréquente et forte.

L'opération est trop récente, on ne sait combien de temps durera ce résultat favorable ou si la greffe se resorbera. *Haberlandt* [3]) qui a pratiqué de nombreuses transplantations testiculaires conclut de ses recherches, que toute transplantation autoplastique est destinée à la resorption après un intervalle plus ou moins long, qui depend de la constitution du poste-greffe.

Max Thorek [4]) est également partisan des idées d'Ancel et Bouin sur le rôle des cellules de *Leydig*, auxquelles il faut attribuer, selon lui, la production de la sécrétion interne donnant naissance aux caractères secondaires, à la puissance sexuelle et à l'érotisme cérébral. Les cellules spermogénétiques ne prennent aucune part à cette sécrétion interne; il y a lieu de douter, jusqu'à preuve contraire, que les cellules de *Sertoli* et les spermatogonies prennent part a cette sécrétion. Les cellules de *Sertoli* semblent être des cellules de nutrition et de réserve, fournissant le nécéssaire à la fonction spermatogénétique des tubuli.

La transformation syncytiale de la glande sexuelle mâle transplantée a d'abord pour point de départ les cellules séminales, puis, après la disparition de celles-ci, les cellules de *Leydig*, qui sont les éléments testiculaires les plus résistants et les derniers à disparaître des greffes. A ces remarques *Thorek* joint les résultats cliniques de 97 greffes testiculaires chez l'homme, homo et hétérogreffes; il s'élève vigoureusement contre le terme de rajeunissement appliqué aux opérations de ce genre; rien ne saurait rendre la jeunesse à des structures séniles; "greffes testiculaires" dit le nécessaire et ne promet pas l'irréalisable. La greffe testiculaire a des indications determinées et sa technique précise. Le testicule greffé entier entre en régression rapide parceque l'albuginée coriace ne peut guère être pénétrée par les capillaires; aussi *Thorek* a-t-il pris le parti de la détruire par endroits, à l'éléctro-cautère, mettant ainsi à nu la tunique vasculaire; de cette façon le testicule est rapidement vascularisé par les artérioles d'alentour; ce procedé de fénestration permet d'implanter le testicule entier.

---

[1]) *Rossi Carlo.* Die Wirkung der Vasektomie auf die Drüsen mit innerer Sekretion. Zeitschr. f. d. ges. Chir., Bd. 19, H. 3/4, 1926.

[2]) Zeitschr. f. Chirurgie, Nr. 36, 1922.

[3]) *H. F. O. Haberlandt.* Experimentelle Untersuchungen am Hoden nebst klinischen Bemerkungen. Archiv f. Klin. Chirurgie, Bd. 123, 1923.

[4]) *Max Thorek.* Experimental investigations of the role of *Leydig* cells, seminiferous and Sertoli cells, and effects of testicular transplantation. Endocrinology. Janvier 1924.

Thorek[1]) en transplantant des testicules de singe anthropoïde à l'homme a obtenu des résultats, cliniques et histologiques, qui sont à tous points de vue analogues aux meilleurs résultats obtenus avec les t'ransplantations de testicule humain.

Ces testicules de singe transplantés à l'homme ont été enlevés après quelques mois de séjour dans l'organisme humain et l'histologie a montré qu'ils étaients bien vivants, bien vascularisés, et en pleine activité du tissu interstitiel glandulaire. C'est la première fois qu'un semblable résultat de transplantation du singe à été vérifié histologiquement.

Nos recherches expérimentales faites en collaboration avec *M. Apostoléanu*, se rapportent à 10 chiens, dont l'âge varie entre 12 et 15 ans. Chez presque tous on a pratiqué, sous l'aponévrose abdominale ou dans les bourses, des greffes de testicules d'animaux jeunes. Parfois on a répété la greffe. Chez presque tous ces animaux on a constaté un changement visible dans les mouvements, la nutrition et les désirs génésiques. Les animaux marchent avec plus de facilité, sont plus vifs, l'appétit augmente, ils aboient, jouent avec leurs compagnons, les poils poussent rapidement. Mais les greffons se resorbent au bout de trois semaines, tandis que le rélèvement somatique de l'animal persiste encore. On a examiné le pH avant et après l'opération, cependant les variations constatées sont minimes pour leur accorder quelque importance, d'autant plus que le sens du changement a été tantôt du côté de l'acidose, tantôt du côté de l'alcalose.

En examinant le système nerveux, les glandes à sécrétion interne et les organes des animaux auxquels nous avons pratiqué la transplantation, nous n'avons pas constaté une modification sensible des altérations qui caractèrisent la sénilité. Il est vrai que ces recherches, pour avoir un valeur absolue, devraient porter sur des animaux témoins, placés dans de conditions absolument identiques.

Nous n'avons été plus heureux en appliquant les greffes testiculaires ou la vaséctomie chez l'homme. Nous pouvons citer à ce propos quelques observations.

Nous avons fait traiter par *M. Topa*, chirurgien. trois sujets agés, par l'opération de *Steinach*.

Le premier, âgé de 60 ans, présentait les signes classiques de la maladie de Parkinson.

Après anesthésie locale à la novocaïne et adrénaline, on pratique une incision d'une étendue de 3 cm. au niveau de l'orifice externe du canal inguinal, on découvre la canal déférent, tout en prenant soin de ne pas léser l'artère déférentielle et on pratique la ligature de deux côtés, suivant la technique de *Steinach*.

Les suites de l'opération ont été normales. La force musculaire, au dynamomètre, augmente après l'opération, en passant de 18 à 28 à la main droite et de 15 à 27 pour la mainn gauche. Les mouvements sont plus légères, le malade peut s'élever du lit avec plus de facilité qu'avant l'opération. Il pretend avoir des érections tous les matins; autrement, aucun changement apprèciable du côté de la croissance des poils, de l'appétit etc.

Le second, âgé de 56 ans, souffre également de la maladie de Parkinson.

On pratique la ligature du canal déférent gauche et, après 10 jours, la même opération du côté droit.

Après l'opération, le malade affirme que les mouvements de mastication sont plus libres. Il a souvent des érections nocturnes et des rêves érotiques. Il éprouve également une sensation de bien-être. Puis il est obligé de se faire raser la barbe 2 fois par semaine, car les poils poussent plus rapidement. La force musculaire, au dynamomètre, a augmenté, au moins de 10 divisions. Les érections ont duré 2 mois, puis ont cessé complètement. Nous devons ajouter que le malade est suggestible et il a appris que l'opération de *Steinach* peut exercer un rôle sur l'ardeur sexuelle.

Le troisième cas concerne un sujet âgé de 59 ans, tabétique arrivé à la phase d'ataxie très avancée. Depuis 8 ans il n'a plus eu des rélations sexuelles, ni d'érections. Les deux ligatures du côté, droit et du côté gauche, ont été pratiquées à 10 jours d'intervalle. Quelques jours après la première opération, le malade a eu des érections qui ont continué jour et nuit, accompagnées de rêves érotiques. Après la deuxième opération, l'excitation génésique est encore plus marquée et à la vue d'une infirmière jeune, qui se trouvait près de son lit, il a été pris d'un accès érotique et a voulu la posséder. Cet érétisme de l'appétit sexuel disparut complètement après 2 mois. Chez ce malade, il y a une augmentation da la force musculaire, mesurée au dynamomètre. L'appétit et la croissance de la barbe n'ont pas été modifiés d'une façon sensible. Il a, de temps en temps, des érections et rarement des rêves érotiques.

---

1) *Max Thorek*. Transplantation testiculaire du singe à l'homme avec résultats histologiques. The Urol. and Cutan. Réview. t. XXVI No 9. septembre 1922, p. 542.

Nous devons ajouter que nous avons suivi ces 3 malades pendant 3 ans, malgrè cela nous n'avons pas constaté chez eux, des phénomènes qui nous autorisent à parler de rajeunissement. En dehors de l'excitation génésique passagère l'état des malade n'est pas amélioré.

II. — La vaséctomie et les greffes testiculaires peuvent-elles réaliser le rajeunissement de l'organisme animal?

Sans doute que les réactions chimiques qui se déroulent dans toutes les cellules de l'organisme obéissent à la loi des masses qui gouverne le rapport de concentration des matières mises en réaction et la concentration des substances qui en résultent.

Et ce rapport représente une constante:

$$(1) \quad \frac{C_3^{n'} \; C_4^{m'}}{C_1^{n} \; C_2^{m}} = K$$

L'organisme vivant dispose des agents qui accélèrent la vitesse d'action, parmi lesquels les catalyseurs, comme nous l'avons dit, jouent un rôle essentiel.

D'autre part, la température et les catalyseurs jouent un rôle actif et favorisent la synthèse organique.

La constante K. de la loi des masses varie naturellement chez le même sujet, pendant les différentes phases de la vie, parce que la concentration des réactions chimiques change, avec l'âge de l'organisme. Nous représentons dans un schema (fig. 13) la valeur du K. par l'or-

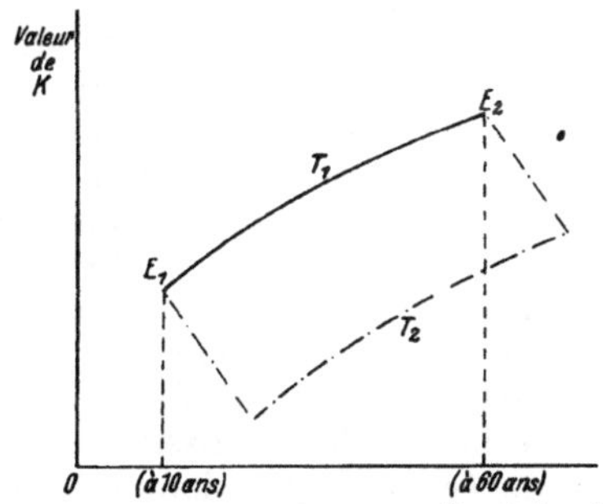

Fig. 13

donnée et les concentrations par l'abscisse en fonction de l'évolution du sujet à partir de 10 ans (E_1) jusqu'à 60 ans (E_2).

On doit considérer comme une impossibilité la transformation des valeurs K. du point E_2 au point E_1, sans passer par un cycle de Carnot, à savoir sans efféctuer une transformation adiabatique, une isothérmique et une troisième adiabatique, pour arriver à la valeur initiale E, que le sujet a eue pendant et la jeunesse.

La conclusion qui s'impose c'est que les transformations complètement reversibles sont irréalisables, car la nature elle même ne les réalise pas. Puis les systèmes cellulaires constituent un système isothérmique, la température du système étant à peu près constante. On ne peut pas imposer aux systèmes cellulaires une transformation adiabatique, car la plus légère variation de température attire, après elle, un trouble de l'équilibre chimique des cellules de l'organisme.

On avait pensé autrefois que les changements d'état des corps sont, de tous les phénomènes physiques, ceux où la révérsibilité semble la plus évidente.

Duhem a cependant montré que dans aucun cas il n'y a vraiment reversibilité. Mêmes constatations pour les réactions chimiques qui ne se produisent, en général, que dans un certain sens. Il n'y a pas de reversibilité dans la régéneration des albuminoïdes, comme il n'y en a pas non plus dans l'évolution des êtres vivants.

L'accroissement et la différenciation semblent les conditions essentielles de la vie. Lorsqu'un organisme a atteint le maximum de différenciation compatible avec sa nature, il peut en apparence rester stationnaire un certain temps, mais la décadence le menace, il ne peut y échapper.

La période de destruction symétrique de la période de croissance n'en reproduit jamais les diverses phases, la destruction correspond à une chute brusque. La différenciation des cellules, une fois acquise, est irrévocable, une cellule différenciée et remplissant une fonction spéciale ne peut revenir à un état embryonnaire, elle est condamnée à mourir et à disparaître lors que le vieillissement et l'usure ne lui permettent plus de remplir sa fonction.

Les expériences retentissantes de *Carrel,* sur la vie permanente des tissus cultives in vitro, pourraient être invoquées contre notre manière de voir. En effet, cet auteur ayant constaté que l'arrêt de la croissance et la mort des tissus cultivés in vitro étaient dus, probablement aux modifications du milieu par le métabolisme cellulaire, il a essayé d'en supprimer les causes, en lavant fréquemment les tissus et en leur donnant un milieu neuf. Supposant que le tissu conjonctif cultivé in vitro ne contenait pas des substances activatrices de la multiplication cellulaire, il ajoutait au milieu plasmatique de culture, du tissu d'embryon et a constaté qu'après cette opération la masse de tissu conjonctif s'est accrue d'une façon marquée, de cette façon Carrel a pu entretenir la vie de ses tissus conjonctifs pendant plus de treize ans. Si cette durée est impressionnante, peut-on en conclure qu'elle peut se prolonger à l'infini? Nous ne le pensons pas. Du reste, si l'addition de plasma d'embryon de poulet est capable de maintenir en vie le tissu conjonctif, y a-t-il de même pour les tissus différenciés tels que le tissu nerveux? Nous ne le pensons pas. En effet les tentatives de rajeunissement que nous avons essayées avec. M. I. Minéa, sur des morceaux de ganglions cultivés in vitro, ne permettant pas aux cellules nerveuses de pousser des prolongements indéfiniment, les cellules, au contraire, finissent par disparaître au bout de quelque temps. Nous expliquons les différences qui existent entre le tissu conjonctif, et le tissu nerveux cultivés in vitro, par la haute différenciation fonctionelle des cellules nerveuses, qui sont incapables de prolifération après la naissance.

Les phénomènes de la vie marchent de pair, progressent avec le temps et suivent d'une façon fatale leur cours comme un fleuve qui coule toujours en aval. Les organismes vivants ne peuvent jamais rémonter le cours de l'évolution et c'est précisement l'ignorance des lois qui régissent les phénomènes de la vie qui a crée la legende du rajeunissement, dont on a parlé dernièrement avec un luxe de détails.

Un exemple trés-démonstratif à cet égard est fourni par les phénomènes de dégénérescence et régénérescence après la section des nerfs chez des animaux vieux et jeunes. Si l'on pratique la section du nerf sciatique, simultanément chez un animal âgé de 14 ans et chez un autre âgé d'un mois, on constate que, chez le premier, tous les processus de la dégénérescence et de la régénérescence sont plus lents. Ensuite, des épisodes le régénérescence tels que les boules, les appareils en spirale sont plus nombreux et plus compliqués chez l'animal vieux. Puis, toujours chez ce dernier, le passage des fibres nerveuses dans la cicatrice et leur progression dans le bout périphérique sont ralentis, la myélinisation est tardive. Enfin, le tissu interstitiel est plus développé chez l'animal âgé. Tous ces phénomènes dénotent que pendant tout le cours de la dégénérescence et de la régénérescence des nerfs chez l'animal ègé et chez l'animal jeune, on ne trouve pas deux. moments absolument identiques, parce qu'il y a une dégradation de l'énergie physiologique chez l'animal vieux, qui ne permet pas de réagir de la même façon que chez l'animal jeune, chez lequel l'action des ferments hydrolytiques et oxydants est beaucomp plus active.

Chaque réaction de l'organisme, dit *Métalnikow,* est liée non seulement aux particularités des irritations éffectives, mais encore aux irritations passées et de leurs effets (bases historiques de la réaction). Voilà pourquoi le même auteur affirme, à juste raison, que chaque réaction subséquante ou reflèxe, chez les êtres vivants, quelque insignifiante qu'elle soit, ne peut être la réitération de l'antécédente, mais représente quelque chose de nouveau, n'ayant eu lieu auparavant.

Dans un langage philosophique *Bergson* exprime la même idée· "Le passé entier marche sur nos talons; tout ce que nous avons fait pensé, senti, voulu, depuis notre enfance, nous accompagne. C'est ainsi que, sans cesse se développe, croit, mûrit notre individualité. Chaque moment ajoute quelque chose de nouveau à ce qui était auparavant. Nous dirons plus: non seulement de nouveau, mais encore d'imprevu." [1])

Tout recement *Osterhout* [2]), dans un travail extrêmement interéssant, arrive à des conclusions analogues en ce qui concerne la fatalité

[1]) On pourrait rapprocher de la peusée de Bergson les meditations de Marc Aurèle: «Tout change. Toi-même tu changes continuellement et tu te détruis dans quelque partie. Il en est de même du monde entier. Bientôt la terre nous convrira tous. Elle même changera. Tout prendra d'autres formes et puis d'autres à l'infini . . . La course universelle est un torrent qui entraîne toutes choses.»

[2]) *Osterhout.* Injury, recovery and death in relation with conductibility and permeability. Philadelphie, Lipingcott & Co. éditeurs 1923.

de la vieillesse et de la mort. Il s'est servi de la conductibilité éléctrique du protoplasma pour mesurer sa perméabilité pour les ions. Quel que soit le mécanisme des phénomènes de la vie ils sont en relation étroite avec la conductibilité et la perméabilité, en suivant les lois de la dynamique chimique. Il résulte de l'analyse mathématique des courbes de l'évolution des cellules que le processus de la sénéscence se continue sans cesse, même dans les cellules en voie de croissance active. La mort apparait donc comme une fatalité, car elle fait partie intégrante des processus de la vie. La vie c'est la mort, a proclamé *Claude Bernard*. Puis, les modifications de la conductibilité électrique, dues à des lésions, suivent une marche parallèle à celle des changements de la perméablitié. Mes recherches histologiques ont montré qu' à mesure que nous avançons en âge les cellules nerveuses et probablement les autres cellules, subissent une déperdition des ions et surtout du fer.

Les constations *d'Osterhout* cadrent avec les données obtenues dans le domaine des colloïdes et avec les constatations histologique que nous avons faites chez les individus atteints de sénilité.

A l'état actuel de nos connaissances il est admis que tous les phénomènes naturels marchent vers la dégradation de l'énergie, ce qui signifie que les énergies tendent vers l'uniformité de tension, c'est-à-dire à l'entropie. Le principe de *Carnot* nous enseigne que des énergies a la même tension n'ont plus aucune action l'une sur l'autre. L'uniformité de tension énergétique représente donc la mort, la mort naturelle. Or, les cellules de nos organes offrent pendant leur évolution une tendance manifeste vers l'uniformité de tension. On n'a qu'à considérer les modifications du noyau, quand la charge est différente de celle du cytoplasma, car comme nous l'avons vu antérieurement toutes les cellules jeunes contiennent de la nucléine, qui diminue au fur et à mesure qu'on avance en âge et ce phénomène est très caractéristique pour les cellules très différenciées, comme sont les cellules nerveuses.

Par conséquent, la charge électrique du noyau, qui était différente de celle du cytoplasma des cellules jeunes, se modifie avec les progrès de l'agé, et il n y a plus la même différence de tension entre le noyau et le cytoplasma, ce qui entraine une diminution des phénomènes électriques.

Rien ne vient dans notre organisme de contredire la loi générale de la dégradation de l'énergie. Le mieux qu'on puisse attendre c'est de rencontrer parfois des phénomènes dans lequels la dégradation est réduite au minimum. Notre seul espoir serait de trouver de moyens pratiques d'ajourner la dégradation inéluctable et de réculer une échéance à laquelle il n'est pas possible d'échapper.

On peut donc affirmer, à l'état actuel de nos connaissances, que le rajeunissement, quelle que soit la méthode utilisée par les auteurs pour l'obtenir, est une chimère, parce que, malheureusement, on ne saurait à aucune prix remonter le courant de l'évolution qui suit son cours avec une fatalité inéluctable. Mais nous n'avons pas le droit de nier que des réactivations passagères des divers processus de la vie soient une impossibilité. D'ailleurs, certains faits de vasectomie et de greffe testiculaire tendent à prouver cette réactivation. Toutefois on peut ajouter que les chercheurs qui s'engagent dans cette voie ont l'obligation de procéder à la constatation de cette réactivation et ne pas céder à la première impression, qui est de nature d'entretenir des espérances irréalisables.

En resumé, tous les êtres vivants obéissent à la loi universelle de l'évolution, qui s'applique aussi bien aux êtres organisés qu'àleurs éléments constitutifs. Les cellules, comme l'organisme dont elles font partie, apparaissent, se multiplient, s'accroissent, déclinent et meurent. Elles décrivent donc un trajectoire fixe dans leur forme, gouverné parl'hérédité et la nutrition. Cette dernière consiste dans un changement continuel de l'édifice organique des éléments cellulaires. On peut dire, avec *Claude Bernard,* que la croissance des cellules, leur multiplication, la période d'état et la sénéscence correspondent aux différentes phases de la nutrition.

Or, tous ces phénomènes sont en fonction de changements chimiques et physiques, qui se déroulent dans les cellules de l'organisme — phénomènes biologiques irréversibles. En effet, le travail physiologique est d'origine chimique et la plupart des actes physiologiques commencent par une action chimique et finissent par une action thermique, qui est une energie inférieure: la série des mutations énergetiques se deroulent toujours dans une seule direction, vers l'energie thermique. D'autre part, nous avons constaté par nos recherches d'histo-chimie une uniformisation de tension des différentes énergies, ce qui conduit d'une façon fatale à la vieillesse et à la mort.

Les essais de rajeunissement qui tendent a remonter le cours de l'évolution, n'aboutissent qu'à la réactivation passagère de certains organes, phénomène qui n'est pas du tout l'équivalent du rajeunissement. La fontaine de Jouvence n'est qu'une légende est un véritable rajeunissement, c'est-à-dire la série des mutations énergetiques dans le sens contraire à l'évolution, doit êtré considéré comme une chimère.

La notion des „seuils différentiels" sa base expérimentale; son importance en endocrinologie sexuelle.

Par *A. Pézard,* Paris

Directeur-adjoint à l'Ecole des Hautes Etudes (Collège de France, Paris).

Avec 7 figures.

I — Introduction.

Après avoir établi le déterminisme endocrinien des caractères sexuels secondaires chez les Mammifères, plusieurs auteurs se sont préoccupés de rechercher s'il existe une relation numérique entre la masse glandulaire active et le développement des caractères. Recherche opportune, imposée par la saine logique et dont le résultat devait apporter, à la théorie humorale de la sexualité, son statut définitif et précis.

Les premiers de ces auteurs furent *Bouin* et *Ancel* (1902—1904), à l'occasion de leurs intéressants travaux sur le rôle du tissu interstitiel des Mammifères. Leurs études portèrent sur une série nombreuse de porcs cryptorchides chez lesquels les attributs sexuels secondaires étaient plus ou moins développés; les masses testiculaires des sujets étaient aussi très variables, mais la gradation de ces masses et celle des caractères coïncidaient exactement. De cela ils conclurent à une loi de "proportionnalité". Relation très simple, qui a été tout de suite admise sans contestation, d'autant plus qu'elle apportait aux phénomènes d'hypo-et d'hypermasculisme, bien connus des pathologistes et des cliniciens, une explication claire. Dans la suite, après leurs expériences de transplantation, *Steinach,* puis *Sand* donnaient à la théorie de *Bouin* et *Ancel,* une adhésion sans réserve, considérant que "l'influence hormonique est en proportion directe avec la quantité de tissu hormonique trouvée dans les transplants, et cela, aussi bien pour l'ovaire que pour le testicule." (Sand. 1918. 1922).

Or, dans les expériences que nous poursuivons depuis 1910 au laboratoire de *E. Gley,* nous avons été conduit à une notion complètement opposée, qui dégage en réalité de la masse glandulaire active le développement définitif du caractère sexuel secondaire. Il s'agit de la notion des seuils, qui comporte en réalité deux aspects: 1° minimum efficace ou seuil hormonique simple; 2° seuils différentiels. Etablies tout d'abord pour la sphère d'action du testicule, ces deux notion s'appliquent également à l'ovaire. Enfin il semble bien qu'elles soient valables dans l'étendue du groupe des Vertébrés, avec quelques réserves purement secondaires. Ainsi, il ne s'agit pas de notions exceptionnelles, mais de conceptions générales dont les conséquences retentissent profondément dans les différents problèmes de la sexualité. Dans notre exposé, nous envisagerons successivement la notion de seuil simple, celle des seuils différentiels enfin l'importance de ces idées relativement nouvelles.

Rappelons tout d'abord quelques faits préliminaires. Après bien d'autres auteurs, notamment *Sellheim* et *Foges,* nous avons constaté que la castration des Coquelets a comme conséquence le non développement de la crête et des organes similaires, (Fig. 1), des instincts sexuel et combatif et du chant. Par contre, le plumage du

Fig. 1

A gauche, téte de Coq adulte, à droite, téte de chapon — A B: longueur de la crête. C D: hauteur de la crête.

chapon, un peu plus fourni peut-être, acquiert toutes les caractéristiques mâles, camail, lancettes, faucilles avec leur pigmentation spéciale; les ergots se développent normalement. De cela, nous avons conclu qu'il fallait subdiviser les caractères sexuels secondaires du Coq. Les uns: crête, instincts, chant, dépendent du testicule; les autres plumage et ergots, en sont complètement indépendants et doivent être considérés comme des caractères neutres (1911). — L'ovariectomie de la Poule (*Goodale, Pézard,* 1913), qui entraîne l'apparition du plumage mâle et la croissance immédiate des ergots nous a apporté, au sujet de cette classification, une confirmation aussi satisfaisante que possible.

D'autre part, nous avons vérifié que les sujets récupèrent, soit par la greffe, soit par l'injection de suc testiculaire, les caractères abolis par la castration. Le déterminisme de ces caractères doit donc être imputé à l'action chimique de substances élaborées par les glandes reproductrices; donc, à des hormones à action morphogène (harmozones de *Gley).*

Parmi tous les caractères soumis à l'influence testiculaire, la crête doit être considérée comme le plus sensible et le plus fécond. Tout d'abord, elle peut être mesurée régulièrement, et cela permet d'introduire dans la discussion, non plus les chiffres d'autopsie une fois donnés et d'interprétation difficile, mais des courbes de croissance, beaucoup plus démonstratives. Ici, le biologiste ne risque pas de prendre un caractère en évolution pour un caractère en équilibre ou encore une masculinisation en cours pour un phénomène d'hypomasculisme. En outre, l'histoire de la crête apporte dans le présent domaine, deux qualités précieuses: fidélité et exactitude; fidélité puisque la crête régresse immédiatement après la castration des sujets adultes (castration postpubérale); exactitude puisque cette régression ramène la

Fig. 2

Régression de la crête consécutive a la castration postpubérale. — Quatre photographies du même sujet.

1: au moment de la castration: 15 mars 1912.
2: le 15 avril 1912.
3: le 29 avril 1912.
4: le 8 Août 1912.

crête adulte à l'état précis de la crête de castrat, (Fig. 2) sans qu'il subsiste de reliquat dû à la sexualité antérieure. Nous sommes donc placé sur le terrain logique qui offre le maximum de sécurité.

II. — Notion de seuil hormonique simple.

Notre démonstration comporte quatre arguments qui envisagent successivement les équilibres définitifs, les vitesses de morphogénèse, les vitesses de régression et le point anguleux de discontinuité.

a) — Loi des équilibres définitifs.

Considérons un lot nombreux de Coquelets. Conservons quelques sujets comme témoins et effectuons sur les autres nos opérations habituelles: castration complète, castration subtotale, castration suivie de transplantation testiculaire auto ou homoplastique. Les premiers développent en deux ou trois mois une crête normale (Fig. 3. A), tandis que les chapons conservent une crête réduite (Fig. 3. B). Quant aux porteurs de reliquats ou de greffons, ils offrent des particularités bien diverses, qui nécessitent une observation minutieuse et continue. Les uns suivent exactement la courbe A des mâles, d'autres suivent exactement la courbe B des castrats; enfin, il en est qui, aprés avoir suivi pendant quelque temps la courbe des castrats, prennent brusquement les caractères mâles (1) (Fig. 3. C). Mais, malgré cette com-

1) Nous avons donné le nom de temps de latence au temps qui s'écoule entre la transplantation et le signe de l'activité glandulaire. Les causes en sont très complexes; il serait trop long de les analyser ici.

plexité, les choses finissent pas se simplifier et, au bout de quelques mois, parfois même, d'une année, il n'existe plus que deux catégories de sujets, quant à l'apparence: mâles normaux et chapons vrais. A l'autopsie, on découvre, chez les porteurs de reliquats ou de greffons,

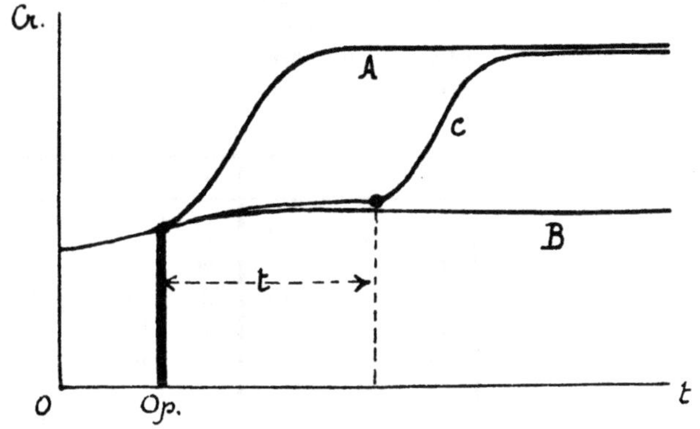

Fig. 3

Les différentes formes de l'évolution de la crête, en rapport avec la masse testiculaire Graphiques des longueurs.

A: Courbe normale chez le Coq entier Orpington.
B: Courbe de la crête chez le chapon Orpington, castré dès le jeune âge.
C: Courbe qui présente un segment neutre auquel fait suite un segment sexuel normal.
En abcisses, suivant O t, les temps. — En ordonnées, suivant O Cr, les longueurs de la crête. — Op: le moment des opérations. — t figure le temps de latence.

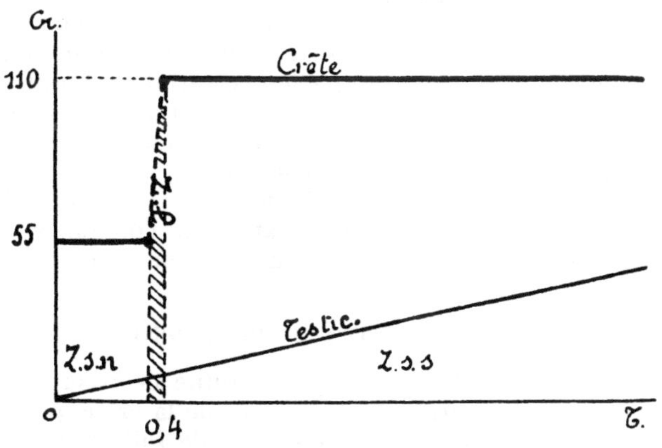

Fig. 4

Graphique qui représente les longueurs définitives de la crête sous l'influence de masses testiculaires variables, de 0 à 50 gr. — En abcisses, les masses testiculaires; en ordonnées les longueurs définitives de la crête, chaque ordonnée correspondant à une masse testiculaire déterminée.

Zsn: Zone hormonostable neutre.
Zss: Zone hormonostable sexuel.
Zl: Zone hormono-labile (partie hachurée).

un fait bien significatif: tous ceux qui ont une crête de mâle possèdent une masse testiculaire supérieure à 0 gr4; tous ceux qui ont une crête de chapon ont une masse testiculaire inférieure à 0 gr 4 (Fig. 4).

Voici le résultat fourni par 36 Coqs. Le tableau comporte le N° du sujet, la masse testiculaire m en gr. enfin la longueur l de la crête en mm. Les astérisques se rapportent à une série de Coqs de même race *Leghorn* doré; les autres sujets appartiennent à des races très variables et la crête offre, chez eux, des variations individuelles étendues.

No.	m	l	No.	m	l	No.	m	l
1	42	110	13	1,5	82	25	0,1	60
2	28	106	14	1.5	110	26	0,1	50
3	20	113	15	1	78	27	0,1	60
*4	18	123	16	1	138	28	traces	50
*5	16,2	150	17	0.7	97	29	traces	55
6	14	81	18	0,5	111	*30	0	60
*7	12,5	115	*19	0,45	135	*31	0	62
*8	12	136	*20	0,3	120	*32	0	65
9	9	97	*21	0,3	68	*33	0	55
10	8,8	86	*22	0,2	54	34	0	62
*11	7.5	142	23	0,1	54	35	0	65
12	2	85	24	0,1	59	36	0	55

De cela nous concluons que la masse de 0 gr 4 ou minimum efficace constitue une zone dans laquelle une variation hormonique infime entraîne un effet total (loi du tout ou rien). Cette zone hormono-labile sépare deux zones hormono-stables, l'une qui s'étend de 0 gr à 0 gr 4 (zone neutre) l'autre de 0 gr 4 à 50 gr et plus (zone sexuée), dans lesquelles la variation hormonique n'a pas d'effet. Tel est le premier argument relatif à la notion du seuil simple; il exprime qu'il n'existe aucun équilibre stable entre l'équilibre neutre et l'équilibre sexué et il infirme nettement toute idée de proportionnalité. Naturellement toute recherche qui s'y rapporte exige que l'on raisonne sur des caractères stabilisés et non sur des caractères en évolution.

b) — Loi des vitesses de morphogénèse.

Nous nous sommes demandé si la quantité de tissu hormonique, incapable d'influencer la grandeur définitive de la crête, pouvait influencer la vitesse de croissance. Deux ordres de faits nous permettent de répondre par la négative. Les uns se rapportent à des croissances de crête qui se sont effectuées en présence de masses testiculaires stabilisées à 0 gr 4; la courbe de croissance effective est exactement superposable à la courbe normale et cependant celle-ci est parcourue en présence d'un testicule en croissance rapide. Ainsi, on ne peut ralentir vraiment la vitesse de morphogénèse de la crête. — Les autres faits se rapportent à des expériences que nous avons faites à l'instigation de *E. Gley:* nous avons essayé d'accélérer la vitesse de croissance en effectuant chez des Coquelets entiers des greffes de testicules supplémentaires; nous n'avons observé aucune modification dans l'allure de la courbe. Dans l'un et l autre cas, la vitesse de croissance s'est montrée indépendante de la quantité d'hormone mise en jeu.

Les constatations contradictoires alléguées par différents auteurs tiennent le plus souvent à ce qu'ils n'ont pas tenu compte du temps de latence, lequel ne doit pas figurer dans le calcul des vitesses. — Même, les quelques cas rarissimes où momentanément une stabilisation se serait bien effectuée dans un état intermédaire doivent être considérés comme des "faux-équilibres". Personnellement, dans nos observations qui portent actuellement sur 200 Coqs environ, nous n'avons jamais observé de telles stabilisations. — Enfin, plusieurs chercheurs ont fourni des interprétations où ils ne tiennent aucun compte des "dysharmonies endocriniennes", des non-réversibilités ou des réversibilités incomplètes suivies de reprises, ce qui atténue la portée logique de leur contradiction.

c) — Loi des vitesses de régression.

Nous avons établi que la castration postubérale ou intrapubérale de la crête entraîne une régression dont la courbe est figurée par des segments de parabole tous semblables, c'est-à-dire qu'ils font, au départ, avec la verticale un angle constant. Cela est exprimé très simplement, sur le cahier du laboratoire, par le fait que, quelle que soit la longueur de la crête, elle perd à peu près la même longueur durant la première semaine, que la castration soit post ou intrapubérale.

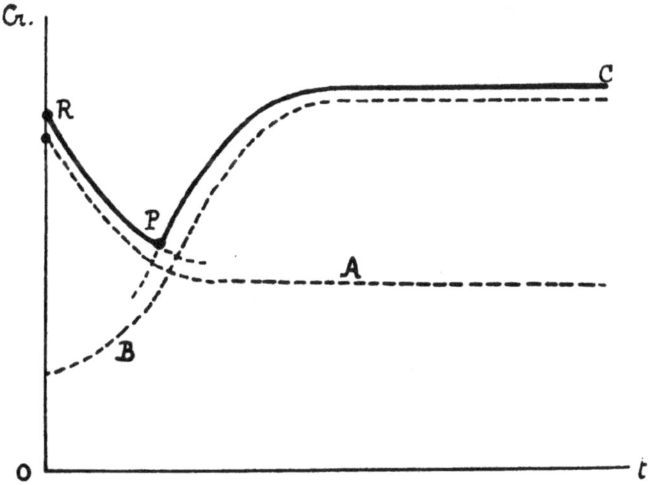

Fig. 5

A: courbe de la longueur de la crête après castration postpubérale.
RP: segment de régression après castration postpubérale incompléte; la régression est exactement superposable à la régression normale, malgré la présence de restes testiculaires. — PC, segment de reprise.
B: Courbe du développement normal de la crête.
P: Point anguleux de discontinuité.
En ordonnées, O Cr, les longueurs de crête; en abcisses, les temps.

Cela connu, il convenait pour donner toute sécurité au côté négatif de la loi du "tout ou rien", de rechercher si des transplants ou mieux des reliquats testiculaires à action plus rapide, se montreraient aptes à influencer la vitesse de régression. Expérience très délicate, dans laquelle on opère un peu à l'aveuglette, car il s'agit, en la circonstance de réaliser une condition dans laquelle le temps de latence sera inférieur au temps de régression. Et cependant, tant est clair et fécond notre matériel expérimental que, dès nos premières expériences, la question se trouvait tranchée. La castration postpubérale subtotale entraîne des régressions dont la courbe se superpose exactement à celle qui est fournie par la castration totale, autrement dit la présence d'une masse inférieure au seuil ne tempère pas la vitesse de la régression. (Fig. 5). De cela, nous pouvons conclure non pas "qu'un minimum de tissu hormonique est nécessaire pour obtenir un effet démontrable, "ce qui n'apporte dans le présent débat aucune clarté, mais en réalité, que toute masse glandulaire inférieure au minimum efficace ne crée pas d'autres conditions que la condition neutre et entraîne les régressions habituelles (1921).

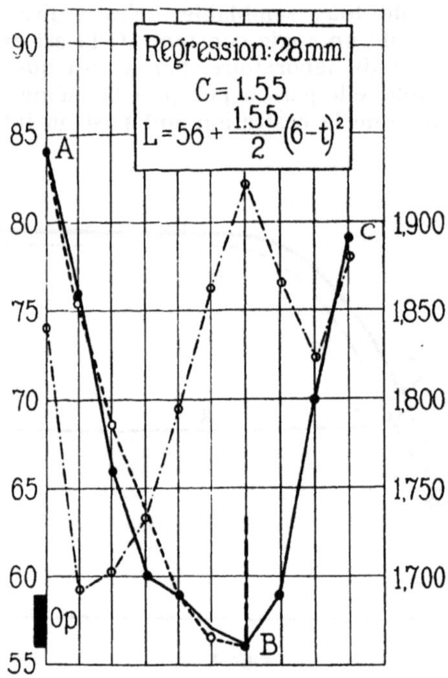

Fig. 6

Graphique type fourni par une expérience de castration intrapubérale subtotale. Trait continu: les longueurs de la crête (échelle des longueurs en mm. à gauche). En pointillé mixte, courbe des poids du sujet (échelle des poids á droite, en gr). — La figure montre nettement le point anguleux B. — En outre, elle permet d'affirmer que des variations étendues du métabolisme n'influent pas sur les courbes de régression et de reprise.

d) — Le point anguleux de discontinuité.

Voici enfin le dernier argument, plus subtil peut-être, mais encore plus démonstratif. Il complète le raisonnement qui précède. Quant une masse testiculaire, reliquat ou greffon, croît et franchit le seuil durant la régression, celle-ci s'arrête et fait place immédiatement et sans transition à une courbe de croissance normale. (Fig. 6). Le tracé des longueurs de la crête présente ici un point anguleux remarquable qui est la traduction de la discontinuité. Rien de pareil ne se produirait si l'effet hormonique pouvait s'ajuster exactement à la masse glandulaire qui évolue lentement.

Conclusion. — A partir d'un certain minimum au-dessous duquel l'effet est nul, une augmentation très minime du tissu testiculaire suffit pour assurer le développement complet du caractère sexuel secondaire, ou encore, pour un caractère donné, il n'existe pas d'autre équilibre stable que l'équilibre sexué et l'équilibre neutre. Tout état intermédiaire doit être considéré ou comme un état fluctuant ou comme un faux-équilibre.

III. — La notion des "seuils différentiels".

Considérant comme établi le fait que la crête se développe en un point de l'évolution testiculaire, nous devons nous demander si tous les caractères se développent au même moment ou bien si chaque caractère possède un seuil spécial; la même question se pose au sujet des caractères sexuels de la poule.

La recherche directe est ici pleine de difficultés. Etant donnée la masse minuscule du minimum efficace, il s'agit maintenant de déceler les différences très petites, si elles existent, et le problème se heurte à des impossibilitès matérielles. Mais on peut tourner ces difficultés. Au fond, il suffit de voir si chez des Coqs ou chez des Poules soumises à la castration subtotale, on peut obtenir des dissociations stables de complexe sexuel.

Chez le Coq, nous avons pu observer un certain nombre de cas, à la suite de castrations subtotales. Plus exactement, chez plusieurs de nos sujets, certains caractères demeuraient "en panne", comme si le reliquat, apte à assurer le développement de quelques caractères était inapte à assurer le développement des caractères suivants. Ces sujets se classent dans l'ordre suivant:

a) Sujets à crête de Coq, mais sans chant ni instincts. Adiposité exagérée.
b) Sujets à crête de Coq, instinct sexuel, pas de chant. Adiposité exagérée.
c) Sujets à crête de Coq, instinct sexuel, chant. Adiposité exagérée.
d) Sujets normaux.

A l'autopsie, nous constatons que les sujets des trois premières catégories possèdent des reliquats testiculaires dont la masse s'échelonne entre 0 gr 4 et 0 gr 6. Il y a donc des seuils spéciaux ou seuils différentiels.

En ce qui concerne l'interprétation, il existe quelques divergences. Il se pourrait que les récepteurs hormoniques: crête, larynx, système nerveux, ne fussent pas au même instant aptes à répondre à l'excitation hormonique. Dans ce cas, l'échelonnement des seuils serait la conséquence directe de propriétés somatiques et nullement du tissu endocrinien. Telle est, en résumé l'intéressante argumentation de *Champy*. Elle est valable pour les cas où les seuils ont été établis d'après l'ordre d'apparition des caractères, au moment de la puberté. En réalité, elle ne s'applique pas à notre recherche, qui porte sur des sujets adultes, en état de réceptivité hormonique.

On pourrait aussi admettre que chacun des caractères sexuels est gouverné par une hormone spéciale et que les différentes hormones que suppose la dissociation, apparaissent successivement dans la gonade. Mais cette manière de voir se heurte actuellement à l'incertitude qui règne au sujet de la localisation précise du tissu endocrinien; de même, au fait qu'il n'existe, lors du passage d'un greffon au minimum efficace, aucun signe histologique bien certain qui permette d'inférer l'entrée en jeu de nouveaux éléments; — elle se heurte également aux vicariances possibles entre tissu interstitiel et tissu séminal que notre collaborateur *Caridroit* a bien mises en évidence dans sa thèse récente; enfin à l'ordre constant qui semble présider aux dissociations des complexes.

Dans ces conditions et jusqu'à plus ample informé, nous avons adopté une interprétation plus simple. Désignant par a, a + b. a + b + c les complexes sexuels successifs, nous admettons qu'ils sont gouvernés par des masses glandulaires identiques quant à leur structure histologique, mais de masses m, m'. m" différentes. (Fig. 7).

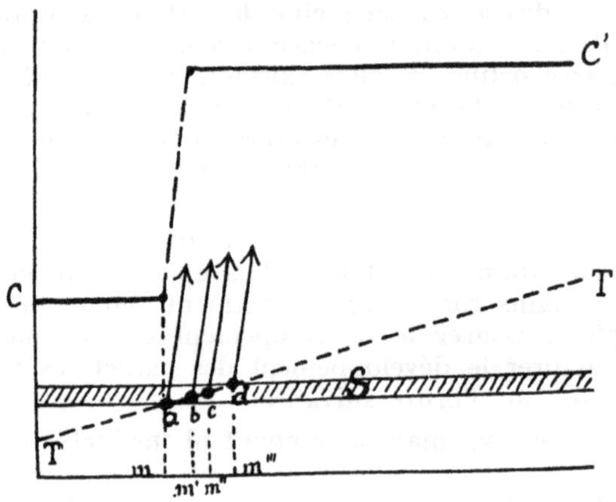

Fig. 7

Graphique théorique relatif à la notion des seuils différentiels. a, b, c, d correspondent à l'apparition des différents caractères. Les masses testiculaires sont représentées en abcisses et aussi par la droite T T'. — C C' représente la longueur de crête; m, m', m", m"' les seuils relatifs aux caractères a, b, c, d.

Caractères	a	a + b	a + b + c
Seuils	m	m'	m"

$$m < m' < m''$$

Telle est, appliquée au Coq, la notion des seuils différentiels qui étend et complète la loi du "tout ou rien".

1⁰ — *Le minimum efficace ou seuil hormonique n'est pas exactement le même pour tous les caractères qui dépendent du testicule; les seuils particuliers étant, chez le Coq, très voisins les uns des autres.*

2⁰ — *Chez les sujets adultes, porteurs de greffons ou de reliquats testiculaires, l'échelonnement des seuils entraîne l'échelonnement dans l'apparition des caractères et l'ordre d'apparition est conforme à la gradation des seuils.*

Nous devons signaler ici qu'au moment où nous donnions à cette notion son énoncé actuel, *Aron* établissait à la suite de ses recherches sur le *Triton* crête mâle, une loi identique. Même *Aron* constatait un fait bien intéressant au sujet des caractères périodiques: l'ordre d'involution répéte, mais en sens contraire, l'ordre d'apparition. Nous voyons, dans cette observation, une contre-épreuve inattendue de la notion des seuils différentiels.

En ce qui concerne la Poule, du moins dans le domaine du plumage et des ergots, les arguments ne sont ni moins significatifs ni moins précis. Non-seulement la masculinisation du plumage et la poussée des ergots après ovariectomie totale ou simplement subtotale sont soumises à la notion de minimum efficace et s'effectuent selon le mode "tout ou rien"; mais encore la dissociation sexuelle secondaire peut être obtenue, et même avec plus de facilité que chez le Coq. *Caridroit* a montré qu'il existe ici deux régions de seuils, assez éloignées l'une de l'autre. 1⁰ *le seuil d'arrêt des ergots*, qui correspond à une masse ovarienne assez élevée et d'ailleurs variable d'une race à l'autre et même d'un sujet à l'autre; 2⁰ *le seuil d'action sur le plumage* qui correspond à une masse ovarienne minime. Enfin, comme nous l'avions postulé en 1922, le seuil d'actions du plumage doit être considéré comme un seuil global et il peut se dissocier en *seuils* élémentaires, très voisins les uns des autres.

I	II	III	IV	V	VI	VII
de n gr	Ovaire á O ⟶	mosaïque		N de o	á 5 O gr ⟶	Testicule
Poules normales	Poules á ergots	Plumage en	Poules á ergots et á plumage mâle	Chapon	Dissociation ♂	Coqs normaux

Tableau représentant les réactions hormono-sexuelles en condition glandulaire simple sous l'influence de masses croissantes de testicule (à droite de N) ou d'ovaire (á gauche de N) d'après *Pézard* et *Caridroit*. —

En définitive, il résulte des travaux de *Pézard* et *Caridroit,* que l'on peut dresser le tableau complet des réactions somatiques que présentent le Coq et la Poule, préalablement neutralisés, sous l'influence de masses croissantes de testicule ou d'ovaire. Pour cela, traçons une horizontale et figurons en son milieu le point neutre N. A droite en abcisses figurent les masses croissantes de tissu testiculaire normal; à gauche, également en abcisses, les masses croissantes de tissu ovarien normal.

Repérons les seuils et dans les zones ainsi délimitées, indiquons la réaction somatique correspondante. Nous voyons que la sexualité secondaire des Gallinacés présente, non pas deux polarités opposées, comme on le croit communément, mais en réalité sept réactions hormoniques différentes et discontinues, que nous avons obtenues expérimentalement. Le désaccord qui existe entre l'opinion courante et les données fournies par l'expérience tient à ce que les masses glandulaires habituelles sont de beaucoup supérieures aux masses liminaires, ce en quoi les glandes reproductrices rentrent dans la loi commune de l'endocrinologie, où la sécrétion de luxe est la règle. Chose curieuse, le passage au zéro qui, dans la théorie de la proportionnalité marque le point le plus important, n'offre ici aucun accident sensible. Ainsi, à la discontinuité attendue au zéro, nous substituons la discontinuité dans les zones de seuils. Cela est exactement d'accord avec un fait qui a bien vivement frappé les spécialistes de notre question: l'identité morphologique du chapon et de la Poule ovariectomisée.

III. — Conséqences.

Nous retiendrons ici trois aspects du problème: 1° le mode d'action de l'hormone; 2° le problème histologique; 3° l'action morphogène.

1° — Mode d'action de l'hormone. — La notion de seuil simple nous a conduit en 1918, à considérer l'hormone testiculaire, non comme un agent trophique de la croissance sexuelle, mais comme une cause qui gouverne et maintient des équilibes. D'un autre point de vue, le départ brusque des régressions permet d'affirmer, avec une rigoureuse certitude, que l'hormone ne subsiste pas après la castration, donc, qu'elle est détruite au fur et à mesure de son action. De cela, il résulte que la courbe de régression correspond à une propriété somatique interne et qu'elle ne porte en aucune façon la marque de l'action hormonique. Il en est de même, d'ailleurs, pour les courbes de croissance sexuelle qui, nous l'avons vu, sont indépendantes de la quantité d'hormone mise en jeu. Ainsi, la présence de l'hormone, à un taux déterminé déclenche telle aptitude réactionnelle du soma, positive ou négative, mais cette aptitude se développe avec sa vitesse propre. En somme, les précisions que nous avons apportées dans notre domaine doivent être considérées comme des lois somatiques; mais ces lois ne peuvent jouer que si l'hormone crée préalablement la condition de milieu.

2° — Problème histologique. La notion de seuil hormonique retentit profondément sur la logique des recherches qui visent à situer exactement les éléments endocriniens des gonades. Ainsi, au début, les auteurs attribuaient une grande importance à l'hypertrophie du tissu interstitiel qui suit la castration unilatérale et la résection du vas déferens opposé; nul alors n'eût songé à élever à ce sujet la moindre critique. Mais depuis quelques années, la découverte du seuil chez les Oiseaux (*Pézard*), puis son extension aux Mammifères (*Lipschütz*) ruinent, semble- t-il, et irrémédiablement la valeur logique de l'hypertrophie. Si $\frac{1}{150}$ de la masse testiculaire normale suffit pour assurer la masculinisation complète d'un Cobaye, on ne voit pas quel rôle compensateur peut bien jouer après ablation d'un testicule l'hypertrophie dont il s'agit. En outre, l'exiguité du seuil doit nous rendre plus exigeants pour les discriminations: dans un complexe glandulaire actif, il est désormais interdit de négliger telle formation ou telle substance parce qu'elle est peu abondante. Enfin, la notion de seuil nous incite à porter de préférence la recherche histologique sur les transplants ou reliquats glandulaires qui sont placés dans le voisinage du minimum efficace et de part et d'autre. Si intéressantes qu'elles soient, les expériences sur le vas déferens, la cryptorchidie, la röntgenisation laissent les gonades trop loin des seuils pour introduire les conditions logiques nécessaires et permettre les comparaisons fructueuses. Fort de cette idée, *Caridroit* a pu établir récemment relativement aux Gallinacés, une théorie histologique moins simple, moins séduisante peut-être que la doctrine de l'interstitielle, mais plus conforme aux faits observés; il considère le complexe testiculaire normal comme un bloc doué de propriétés endocriniennes et admet des possibilités de vicariances.

3° — Problème morphogène. — La connaissance des différents seuils chez les Gallinacés nous a permis de "mettre en équation" le difficile problème du gynandromorphisme chez les Oiseaux (1922). Après avoir postulé les conditions de chaque catégorie, nous avons, avec *Sand* et *Caridroit* (1923 á 1926), entrepris la réalisation expérimentale: gynandromorphisme biparti, gynandromorphisme en mosaïque, gynandromorphisme fragmentaire, autant de phénomènes dont la réussite atteste le bien fondé de nos idées directrices et renforce a postériori la notion des seuils.

Dans le domaine si fécond de l'hermaphrodisme expérimental, nous commençons à entrevoir un peu de clarté. Jusqu'ici, il faut bien le dire, les auteurs raisonnaient un peu "à tâtons", d'où les discussions quelque peu oiseuses entre partisans de l'antagonisme et ceux du non-antagonisme. La biologie semblait osciller entre l'une et l'autre manière de voir, suivant le tempérament du chercheur ou simplement suivant les préférences personnelles. Mais voici la notion de seuils qui introduit dans le sujet deux données numériques précises: la masse liminaire et le temps de latence; aussitôt la discussion s'oriente et aboutit à des conclusions fermes. Dans ses belles expériences sur l'hermaphrodisme expérimental du *Cobaye, Lipschütz* trouve que la diminution de la masse testiculaire diminue le temps de latence ovarien, précipite la féminisation et produit une sorte de "déverrouillement". Dans le même ordre d'idées, *Caridroit* publie des observations très précises, relativement aux *Gallinacés.*

Dans ses expériences de transplantations combinées, il observe que le seuil ovarien du plumage ainsi que le seuil de la crête ne sont pas modifiés; par contre, en présence de l'ovaire les instincts sexuels du mâle et le chant semblent exiger des seuils testiculaires plus élevés que dans la transplantation testiculaire simple. Souvent, ils ne se développent pas, mais si on diminue la masse ovarienne (déblocage), l'instinct sexuel et le chant apparaissent. Ainsi, le pseudo-antagonisme des gonades, se ramènerait, en définitive, au déplacement de certains seuils.

Il n'est pas jusqu'au plus récent de nos problèmes qui ne puisse bénéficier des idées nouvelles. Dans des expériences déjà anciennes (1922) nous avons pu obtenir chez la Poule, après ovariectomie incomplète, la poussée de cordons séminifères aux dépens du reliquat ovarien. Ces cordons dérivaient soit de l'épithélium ovarique, soit des amas de première prolifération, inclus dans l'ovaire. Depuis, *Caridroit* et nous, nous avons pu reproduire, presque à volonté, le curieux phénomène et obtenir la transformation des cordons en canaux séminifères infantiles. *Caridroit* en a fait une étude cinématique soignée qui assure nos vues antérieures. Récemment, d'autres auteurs *Finlay, Zawadowsky, Benoît,* ont publié à cet égard des observations concordantes. Déjà *Benoît* (1923) avait apporté, concernant la poussée d'un testicule droit chez la Poulette ovariectomisée, des documents semblables, du plus haut intérêt. De tout cela il nous faut bien conclure que les éléments de l'ovaire adulte, plus exactement les follicules, exercent, selon l'avis de *Caridroit* une influence inhibitrice sur les éléments embryonnaires de l'ovaire. Et comme l'ablation partielle joue un rôle stimulateur, nous devons penser à l'existence d'un seuil inhibiteur qui, en la circonstance, règlerait le sort des éléments primordiaux. En tout cas, non seulement l'idée de potentialité, mais la discontinuité évolutive semblent s'introduire dans l'intersexualité glandulaire et pénétrer d une façon inattendue dans le domaine des caractères sexuels primaires.

Pour fixer objectivement la portée et le bienfait de la notion de seuils, qu'il nous soit permis de rappeler ici le désarroi dans lequel se trouvaient en 1922, les théories relatives aux Mammifères. notamment en ce qui concerne l'hermaphrodisme expérimental. Dans les beaux travaux qu'il a consacrés à cette question, notre collègue *Sand* constate qu'à la suite de greffes intratesticulaires d'ovaires chez le Cobaye, tel ovaire, mal conservé, a néanmoins développé son effet hormonique, tandis que d'autres ovaires, bien incorporés et en bon état, n'ont produit aucun effet. En observateur scrupuleux, l'auteur conclut: "Cette nouvelle trouvaille bizarre... ne saurait être expliquée à présent. Je renoncerai à de longues hypothèses et discussions là-dessus et me bornerai à indiquer que c'est là un phénomène qui donne beaucoup à réfléchir et qui, comme beaucoup d'autres, exhorte à la plus grande précaution quant à la critique des questions endocrinologiques" [1]). Réserve judicieuse, qui contient implicitement le désaveu de la loi de proportionnalité, jusqu'alors admise par l'éminent biologiste. Il ressort nettement que la théorie endocrinienne d'alors

---

1) *Knud Sand.* L'Hermaphrodisme expérimental. Journ. Phys. et Path Gén. T. XX No. 4 — Paris. Décembre 1922, p. 485.

n'est pas au point, en ce qui concerne les Mammifères. Mais déjà, nos travaux relatifs au seuil et au temps de latence, les travaux de *Lipschütz* sur la castration fractionnée et sur le déverrouillement, ceux de *Caridroit* sur le déblocage, d'autre part les réserves apportées au sujet de théories histologiques trop rigides apportaient ou allaient apporter la réponse. Avec l'idée de seuil notamment et celle du déplacement des seuils dans les greffes combinées, toute "bizarrerie" cesse; ces faits considérés comme inexplicables prennent figure de faits normaux et rentrent désormais dans la loi commune.

Telles sont les idées fondamentales auxquelles, sous l'égide de notre maître, *Mr. Gley,* nous avons consacré, depuis une quinzaine d'années une bonne partie de notre activité scientifique. Comme il arrive toujours lorsque les postulats sont solides. les expériences de contrôle ont exactement répondu notre attente, mais mieux encore, des problèmes nouveaux ont surgi ainsi que des disciplines précises. S'il est exact qu'une idée scientifique vaut par les questions qu'elle suggère plus que par les problèmes qu'elle résout, il nous sera bien permis de penser que la notion des seuils différentiels a fait ses preuves et qu'elle mérite droit de cité dans notre jeune endocrinologie sexuelle.

Bibliographie sommaire
se rapportant aux travaux auxquels il est fait allusion dans le présent article.

A. *Pézard.* Sur la détermination des caractères sexuels secondaires chez les Gallinacés. CR. Ac. des Sciences 1911, CLIII, p. 1027.

— — Sur la détermination des caractères sexuels secondaires chez les Gallinacés: Greffe de testicule et castration postpubérale. CR. Ac. des Sciences 1912, CLIV, p. 1183.

— — Développement expérimental des ergots et croissance de la crête chez les femelles des Gallinacés. — CR. Ac. des Sciences 1914, CLVIII, p. 513—516.

— — Transformation expérimentale des caractères sexuels secondaires chez les femelles des Gallinacés. — CR. Ac. des Sciences 1915, CL, p. 260—263.

— — Loi numérique de la régression des organes érectiles consécutive à la castration postpubérale. — CR. Ac. des Sciences 1917, CLXIV, p. 234—236.

— — Le conditionnement physiologique des caractères sexuels secondaires chez les Oiseaux (Thèse pour le doctorat ès sciensés). Bull. Biol. France-Belgique, T. LII. — Un volume in 8⁰ de 176 pages. Paris 1918.

— — Secondary sexual characteristics and Endocrinology. Endocrinology. Los Angeles 1920. Vol. IV, No. 4, p. 527—541.

— — Castration intrapubérale et généralisation de la loi parabolique de régression. C. R. Ac. des Sciences 1920, CLXXI, p. 1081.

— — Loi du „Tout ou rien" ou de constance fonctionnelle du testicule considéré comme glande à sécrétion interne C. R. Ac. des Sciences 1921 — CLXXII, p. 89.

— — Temps de latence dans les expériences de transplantation testiculaire et loi du "Tout ou rien". C. R. Ac. des Sciences 1921 — CLXXII, p. 176.

— — Numerical law of regression of certain secondary sex characters. Journ. of Gen. Physiol. Baltimore 1922. Vol. III, p. 271—283.

— — Modifications périodiques ou définitives des caractères sexuels secondaires chez les Gallinacés. — Annales Sc. Natur. Zoologie 1922, p. 83—104.

— — Notion de "seuil différentiel" et explication humorale du gynandromorphisme des Oiseaux bipartis. — C. R. Ac. des Sciences 1922. — T. CLXXIV, p. 1573.

— — Notion de "seuil différentiel" et masculinisation progressive de certaines femelles d'Oiseaux. — C. R. Ac. des Sc. 1922. — CLXXV, p. 236.

— — La loi du "Tout ou rien" — Exposé général. Journal Phys. et Path. gén. — Paris 1922 — p. 200—211.

— — La loi du "Tout ou rien" et le gynandromorphisme endocrinien. Journal Phys. et Path. Gén. Paris 1922, p. 495—508.

Pézard, Sand et *Caridroit*. Production expérimentale du gynandromorphisme biparti chez les Oiseaux. — C. R. Ac. des Sc. 1923 — CLXXVI, p. 615.

Pézard et *Caridroit*. Les modalités du gynandromorphisme chez les Oiseaux. C. R. Ac. des Sc. 1923 — CLXXVII, p. 76.

A. Pézard. Le gynandromorphisme biparti expérimental. Rev. d'Hist. Nat. appliquée — Paris 1924.

Pézard, Sand et *Caridroit*. Le gynandromorphisme en mosaïque et les dysharmonies endocriniennes chez les Gallinacés. — C. R. Soc. Biol. 1924, XCI, p. 1116.

A. Pézard. Le déterminisme des caractères sexuels secondaires chez les Oiseaux. — Rev. Gén. des Sciences 1924. — p. 693—703.

— — Le gynandromorphisme expérimental. — Rev. Gén. des Sciences. — 30 Janvier 1925 — p. 38—47.

Caridroit et *Pézard*. Poussée testiculaire autonome à l'intérieur de greffons ovariens autoplastiques chez la Poule domestique. C. R. Ac. des Sciences 1925 — CLXXX, p. 2067.

Caridroit. Etude histophysiologique de la transplantation testiculaire et ovarienne chez les Gallinacés. Un vol. de 177 p. avec 33 fig. et 6 planches, dont 2 en couleurs. Bull. Biol. France-Belgique. T. LX 2, p. 135—312, 1926.

Proofs and Implications of Complete Sex-Transformation in Animals.

By *Oscar Riddle*

Carnegie Institution of Washington, Station for Experimental Evolution.

With 5 figures.

This is not the time or place for the presentation of details; it is a most opportune occasion for the examination of new and general aspects of the sex problem — if, in fact, such general aspects are to be found among the results of recent investigations of this many-sided subject. Our effort here must be to indicate that it is now both necessary and possible to recast our conceptions of the biological basis and nature of sexuality; and, also, to suggest the bearing and importance of this new standpoint in the several fields of sex research — namely in, chromosomal relations, sex-reversal, hermaphroditism, castration-transplantation, and in medical, psychological, and social aspects of sexuality.

Perhaps nothing could show better than the Program of this Congress the wide diversity of current studies on sexuality. Where is there a common thread that will bind together these multifarious facts and observations? Does any one in this assembly of trained investigators suppose that there will be full agreement on a basic principle in the addresses to be given here — from observers in medicine, in sex-reversal, in psychology, in hermaphroditism, in sociology and in chromosomal relations? The science of mathematics has such basic principles, and truth in one department of the subject may be definitely related to all other mathematical truth. In Geology there are some conceptions which are universally accepted, and which serve to guide and aid the interpretation of the diverse new facts or problems of earth history. In Physics and Chemistry there are known and universally acknowledged principles which assist in the test and in the better comprehension of any new or unusual type or member of the myriad forms of matter. In Biology we have at least the unifying principle of evolution, involving the clarifying facts of natural and sequential origins. But in Sex-research those who have effected sex-reversals have shattered the normal relationship of the sex-chromosomes to differentiated sexuality — as this was earlier found and interpreted in many organisms — and as yet there is no agreement upon, nor indeed is there evidence of a concerted search for any principle that holds when the usual chromosomal direction breaks down. The relationship of the sex-chromosomes to sex is a truth, but it turns out to be only a partial — and in rigorous test a failing — truth. There is now no central or sustaining principle or fact for our varied studies on sexuality. It is this condition in the field of Sex-research that gives direction to all that I say here.

Proofs of Sex-Reversal.

There are two questions of fact each of which is essential to this discussion. The first of these questions is: Does the available evidence require the acceptance of complete sex-transformation in animals as an accomplished fact? Until this question is answered it remains the most important question that any investigator of any aspect of sex research can ask. Since the crucial evidence on this subject has been obtained in relatively recent years, and involves quite diverse animals, as well as different developmental stages of these animals, we may assume that the facts are not yet fully known to many of those assembled here. It is our hope that the rather numerous citations which follow may make it easier for those whose studies fall outside the field of sex-reversal to find and evaluate the evidence on this essential question. Amphibians and birds are the vertebrate groups which have supplied most of the decisive evidence for the complete reversibility of sex.

Reversal in amphibia in egg-stage. — In any survey of the early discoveries the story centers in the Laboratory in Munich, where Professor *Richard Hertwig* and an able group of students pursued their studies of sexuality on the „over-ripe" eggs of the frog. *Hertwig* (1906, 1912) showed that a large excess of males resulted from eggs retained in the body and „over-ripened" before fertilization; but he was long inclined to interpret this result otherwise than as sex-reversal. In his laboratory, however. *Kuschakewitsch* (1910) was able to prove that neither differential mortality nor selective fertilization could account for the excess of males obtained in his experiments. *Morgan* (1911) and others unsuccessfully contested this conclusion. A little later, in the same Laboratory, *Witschi* (1914) further proved that the excess of males from „over-ripe" eggs could not rest upon any change in the maturation mechanism within the treated eggs, such as would result in the throwing off of the female sex-chromosome.

More recently *Witschi* (1923) has also supplied genetic proof that one of the resulting males was a transformed female and still possessed the genetic or chromosomal constitution of a female. It produced sperm and in a mating with a normal female gave only female offspring, in all eggs not here possibly modified by „over-ripening" (237♀♀ : 2♂♂) *Crew* (1921), had earlier contributed to the proof that some male frogs are really transformed individuals with the genetic constitution of females. He obtained 100 per cent of females, or 774♀♀ : 0♂♂ from one such mating. Thus the several above-mentioned studies supplied full proof that the usual chromosomal control of sex-development in frogs had broken down.

But the entire case for the Amphibia is not yet fully stated. *King* (1912) desiccated toads eggs — performing the converse of the *Hertwig-Kuschakewitsch* experiment — and obtained approximately 87 per cent of females in an experiment in which the mortality of young of unknown sex was less than 7 per cent. *Witschi* (1914) found that high temperature (27 ° C.), as well as „over-ripeness" resulted in a great excess of males — and probably in sex-reversal. He also (1914) obtained numerous sex-intergrades, ranging from super-males to normal females. *Adler* (1920), has reported that strongly functioning thyroid glands are causally associated with male-production from these „over-ripe" eggs. That is, according to *Adler,* in tadpoles apparently equipped with the chromosomal constitution of females, the hyperfunctioning thyroids differentiate earlier than do the gonads and cause the genetically female embryos to develop into males. If these data can be confirmed they are of considerable importance.

Reversal in adult amphibia. — Working with the newt, *Triton,* Champy (1921) was able to supply a satisfactory demonstration of the transformation of sex in an adult individual. Champy had earlier shown that when a male newt is subjected to severe fasting in summer this may result in some changes similar to those which result from castration. A male which had been previously tested as a male parent was severely fasted during two months of summer, and was then intensively renourished. It was allowed to live until the next period of mating and egg-laying had been reached—in April. *Killed* for examination at that time it was found that the male germ glands had disappeared, and that within the former testicular tissue there were now present immature but unquestionable ova. In a word, this mature male had now acquired the ovaries of an immature female. The studies of *Harms* (1921), and of *Guyenot* and *Ponse* (1923, 1925) have supplied further proofs of the plastic and reversible nature of sex in toads. Ova may be matured in *Bidder's* organ of castrated males, and these ova are capable of fertilization and development. This constitutes sex-reversal from adult male (some would say from hermaphrodite) to female.

The more complete story of sex-transformation within the amphibia includes therefore the repeated reversal of sex — from female to male — in the first or egg-stage of the organism. It includes at least one case of unquestionable reversal — from male to female — in an adult urodele, together with several corroborative cases in the anura. The methods used in effecting the reversals — female to male — in the egg-stage are two: (a) „over-ripening" of the eggs before fertilization; (b) high temperature. The effective method for the change from male-to-female in the newt was severe fasting in summer followed by a period of intensive feeding. In the toads the change was effected by simple removal of the testes. The amphibia thus give definite answer to our main question: The available evidence requires the acceptance of complete sex-transformation as an accomplished fact.

Reversal in pigeons in egg-stage. — The same early years in which *Hertwig* was disclosing the sex problem in the ova of the frog, were the years during which *Whitman,* in Chicago, was engaging a two-sided aspect of the sex problem in the ova of doves and pigeons. Even before 1906, *Whitman* (1919) got evidence suggestive of sex-reversal in the egg-stage of these animals; and indeed there was evidence that the transformation was made in both directions. First, it was found that remarkably wide crosses are possible in the pigeon world (the Columbidae), and that those crosses which involve birds of two different zoological families yield males only. The second, and reverse type of effect was obtained by forcing female doves to produce eggs in excessive numbers at an abnormally rapid rate. This excessive reproduction — i. e., forcing the females to lay many eggs at short intervals — resulted in excess of female offspring. It is certain that *Whitman* found these two means of profoundly modifying the sex-ratio. He did not, however, have the evidence upon which the question of sex-transformation could be decided.

My own studies during fifteen years have been made chiefly on this bird material, and it has been possible to obtain what I believe must be regarded as conclusive evidence for many cases of sex-reversal. Only a part of this evidence has yet been published, but to this scattered evidence we must here make reference. In 1911 (published, March 1912) I presented results before the American Society of Zoologists which indicated that definite chemical differences, of quantitative nature, in male-producing and female-producing eggs accompany or run parallel with the changes in sex ratio which *Whitman* had found to result from crowded or excessive reproduction. Maleness was found to be associated with ova of smaller size, higher water content, and less stored energy; femaleness, with ova of larger size, slightly less water content, and with greater storage of energy. For the first time (1911) the chromosomal theory of sex, as then advanced, was countered by evidence definitely interpreted as revealing sex in quantitative terms and of truly reversible nature. These results were somewhat more adequately published in 1916.

We may now point out that in doves and pigeons the question of the reality of the sex-reversal is not complicated by any possibility of a selective fertilization by sperms of different sex value; for, even before the beginning of our studies breeding tests had proved that the sperms are all alike in respect of their sexual potency. In doves, as in the moths, it is found, however, that the mature ova are of two kinds — genetically male and genetically female. The existence of these two kinds of ova does raise a question as to whether both sexual types are fertilizable in crosses. For the large and specially important group of generic crosses this was positively answered by the early data obtained by *Whitman* (1919) and myself (1916a, 1917a). These crosses produce both males and females, but they throw an excess of males in the early season, and in the late summer — if forced or crowded egg-laying is practised — an excess of females. In many of these generic crosses fertility is undiminished, and all or nearly all eggs may be hatched and 'sexed'. Data of this sort clearly prove that both sexual types of ova are fertilized at all seasons. In the case of the widest or family crosses — from which males only are obtained — a reduced fertility does occur, and here indeed existed the theoretic possibility that only male-producing ova were fertilized. But that this was nevertheless not actually the case was indicated by *Whitman's* data (1919); it is excluded by fragments of my own earlier work (1917a), together with a single fully studied record more recently described (1925a). The earlier part of the data on this point show that there is no tendency toward fertility in approximately one-half, with infertility in the other half, of the eggs produced in this type or grade of crossing; and the later data, as cited above, compel the conclusion that both types of eggs are fertilized and that both develop into individuals with sperm-bearing testes. The presence of testes with reversed size relations in many of these 'males' has supplied other evidence for true sex-reversal (*Riddle*, 1916b, 1918; 1925b). It has thus been shown that no form of selective fertilization is responsible for either the high male ratios obtained from wide crosses or for the high female ratios obtained under crowded reproduction.

With selective fertilization excluded, two other possible explanations of the aberrant sex ratios required consideration. First, the possibility of a selective mortality among the eggs or embryos — a matter definitely disproved by many of *Whitman's* (1919) and my own (1916a) prolonged breeding records in which all or practically all of the eggs were 'sexed', and in which precisely similar abnormal ratios were still found. Second, the possibility that a differential maturation is induced. This was indeed a possibility; but in order to account for our two types of abnormal sex ratios it would be necessary to assume (a) that a prospective fertilization by a sperm proceeding from a bird of a different genus or family induces the elimination of the female-producing chromosomes from the egg nucleus; and (b) that the conditions brought about by crowded reproduction lead to the elimination of the male elements from the egg nucleus.

Fortunately both *Whitman's* results and my own exclude the first of these possibilities in the case of the generic crosses, since it was there repeatedly found that the same pair of birds which before "overwork" gave mostly males, would later — after continuous reproduction — yield mostly females. Surely the sperm were as genetically "foreign" in the one period as in the other. In the other more complicated case — that of crowded reproduction, accompanied by an excess of female offspring — we early found (1912, 1916a) that continuous egg-laying by a female dove led to chemical and size changes in the egg; and, since these changes were toward — or beyond — the normal female type of egg a plausible basis for a differential maturation was here suggested. Our task, however, was to make various studies upon as many as possible of the females which arose under these conditions in order to learn whether there were among them any sex-reversed females. Of course many of the females thus studied, and others not thus specially studied, were normal (super-females were identified), and it was realized that one or another part of the excess of females might have arisen from differential maturations; but, the whole importance of these studies to our subject and to us rests upon success in finding some females (birds bearing ovaries) whose sexual characteristics could not be accounted for by the elimination of the male element during maturation. Such birds, we believe, have been found (1914a, 1916a, others unpublished). Females whose origin was otherwise identifiable with male-producing ova were shown to be laggards at egg-production, to have the male's copulating behavior, and to show other masculine characteristics.

To our main question, again, the answer is that the evidence requires the acceptance of sex-reversal — in both directions — in the egg-stage of pigeons as an accomplished fact.

Reversal in juvenile stages of fowl. — Sex-transformation in juvenile, or early post-embryonic, stages has also now been accomplished in the common fowl. *Zawadowsky* (1922) and *Benoit* (1923) have shown that following the removal of the left ovary in young chicks the repressed right ovary is transformed into a testis. *Benoit* interpreted his results otherwise than as true sex-reversal. In so far as I have been able to read *Zawadowsky's* discussion of this point, he seems to report the result as sex-transformation, but, apparently as a passage to the masculine side of an "equipotential" condition. I have earlier pointed out (1924b, 1925b) that these developments of testis on the right side after removal of the left ovary constitute true sex-reversal. Later *Domm* (1924) and *Finlay* (1925) again obtained similar experimental results and have described them as sex-reversal.

It is now clear therefore that the removal of the left ovary in the juvenile stage of the fowl is often followed by complete sex-transformation from female to male.

Reversal in adult fowl and pigeon. — It remains to record that sex-transformation in birds includes two unquestionable cases in adult birds — both in the female-to-male direction. These cases provide the severest tests of the possibility of reversing sex in any stage of its development or existence.

Crew (1923) was able to show that a female fowl — the mother of chickens — after 3 years of age had her ovary destroyed by tuberculosis. This bird gradually developed masculine characteristics, developed two testes, and became the father of two chickens, and was unquestionably a male at death. *Fell* and *Crew* (1923) described eight additional hermaphrodite fowls as so many cases of incomplete sex-reversal. This was the first instance of a correct interpretation of such hermaphrodite birds.

The second case involves sex-reversal in an adult egg-laying female ring dove (Streptopelia risoria). The speaker (1924a) could demonstrate that the ovary of this normal female was destroyed by tuberculosis; that the disease was then temporarily checked; that health was restored and this was accompanied by a period in which the bird assumed all of the behavior of a male; that when dead of a re-infection with tuberculosis — 44 months after laying her last egg —she had two testes and no ovary. This case, like the one of *Crew,* not only proved the capacity of complete sex-reversal in the adult stage, but it brought similar light on the whole question of hermaphroditism; for, if it had been killed for examination at twenty different stages of the transformation it would have been described as twenty different kinds or degrees of hermaphroditism. These several bearings of this case were fully pointed out in our (1924a) report.

It is important to our later discussion to bear in mind that the fowl and pigeon were both transformed — from female to male — through the removal of the ovary, and this by the same specific disease, namely tuberculosis.

One could note — in much lighter vein — that it is a source of smug personal pride that, although I was not the first to describe in print, I was indeed the first to observe (1914 to 1918) and describe to my intimates, the complete reversal of sex in an adult higher animal. If you will consider with me the then prevailing incredulity of our biological colleagues you will realize that this event assumes the quality of an episode in a lifetime. Again, so swiftly has a change transpired, that after only seven years one may unreservedly recount a series of complete sex-transformations in adult higher animals.

Summing up the status of sex-reversal in the birds in relation to our first essential question it is found that: The available evidence requires the acceptance of complete sex transformation — in the egg-stage of the pigeon, the juvenile stage in the fowl, and the adult stage of the fowl and pigeon — as accomplished facts. In the egg-stage the reversal occurs in both directions. In juvenile and adult stages it is thus far demonstrated in the female-to-male direction only. The data from both batrachians and birds compel the conclusion that the normal chromosomal mechanism of sex-determination has been repeatedly and completely overriden — in both of these vertebrate groups and in both of the possible directions. Additional cases of complete reversal, from adult female to male, could be cited from fishes *(Essenberg,* 1926). With the essential point of complete reversibility thus established it becomes possible to state and to examine our second problem.

Metabolism and sex.

Our second question — referred to at the outset as essential to the further discussion of the problem of sexuality — may now be stated. The chromosomal mechanism underlying sexuality, and normally deciding the sex of the individual, is at present the most definite and the most widely accepted fact that touches all aspects of the problem of sexuality. It is the legacy of 25 years of critical research by a host of cytologists and breeders in many countries; it profits no investigator in any branch of sex research to overlook the reality of their demonstration. But, as we have just seen, a small group of experimentalists have now definitely and finally overthrown the chromosomal differences as real or valid causes of sexual difference — zygotes with the genetic foundations of male or female having been forced to develop into individuals of the opposite sex. Since the chromosomal or genetic difference does not supply the real basis or cause of sexuality, what does supply it? When all of the normal chromosomal influence for femaleness is present, and normally functioning maleness arises instead, what is the nature of the counter-drive? Which intimate means or forces did we employ in our several sex-reversals? This, I avow, now becomes the all-essential question for the entire field of sex research; dissenters should at once make a really different statement of the problem if it can be done.

During the past fifteen years the speaker has been engaged in a search for this thing, state, or condition which persists when the chromosomal direction breaks down. The sex situation involved in the reversal of male zygotes to female individuals under continuous reproduction — as practised by *Whitman* — supplied us with an opportunity to study this question by chemical methods. We here again make brief citations to published matter on this point, and then take this occasion to present a few summaries of some unpublished data.

Metabolism and sex in the ova of pigeons. — In these studies we find that the rate or level of metabolism — in egg or zygote — is the more fundamental and decisive basis of sexuality; that it does, in fact, persist when the chromosomal control fails. We have found (1912, 1914b, 1916a, 1917a, 1917b) that the higher metabolic rate within the species leads to maleness; that the lower metabolic rate leads to femaleness [1]).

The new data (Charts 1—4) must here be presented with the briefest possible discussion. Probably these Charts will largely make their own meaning clear. It will be observed that these data on sex and metabolism — in the form of curves or polygons — are arranged on the basis of season; but it is the pigeon's own "metabolic season or calendar" — not our own — that is used. Such a "metabolic calendar" was obtained (*Riddle* and *Fisher*, 1925) for two additional kinds of doves and pigeons than those used at the bottom of Charts 1—4. The size of the thyroid glands of large numbers of doves was measured during every month of the year and three months are here combined to form a season. The thyroids proved to be largest during October to March, inclusive; January , February and March constitute "Winter" in these figures. Only seasonal d i f f e r e n c e s in the quantities listed on the charts are necessary to this discussion, and these d i f f e r e n c e s only are used to form these polygons.

Three kinds of data involving seasonal changes in the sexuality of ova or offspring have now been given the above-mentioned sort of seasonal classification. Chart I summarizes the sex ratios obtained from the breeding of birds most nearly related to the blond ring doves (S t r e p t o p e l i a r i s o r i a). The number of males for each 100 females is given for each of the three kinds of doves. It will be seen that from "blond ring doves" and from "ring hybrids" the seasonal variations in sex ratio closely parallel the seasonal variations in thyroid size. The points of great importance, however, are that the season of the highest proportion of male-production is the w i n t e r, and that their relative numbers are progressively reduced into the late s u m m e r period; and, further, that l e s s t h a n a n o r m a l r a t i o o f m a l e s (100♂♂ : 100♀♀) i s p r o d u c e d i n t h e a u t u m n p e r i o d. In other words, the influence which acts during the spring and summer to lower the male ratio from its original winter value a l s o c o n t i n u e s i n a m e a s u r a b l e d e g r e e t o a c t i n t o t h e a u t u m n p e r i o d.

The polygon at the top of the Chart represents the s e x - r a t i o s obtained from a few wild species of the same sub-family to which the blond ring dove belongs. These matings involve species brought from the tropics; hence nearly all of their offspring were produced

---

1) *Geddes* and *Thomson* (1890) of course long ago presented evidence for this distinction in male and female adults, and indeed sought also to apply it to all sperm, as contrasted with all eggs. Later, however, genetic research proved that sperms may be prospectively male or female; and eggs likewise, male- or female-producing. Our own differentiation on a metabolic basis of these two types of ova carries this interpretation into quite new territory. Again, our evidence for the persistence of the metabolic distinction even when chromosomal control fails, establishes the fact that the metabolic difference can not be construed as anything resembling a „secondary“ sex character. These two new basic facts give a new birth to a metabolic theory of sex which violates no known fact, and which seems applicable to every life-stage of all organisms.

Additional useful facts (collected from the older literature) bearing on physiological and metabolic sex differences in man are given by Bucura (1913) and Ellis (1915).

CHART I

SEX RATIO DIFFERENCES (BY SEASONS)

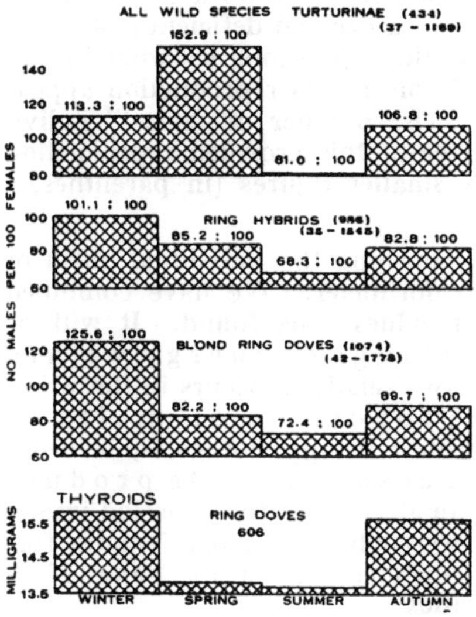

CHART II

STORAGE IN OVA (DIFFERENCES)
BY CALORIMETRY (AT FOUR SEASONS)

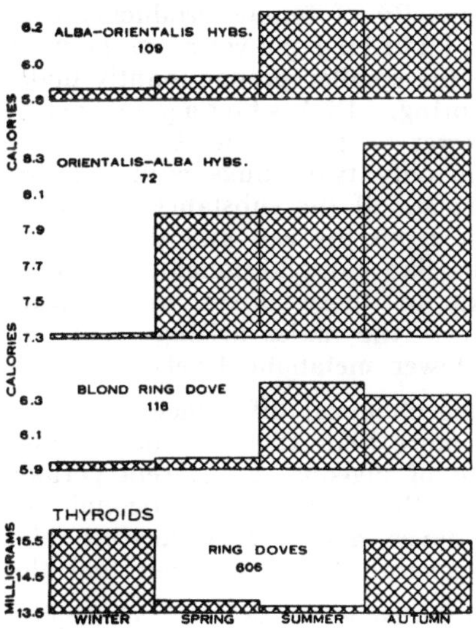

CHART III

PERCENTAGE FAT IN OVA
(DIFFERENCES) ET FOUR SEASONS

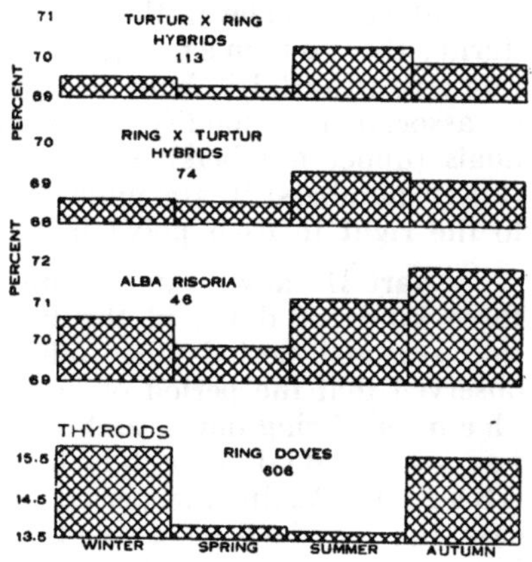

CHART IV

SUMMARIES ON SEASONAL (DIFFERENCES)
OF SEXUALITY AND METABOLISM
IN RING DOVES

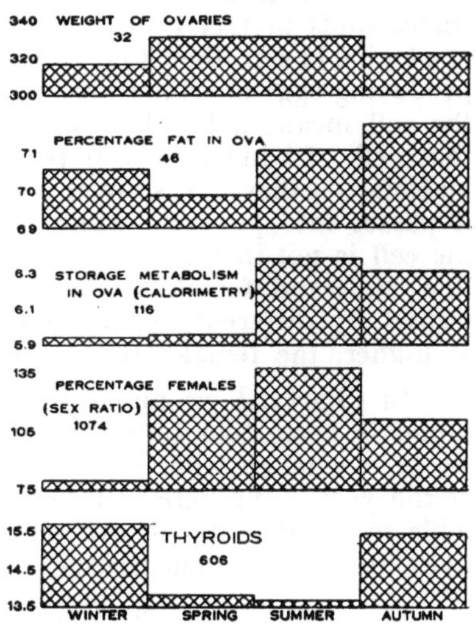

from eggs laid during the spring and summer periods, and it will be observed that in these two periods — where the numbers are largest and of most significance — the sex ratio shows a much higher percentage of males in the spring and a decided deficiency of males during the summer. In all of the three polygons showing "sex-ratios (Chart I)", both season and continuous reproduction appear as associated or modifying factors. The number of "sexed" individuals (upper numbers), and the degree of this crowded reproduction (lower numbers) [1]) are indicated by smaller figures (in parentheses) to the right in each polygon.

Chart II shows values found by burning the individual yolks of three kinds of doves in the bomb calorimeter. We have combined into seasonal periods the individual values thus found. It will be observed that the period of least storage of energy within the ova of ring doves, and of their two relatives, occurs in the winter — as did the highest proportion of males in Chart I. Again, the period of greatest energy storage is, in every case, the period of greatest excess of female production (and of smallest thyroid size), or it is the autumn period immediately following. These data also were obtained from females forced to continuous egg-production — indeed, from the same birds that supplied the data for the sex ratios.

Charts I and II thus clearly demonstrate that the least storage of energy in the ova is definitely associated with the greatest proportion of males; and that maximum storage of energy in ova is definitely associated with the greatest proportion of females. Let us now face the essential fact involved in these measurements. It is the following: This high storage capacity of female-producing eggs corresponds in fact to a lower oxidizing power, or lower metabolism, than that found in the smaller predominantly male-producing eggs of winter and early spring. High storage power in the cell means a low burning power — a low metabolism — in that cell. Living cells can really do only two things with ingested material — they can store it, or burn it. If the substance is burned it passes into products which escape from the cell and the bulk of the cell is not increased. These data, like our additional data, prove that male-and female-producing ova in these doves are characterized by different metabolic levels — the males arising from ova at higher, the females from ova at lower metabolic levels.

In Chart III we make use of one chemical difference as this is found in some four hundred of our more than 1200 chemical analyses of ova taken from various species of pigeons at different periods of the year. We here consider merely the percentage of alcohol- soluble material found in ova of ring doves, and of their nearest relatives, during the four seasons. In general it will be seen that the

1) For example, the figure (1074), shows that the sex of this number of offspring of „blond ring doves" was obtained, and that the sex ratios are based upon this total number. Similarly, (42-1778), indicates that 42 yearly records are involved and that a total of 1778 eggs were produced. Thus, 1778 : 42 = 42.3. The latter number being the average number of eggs produced per female per year. The 704 eggs not „sexed" were used in other studies (chemical, calorimetry), or were infertile, broken, etc.

highest percentage of fat-storage again occurs in s u m m e r — during the period of greatest excess of female production; also, that t h e p e r c e n t a g e o f f a t - s t o r a g e i n c r e a s e s a s t h e n u m b e r o f f e m a l e s i n c r e a s e s (as shown in Chart I). This result is a further confirmation of the total energy storage as directly measured and disclosed in Chart II.

On Chart IV the three kinds of data concerning metabolism and sex in the ova of the blond ring dove are brought together (weights of ovaries are also plotted at the top so that their r e v e r s e d relation to the thyroids may be noted; see Riddle, 1925c). The period of lowest thyroid size in the parents, the greatest storage of energy in ova as measured by calorimetry, and — with one exception — the highest percentage of fat-storage in the ova, a l l c o r r e s p o n d t o t h e h i g h e s t p e r c e n t a g e o f f e m a l e s d e v e l o p i n g f r o m s u c h o v a.

Concurrent changes are thus found in three kinds of data (thyroid size and size of ovaries not included) concerning metabolism on the one hand and sex on the other. The concurrence is striking, definite and unequivocal; it is found in various species, and the results are based upon satisfactorily large numbers. The only apparent partial departure from a further complete parallelism with thyroid size, in addition, occurs in the "autumn" period where the thyroid size is larger than is indicated by a l l of the data for sex and for metabolism in the ova. This apparent departure of thyroid size has been investigated and an apparently satisfactory explanation obtained. This explanation rests on two things: First, the circumstance that all of the data for sex and metabolism in the ova were obtained from parent birds which were made to produce as many eggs and young as was possible throughout the year (by removing their eggs at once to other birds for incubation) and this "continuous reproduction" tended to the production of excess numbers of females and excess storage in the eggs e v e n i n t h e a u t u m n p e r i o d (studies from 1911 to 1918). But the birds which supplied the data for thyroid size were birds which had reproduced at a normal rate and had reared their own young (studies from 1921 to 1925). Second, the metabolic changes in the soma of the parent bird, kept continuously ovulating, are probably such as would lead to a decrease in thyroid activity (and probably smaller size; see below.).

On Chart V we may see in part why or how this continuous egg-production is itself responsible for some sustained metabolic changes in the body or soma (not n e c e s s a r i l y similar in the ova) of the mother bird. At each ovulation period the suprarenals hypertrophy (*Riddle,* 1923a); the blood sugar rises (*Riddle and Honeywell,* 1923); the blood calcium more than doubles its normal value (*Riddle* and *Reinhart,* 1926) ; the blood fat and the lipoid phosphorus of the blood both attain a maximum value in the pre-ovulation period (*Riddle* and *Burns,* unpublished). These are all m a r k e d m e t a b o l i c c h a n g e s in the soma of the mother bird induced at each ovulation period; and, as the arrows indicate on the curves (at "A"), under continuous reproduction the heightened ovulation values of three of these five things are never allowed to drop to the normal level, but are kept practically continuously above the normal. The hypertrophy of the suprarenal cortex would probably tend to decrease the action of the thyroid (*Marine* and *Baumann*, 1922); and if that were accomplished all of the autumn values listed in Charts I—IV are also brought into a satisfactory relationship to thyroid size as well. We must not be understood to ascribe a causal relationship of the thyroids to anything tabulated or said here; a cocurrence is found, and this only is emphasized.

CHART V

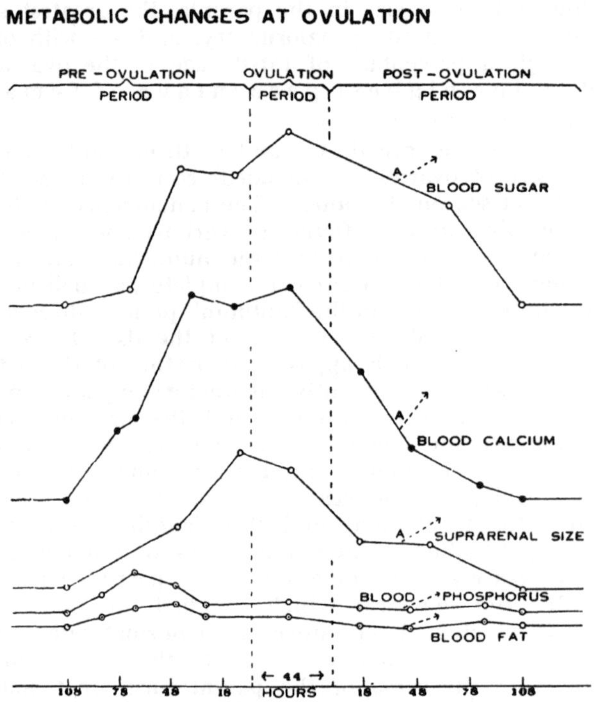

The data of these Charts make it quite certain that in our material a higher metabolism characterizes male-producing ova, a lower metabolism (higher storage) characterizes female-producing ova. Also, that this metabolic relationship to sex is firmly maintained at exactly those periods when the chromosomal control of sex fails — in winter or early spring in crosses (excess of males) and in summer (excess of females) after continuous reproduction. Still other data, published and unpublished, confirm these conclusions. It was shown (*Riddle*, 1923b), for example, that the eight cases of single-yolk twins found in our studies all arose from ova in which the metabolism was unusually low or unusually high. Three crucial tests of the relation of metabolism in the ovum to sexuality were here supplied by the circumstance that all of the "sexed" individuals arose from ova with extremely low metabolism and all three pairs were females.

Since definite measurement on the egg-stage of a large body of materials has shown that a relationship of metabolism to sex is maintained after the other best-known regulator of sex-development fails, is it not reasonable to inquire whether this same metabolic relationship holds in the other cases of sex-reversal? To us this has long seemed plainly essential to further progress in the analysis of sexuality, and we must now make reference to the considerable amount of data already available on this important subject.

Probable type of metabolic change in each type of sex-reversal. — (1) We begin with the other type of sex-reversal in the egg-stage, as this results from wide crosses, in our own work. Sperm from a dove belonging to one family or sub-family uniting with either sexual type of egg from a bird of a different family results in a male individual. How is metabolic rate involved in this result? It can be said in reply that since Darwin it is well-known that hybridization (even heterosis) usually leads to "increased vigor ;" and that it is wholly probable that these words also here mean "increased metabolism". In a very recent consideration of the special genetic basis of the "increased vigor" of the hybrid, Castle (1926) concludes, "that the zygote is not a mere summation of the factors contained in two gametes, but that the cross-bred state itself is a source of metabolic energy in the zygote". Geneticists, however, perhaps agree only upon "increased vigor" as a usual result. The known facts that bear on this case therefore apparently well fit the type of sex-reversal that actually occurs.

(2, 3, 4, 5) Reversal in the egg-stage of the frog. (a) During over-ripening — which leads female zygotes to develop as males — the ova which earlier were abnormally (for living cells) water-poor, take up more water; and this higher stage of hydration of the colloids of these water-deficient cells should result in an increased metabolic rate. (b) In the case of the desiccated toads eggs the metabolic expectation, and the actual sexual change, are both in the reverse direction. (c) High temperatures on frogs' eggs almost certainly increase the metabolic rate, and this coincides with an excess of males. (d) If "strongly functioning" thyroids are associated with maleness from over-ripe eggs, as urged by Adler, it is certain that such thyroids are associated with an increased metabolism. Without exception the type of sex change here conforms to the type of metabolic change. It is a rather remarkable fact that the Munich School has as yet made scarcely a reference to the metabolic conception of sex. In a recent paper, however, Witschi (1925) states as follows (italics are ours):

„Diese haben zum Schluß geführt, daß die Geschlechtsdifferenzierung durch tropische Faktoren ausgelöst wird. Wenn die embryonalen Nährstoffspeicher geschont werden, findet eine Verschiebung nach der weiblichen Richtung statt (z. B. bei dauernd niedriger Temperatur). Durch Beschleunigung des Stoffabbaus dagegen wird die Umwandlung der Weibchen in Männchen veranlaßt (bei stufenweise bis zum Maximum steigender Temperatur oder Eierüberreife".

(6) Reversal in the adult *Triton*. It is well known *(Nüssbaum, Harms, Takahashi)* that rigid starvation enforced on amphibia dur-

ing summer results in enormous reduction of the testes. We here point out that this procedure should also produce a prolonged period of reduction of the basal metabolism in this animal if Triton behaves as have other forms tested under prolonged fasting. The actual sex change was parallel to the expected metabolic change.

(7) Removal of left ovary in young fowls. Analysis here is complicated and in part uncertain. Since the female adults probably have a lower metabolism than the adult males (see below) this metabolic difference is probably present in some degree in this juvenile stage; and the existence of this difference is probably emphasized by influences already being exercised by the left ovary before its removal. The loss of such restraining influence permits the metabolism to increase. If this is true it should tend toward maleness in any further gonadal development. Another factor is found in the circumstance that in many birds the gonad area of the right side of the body, for some little known reason, is more favorable for testis development and less favorable for ovarian development than is the left (*Riddle,* 1924b, 1925b). Developing testicular tissue on the right side would possibly tend further to increase the metabolic rate in the body in general (see below, discussion of "castration-transplantation"), and thus facilitate the development of a testis also on the left side.

(8, 9). Sex reversal in adult fowl and pigeon. Both the fowl and dove were evidently first castrated by a disease (tuberculosis) whose progress stopped when the single left ovary was destroyed. Here, as in the case of the juvenile fowl, the removal of the ovary probably permits an increased metabolism. Further, tuberculosis in the organism is known to tend toward an increase in the metabolic rate (*Cordier,* 1923). In both the fowl and pigeon the new gonadal developments occurred under two conditions, both of which probably increase metabolic rate, and these two adult birds were transformed from females into males.

A candid examination of the known and probable relationship of metabolic change to sexual change in higher animals thus results: In one large group of transformations in the egg-stage there is adequate proof of the intimate relation of metabolism and sex, where under normal conditions chromosomal relations are also definitely related to sex; and that the metabolic rate here persists when the chromosomal control fails. In nine additional cases, or groups of cases — involving egg, juvenile and adult stages — the available evidence leads, in every instance, to the conclusion that when the transformation was made in a male-to-female direction this was accompanied by a reduced metabolic rate; when the reversal was effected in a female-to-male direction this was accompanied by an increased metabolic rate. In view of the utter confusion and ever-present contradictions which attend every other uniform or single interpretation of these several cases, can we hope to analyze phenomena of sexuality without taking metabolic change into account?

There are also the following considerations to reinforce the metabolic theory of sex: (a) The most careful comparisons of the basal metabolism of men and women indicate that of man to be five or six per cent higher than that of woman (*Benedict* and *Emmes,* 1915; *Gephart* and *DuBois,* 1916; *Harris* and *Benedict,* 1919). This sexual differentiation could be established in individuals of 11 kilos and upward of body weight (*Benedict* and *Talbot,* 1915). (b) That male embryos of doves and pigeons have a higher metabolism than female embryos was indirectly indicated by the better survival of males subjected to increased pressures of oxygen, and a better survival of females in reduced pressures of oxygen *(Riddle,* 1920) [1]). (c) That the human female shows higher concentrations of blood fat was indicated by *Gorup-Besanez* (1878), and in our own examination of the data of *Gettler* and *Baker* (1916); for the fowl this was demonstrated by *Lawrence* and *Riddle* (1916), and for doves it is now demonstrated by *Riddle* and *Burns* (unpublished work). It is thus clearly suggested, as we have earlier indicated *(Riddle,* 1917b), that the higher percentage of blood fat tends to be associated with both a lower metabolism and with femaleness. In this connection it was further noted that the parasitized crabs of *Geoffrey Smith* (1911) — changing in a male-to-female direction — were found by *Smith* and *Robson* to show increased fat in the blood along with other aspects of increased femaleness. (d) Later, *Joyet-Lavergne* (1925) has found that even in the sporozoa the females contain greater relative amounts of lipoid granules than do the males.

(e) *Meyns* (1912) and *Guyènot* and *Ponse* (1923) observed that within transplanted testis tissue of the frog and toad respectively, some ova were developed. The lack of vascularization during early stages of these transplants makes it entirely probable that the cells which survived and developed into ova had passed through a period of depressed metabolic rate.

(f) Using the *Manoilov* sex test on doves and pigeons we find that at ovulation and incubation stages of the reproductive cycle this sex-reaction is very frequently reversed. It is here fairly evident that temporary exhaustion of the male at the ovulation period of his mate, and the prolonged inactivity attending the day-nesting of the males, result in a decreased metabolic rate in the males (*Riddle* and *Reinhart,* unpublished work).

In still another group of sex studies it is fairly clear that metabolism is somehow intertwined with sexuality though the precise relationship has not been made clear. Examples are: In the daphnids of *Woltereck* (1911), and in the moths of *Goldschmidt* (1916), enzyme variations were early hypothecated and if these should prove to be the active agents they plainly involve the metabolism; indeed, more recently *Goldschmidt* (1923) has made some use of the term "metabolism" in this connection. Further, concerning a family of "hopelessly gynandromorphic specimens" obtained from a moth hybrid, *Harrison* (1914) states, "that the larger and more robust the specimen the more the male characters predominate and v i c e v e r s a."

---

1) In this connection we add that the basal metabolism of adult doves and pigeons is now under investigation in my laboratory, with the cooperation of Prof. *F. G. Benedict,* but it is now too early to report on the results.

Hartman's (1909, 1925) conception of "relative sexuality", as displayed in the protista and in algae, seems a necessary conclusion from his interesting facts. A basis for this relative sexuality in different metabolic levels is more than conceivable; to me it is plainly indicated by the fact that the gametes from certain pairs of plants were capable of reacting (fertilizing) on certain days and not on others. A quantitative basis for the sex differences in mucors, observed by *Satina* and *Blakeslee* (1926), seems fairly clear; and to me it seems highly probable that metabolic distinctions parallel to those elsewhere found for the sexes are also indicated in these low plants.

Tandler and *Keller* (1911, 1916), *Lillie (1916)* and *Magnusson* (1918) have found and described several instances of a l m o s t complete sex-reversal in mammals. In the older "freemartins" examined by these authors the testes (and their accessory organs) were practically identical with cryptorchids — merely lacking sperm formation. In view of their retention in the body cavity, and in view of the other cases of true sperm formation in sex-reversals now known, it can scarcely be maintained that the most testis-like of these organs were not true testes. As to the explanation of these changes it must be said that much of a very speculative nature has been written concerning the action of a male "sex hormone". By way of facts we have: First, from *Tandler* and *Keller* the important fact that after a certain embryonic stage the male and female co-twins have a common circulation; a point later confirmed by *Lillie*. The female twin is therefore certainly subjected to a l l that is contained in the blood of the male. Second, if the conjecture concerning the role of a "sex hormone" should prove to be true this may well be a hormone that raises the metabolism of the female twin. From all we yet know, however, it may be either a hormone — even the male's t h y r o i d hormone — an enzyme, an inorganic catalyst, or one of various types of metabolites, in the male's blood; but in either case it could act upon — and increase — the metabolism of the female. A review of the more adequately known cases already considered renders it entirely probable that, whatever the nature of the agent, the action is upon the metabolism, and specifically that the metabolism of the female twin is increased.

Additional evidence for a metabolic basis of sexual change could be somewhat further increased and further instances from protozoa to mammals could be cited. However, the definite data, and a wider range of ancillary data, all point to the same conclusion — namely, that maleness is primarily related to a higher and femaleness to a lower metabolic rate. That the relation borne by metabolism to sex is not that of a secondary sex character is perfectly clear from the universality of this association. It would now be easier to assert that the sex-chromosomes are merely secondary sex characters. So-called secondary sex characters vary from group to group; while no character — not even the hereditary sex factors — bears so intimate and apparently so unbreakable a relation to sex as does metabolic rate.

Implications of the reversible and metabolic nature of sex.

The two previous sections of this discussion are concerned with the proofs of sex-reversal, and with the metabolic basis of sexuality. The large amount of convincing evidence permits no other conclusion than that sex is reversible, and also that modifications of the metabolism are probably responsible both for this reversibility and for normal sexual difference. We must now indicate that these facts bring important new light on all aspects of sex research. Prolonged metabolic changes affect sexuality. And, metabolism is both variable and rather easily susceptible of both temporary and prolonged modification — by environment, by disease, by activity, by nutrition, by habits, by occupation. Thus these effects on sexuality must be and have been encountered in medicine, in psychology, in sociology, and in the several distinct aspects of the general biology of sex, namely in chromosomal relations, sex-reversal, hermaphroditism, and in castration-transplantation studies. We venture to state that the reason that all of the above-mentioned aspects of sex research abound in evidences for the plastic nature of sex is to be found in the above lengthy list of things which modify the metabolism. We may go further and ask any doubting but capable investigator to form his own list of the probable metabolic changes involved in a corresponding list of sexual changes occurring in any field from sociology to medicine and general biology.

Only a short illustrative statement concerning each of the several above-mentioned aspects of sex research is possible here. We begin with the application of the new knowledge to the various biological aspects of sexuality.

1. Chromosomal relations. Sexuality can be either partially or completely transformed when a wholly normal and typical chromosomal constitution is present; it is therefore to be expected that sexuality will also be disturbed in all directions and in various degrees by abnormal chromosomal and genetic equipment. This expectation has been plentifully confirmed — by *Harrison* (1919) and by *Goldschmidt* (1920) in moths; by *Morgan* and *Bridges* (1919), by *Bridges* (1922, 1925) and by *Sturtevant* (1920) in Drosophila. There is little doubt that some instances of abnormal chromosomal equipment have appeared in hybrids from the wider crosses of pigeons made by *Whitman* and by myself. Just what each or any of these abnormal chromosomal arrangements means in terms of metabolism has not been investigated, and in most of this material this point would be most difficult to study; but, that such a basic property of living matter as metabolic rate can remain undisturbed by certain extensive alterations of the hereditary materials is inconceivable.

From another standpoint the new knowledge of sex will continue to modify our conception of the rôle of the chromosomes and the genes in heredity. In the case of sex it is now proved that the typical genetic foundation for femaleness can be made to deliver a perfect male — and thus is a major limit placed on the rôle of chromosomal constituents. Other characters than sex — similarly founded in the germ — also become theoretically transformable. Again, in the case of the primary sex differential we seem to have been able to pass beyond a morphological conception (gene, chromosome) to a proximate physiological explanation (differential metabolism); in this way taking, as earlier stated by us (1917b), "the further essential analysis of sex practically into the field of physiology and biochemistry". If so, it is the first and only such case in all the field of heredity. Other similarly analyzed cases may be expected to follow.

2. Hermaphroditism. It has already been pointed out that the facts of sex-reversal bring much new and definite light on the problem of hermaphroditism. It seems beyond question that a large fraction of the hermaphroditic higher vertebrates that have been described belong to a group of incomplete sex-reversals. Another fraction of hermaphrodites and gynandromorphs quite as certainly have their origin in an abnormal chromosomal or genetic constitution. This is clearly proved for some insects in the cases just cited in the previous section. Something of a genetic nature is clearly involved in the sex-intergrade daphnids of *Banta* (1918). Such a genetic basis, however, could at most only partially apply to the cases of *Bonellia (Baltzer,* 1914, 1925) and *Crepidula (Gould,* 1917). That most cases of hermaphroditism in higher vertebrates rest upon sex-reversal is clearly indicated by the continuous appearance of freemartins in cattle (and in "Toggenberg goats?"); while in birds only five or six exceptional cases indicative of chromosomal disturbance are known among a large total number. It is true that *Pézard* (1922) has attempted to apply his principle of a "seuil differentiel" to these exceptional cases in birds; but the possibility of a cytosexual basis for the bipartite condition of these birds certainly exists. *Zawadowsky* (1926b) has supplied some evidence for such a genetic basis — at least for a non-hormonic basis — in two cases of gynandromorph birds.

The proofs of complete sex-transformation thus enable the student of hermaphroditism to group his cases under two sources, or proximate causes, instead of one. He has already found it impossible to trace them to a single (chromosomal) source. In an able recent review of this subject *Greil* (1924) maintains that many etiological factors other than either chromosomal or endocrine may be responsible for "naturally" occurring hermaphrodite changes; among these he names infections, intoxications, intrauterine trauma, severe nutritional disturbance and psycopathic conditions of the mother. Let us note that the several items of this list are of such nature as clearly to suggest metabolic change. The facts of sex-reversal under metabolic change will further lead investigators in this field to expect all possible stages and to minimize greatly the significance of all artificial systems of classifying hermaphrodites.

Histological and Castration - Transplantation Studies. Studies in this field have added much of the newer information concerning sexuality, though it must be added that about these facts there have arisen the most divergent interpretations. The new facts of sex-reversibility under metabolic change can here contribute much to a common understanding and interpretation.

The persistent numerous and important studies of *Ancel* and *Bouin* (1903, 1904, 1923) have outlined the histological changes in various animals under various conditions. Their identification of the interstitial cells as the incretory part of the gonad has been supported by many workers. (*Steinach,* 1912; *Tandler* and *Gross,* 1913; *Sand,* 1918; *Pellegrini,* 1924) and contested, or unsupported, by many others (*Gley* and *Pézard,* 1921, *Benda,* 1921; *Aron,* 1924; *Ceni,* 1922, *Stieve,* 1925, *Lipschütz,* 1923, *Nonidez,* 1924).

Again, *Steinach's* numerous and ingenious studies have profoundly influenced the immediate past and the present of sex research, though strong partisans for and against some of his more fundamental conclusions have not failed to arise. It is his great merit to have successfully demonstrated (1911) that neither somatic nor psychic secondary sexual characters are fixed and unchangeable in their direction; that they can be transformed; and that this transformation is normally effected through the sexual glands. *Steinach's* conclusions concerning an antagonism of the incretion of the ovary and testes have been well supported (*Lipschütz,* 1919; and others) and also very ably contested (*Stieve,* 1921; *Harms,* 1922; *Moore,* 1921; *Pézard, Sand* and *Caridroit,* 1925). His castration-transplantation methods — and their modification in the able hands of *Sand, Lipschütz, Moore* and others — have now given us cases of "experimental hermaphroditism", which, though less valuable to general sex theory than the hermaphrodites already reviewed as cases of partial sex-reversal, are of much significance as studies on the question of activities of and hormone production by the sex glands [1]).

We can not fail to note the importance — to all this field of sex research — of the observation that a l l p a r t s of the gonad may undergo complete sex-transformation — generative and interstitial parts as well. Herein rests the sturdy fact that one and the same cytosexual and chromosomal equipment which produces the masculine so-called sex hormone, may produce perfectly the feminine one. Some day this proved capacity of reversibility of the type of incretion, and of reversibility at any stage of the animal's existence, is destined to cause a great deal of disturbance. First, it shows that no "timing mechanism", such as is involved in *Goldschmidt's* hypothesis, will even approximately fit the numerous and varied cases now known. Second, a considerable group of biologists now tranquilly regard the "hormones" as quite immediate agents of the genes, or chromosomes, in the action of the latter in bringing about differentiation and development. But we here discover the gene and its 'immediate agent' in the act of becoming s u d d e n l y a n t a g o n i s t i c. Third, a large school of investigators of sex are unwilling or unready to think of male and female secondary (akzidentellen) sex characters apart from a specific male and a specific female 'sex hormone'. Now, if such specific 'male' and 'female' substances exist they each have a definite chemical structure and formula. How shall we picture the process by which cells

[1]) Vasectomy and surgical applications in the human are not touched or discussed here.

of a cyto-sexual constitution which normally leads to the formation of the one type of (hormone) molecule, is made to produce a different molecule with directly opposite and antagonistic effects on sexuality? Is not something in the environment confessedly the real governor or controller in these cases? Does such a cell at intermediate stages of change also produce other sex hormones of intermediate nature or effects? How many intermediate stages produce a specific type of sex hormone? It must remain for those who entertain the above-expressed ideas of the 'sex hormones' to supply answer to these questions.

An additional fact of central importance to the above discussion is found in the circumstance that the development of some secondary sex characters has been found in cases among our doves and pigeons where no gonads whatever — where neither generative nor interstitial testis or ovary — were present (*Riddle,* 1925d). Some of these doves that had never formed a gonad — and one without a trace of a sexual duct — have demonstrated continuously and persistently the most accentuated masculine behavior. Others displayed feminine or neuter behavior. Plumage characters are alike in both sexes among these doves; but that such secondary sex characters as 'behavior' can develop fully in the complete absence of any gonadal secretion must be granted in these cases. The hormones then are not the whole story, nor yet the truest part of the story. The same influences that act to establish the type of gonad — ovary or testis — are capable of forming the secondary sex characters of the respective sexes (in cases where no gonad ever develops). That the gonadal incretions (or some action of the gonad) normally assist in this result, and that many secondary characters can be reversed by experimental reversals of the type of secretion (or of the gonad type) provided, are facts now beyond question. But the 'influences' referred to above are genetic and environmental — i. e., chromosomal and metabolic — and these two normally act as one in the building of either type of sexuality. These influences are represented in every cell of the organism, though development localizes within each type of gonad one or more specialized capacities (specific hormone production?) which, as we have earlier stated *(Riddle,* 1925d), "must usually and normally be neither antagonistic to the type of gonad nor to the type of basic condition which determines the gonad; if development proceeded on other principles most adult animals would be not organizations but rather congeries of incompatibilities."

It is also an original chromosomal or cyto-sexual influence that must largely account for the persistence of the external female characters of the freemartins and of *Baker's* (1925) sex-intergrade pigs. I must not be understood to minimize the importance to sexuality of something that is associated with the activity of the two types of gonads. I myself early reported (1914a) the fact that injections of saline ovarian and testis extracts and suspensions were capable of modifying the sex-behavior of pigeons.

It is next well to call attention to a series of related facts: That although castration and transplantation can be effected without changing the chromosomal equipment of the tissues of the animal used as host or subject, it is probably impossible to leave this animal's m e t a b o l i s m unchanged by either procedure; that the sexual changes resulting can not be evaluated without knowledge of and reference to this metabolic change; that it is unwarranted wholly to ascribe the observed effects either to a hormone or even to the gonad itself, since the activity of both the thyroid and the suprarenal, among other organs of the host, vary with variations in the gonads (*Tandler* and *Gross*, 1913; *Korentchewsky*, 1914; *Riddle*, 1925c; and many others); finally, that no single observation now exists as to the metabolic effect of any chemically pure sexual incretion.

These facts emphasize the possibilities of varied and contradictory interpretations of data obtained in this very active branch of sex research. Only when facts of this nature are united with the other basic facts of sexuality may we hope to approach uniform and uncontradictory interpretations. When the fact of initial chromosomal (and metabolic) difference is held in mind we are unable to find a proper description of sex in *Pézard's* term "forme neutre" nor in *Zawadowsky's* term "potential bisexuality"; nor in *Lipschütz's* term "asexual embryonic soma". With the reversible nature of sex also held in view the valuable contributions of *Zawadowsky* (1922; 1926a) and of *Lipschütz* (1924, 1925) become a part of the numerous studies which now clearly demonstrate the reversible and plastic nature of everything connected with sexuality. Finally, with the essential metabolic nature of sexuality thoroughly grasped it is readily comprehended that the quantitative relations observed between 'minimal amounts of gonad' and change in, or the maintenance of, secondary sex characters — as described by *Goodale* (1916), *Pézard* (1918), *Sand* (1918) and others — is a normal and expected part of the more general fact of the metabolic nature of sex. Already *Marshall* (1922) has concluded (p 700), quite in conformity with our views that, "there is evidence that a change in the metabolism, even in comparatively late life, whether induced by castration or the introduction of another gonad or arising primarily from a different cause, may initiate changes in the direction of the opposite sex, or even bring about a complete sex-reversal".

S e x u a l i t y i n m e d i c i n e. Not merely chromosomal but also metabolic disturbances probably underlie a large proportion of the sex disharmonies which present themselves for treatment by our medical colleagues. Once this metabolic factor is finally established as the primary cause of normal sexuality, and of sex-reversal, it may prove of first importance to medical men in the diagnosis and treatment of abnormal sex conditions. On the other hand, chronic conditions involving prolonged increases or decreases of metabolism offer a great field for the further testing of the metabolic basis of human sexuality. Cases of the inadequately sexed, the sterile, those with dysfunction of gonads and of other endocrine glands most intimately related to the gonads, and perhaps many neuroses, particularly require a consideration from the standpoint of the metabolic changes involved.

S e x i n p s y c h o l o g y. Here the metabolic basis of sexuality is already provided with some definite experimental facts. *Benedict, Miles, Roth* and *Smith* (1918) subjected twenty-five college men for four months to a restricted diet (one-half to two-thirds the supposed calorific requirement) which reduced the basal metabolic rate by 18 per cent. The psychological effects were studied by Miles (1919) who found that though there was no falling off in amount of scholastic work, and but slight decrease in tests of muscular strength during this period, the typically male psychic reactions of 22 of the 24 subjects were notably changed. Woman, for these men, had largely lost her sex appeal. Another fact was supplied from our own studies *(Riddle,* 1914a) when it was found that female doves hatched from ova at lower metabolic levels (autumn) were more feminine in their sex behavior than were their own sisters hatched from ova at higher metabolic levels (spring).

In this connection one aspect of the work of *Freud* (1905) and of those who have followed him, can not be overlooked. When *Freud* appeared on the scene, heredity was regarded as the most important agency in the psychosexual field and in neuroses. He early pointed to a complexity of causes — among these to a variety of specific and adventitious events in development. *Krafft-Ebing* (1893), *Moll* (1912), and others, have contributed to the further development of this subject. In a sense it can be said that, in this border-line of psychology and medicine, these workers arrived at conclusions in harmony with the reversible nature of certain aspects of sexuality long before the basis of this conclusion was obtained in the biology of sex.

Sex in Sociology. The rate of metabolism in individuals is not changeless, but notably plastic. The factors of highest potency in effecting fluctuations in it are in considerable measure those connected with voluntary and essentially controllable aspects of the individual or organized life of mankind. In general, these factors relate to activities, occupation, nutrition and habits. Since sex, in favorable stages and under prolonged metabolic changes, may be completely reversed, it must be asked whether the wide and often nearly continuous fluctuations in the metabolism produced in these ways are of no effect upon those sex characteristics which develop only at and even after adolescence? Is the increased metabolism of the female athlete favorable to her sex development? Is the shifting of the metabolism, though capable in the egg-stage of completely reversing the sex of the individual, quite incapable — when continued over many years — of affecting in growing individuals the nature or degree attained by those sex characters which then develop? We have earlier pointed out *(Riddle,* 1915) that unless these and similar questions can be answered definitely in the negative it would seem to follow that not a few of the economic, educational and social institutions of man are at present innocently implicated in juggling with mankind's natural capacity for normal and full sex development. Surely the metabolic nature of sexuality is a matter of the greatest significance to social aspects of the sex problem.

In conclusion, our purpose here has been a most general one. This is to direct attention of workers in all fields of sex research: To the mass of data establishing the completely reversible nature of sex; to another notable group of facts which go very far toward establishing the essentially metabolic nature and basis of sexuality and the specific metabolic basis of the known instances of sex-reversal; finally, to the wide application, and to the unifying and harmonizing power, of these principles when they are applied in the several divergent branches of sex research. The present facts invite — we think they compel — a further testing of the metabolic nature of sexuality in all aspects of the subject as the task immediately before us. From this standpoint we seem to have already within our grasp 'the common thread which will bind the most various facts of sexuality together.'

Literature cited.

Adler, L. 1920. Experimentelle Untersuchungen über die sexuelle Differenzierung bei Rana temporaria. I. Der Wirkungsmechanismus überreifer Eier. *Pflügers* Arch., vol. **183**, p. **23**.

Ancel, P. and *Bouin, P.* 1903. Recherche sur le rôle de la glande interstitielle du testicule. Hypertrophie compensatrice expérimentale. C. R. Acad. Sci., vol. **137**, p. **1288**.

Aron, M. 1924. Rècherches morphologiques et expèrimentales sur le determinisme des caracteres sexuel males chez les urodeles. Arch. d. Biol., vol. **34**, p. **1**.

Baker, J. R. 1925. On sex intergrade pigs: Their anatomy, genetics and developmental physiology. Brit. J. Exp. Biol., vol. 2, p. 247.

Banta, A. M. 1918. Sex and sex-intergrades in Cladocera. Proc. Nat. Acad. Sci., vol. **4**, pp. 373--379.

Baltzer, F. 1914. Die Bestimmung des Geschlechts nebst einer Analyse des Geschlechtsdimorphismus bei Bonellia. Mitt. Zool. St. Neapel. vol. **22**, p. **1**.

— — 1925. Untersuchungen über die Entwicklung und Geschlechtsbestimmung der Bonellia. Publ. Staz. Zool. Napoli, vol. **6**.

Benda, C. 1921. Bemerkungen zur normalen und pathologischen Histologie der Zwischenzellen des Menschen und der Säugetiere. Arch. f. Frauen. und Eug., vol. **7**, p. **30**.

Benedict, F. G. and *Emmes, L. E.* 1915. A comparison of the basal metabolism of normal men and women. Jour. Biol. Chem., vol. **20**, p. **253**.

Benedict, F. G. and *Miles, W. R.*, *Roth, P.* and *Smith, H. M.* 1918. The effects of a prolonged reduced diet on twenty-five college men. Proc. Nat. Acad. Sci., vol. **4**, p. **149**.

Benedict, F. G. and *Talbot, F. B.* 1915. The physiology of the new-born infant: Character and amount of the katabolism. Carn. Inst. of Wash. Publ. No. **233**.

Benoit, J. 1923. Transformation expérimentale du sexe par ovariectomie précoce chez la Poule demestique. C. R. Acad. Sci., T. 177, p. 1074.

Bouin, P. and *Ancel, P.* 1904. Recherches sur la signification physiologique de la glande interstitielle du testicule des mammiferes. J. Physiol. et Path. Gen., vol. 6.

— — 1923. A propos du rôle de la glande interstitielle du testicule. Réponse à *M. Gley* et *Pézard*. C. R. Soc. Biol., vol. **88**, p. 758.

Bridges, C. B. 1922. The origin of variations in sexual and sex-limited characters. Amer. Nat., vol. **56**, p. **51**.

— — 1925. Sex in relation to chromosomes and genes. Amer. Nat., vol. **59**, p. **127**.

Bucura, C. J. 1913. Geschlechtsunterschiede beim Menschen. Wien und Leipzig.

Castle, W. E. 1926. The explanation of hybrid vigor. Proc. Nat. Acad. Sci., vol. **12**, p. **16**.

Ceni, C. 1922. Der Einfluß der Sehkraft auf die Funktion des Hodens und auf die äußeren Geschlechtscharaktere. Arch. f. Entw.-Mech., vol. **51**, p. **504**.

Champy, C. 1921. Changement expérimentale du sexe chez le Triton alpestris Laur. C. R. Acad. Sci., T. 172, p. 482.

Cordier, V. 1923. Métabolisme basal des tuberculeux incipients. Sa valeur dans le pronostic des poussés évolutives et le dépistage des hyperthyroïdes frustes et aggravantes. C. R. Soc. Biol., vol. **88**, p. 782.

Crew, F. A. E. 1921. Sex-reversal in frogs and toads. Jour. Gen., vol. **11**, p. **141**.

— — 1923. Studies in Intersexuality. Part II. Sex-reversal in the fowl. Proc. Roy. Soc., B, vol. **95**, p. **256**.

Domm, L. V. 1924. Sex-reversal following ovariotomy in the fowl. Proc. Soc. Exp. Biol. and Med., vol. **22**, p. **28**.

Ellis, H. 1915. Man and Woman, London and New York.

Essenberg, J. M. 1926. Complete sex-reversal in the viviparus teleost xiphophorus helleri. Biol. Bull., vol. **51**, p. **98**.

Fell, H. B. 1923. Histological studies on the gonads of the fowl. I. The histological basis of sex-reversal. Brit. Jour. Exp. Biol., vol. 1, p. 97.
Finlay, G. F. 1925. Studies on sex differentiation in fowls. Brit. J. Exp. Biol., vol. 2, p. 439.
Freud, S. 1905. Abhandlungen zur Sexualtheorie. *F. Deutike,* Vienna and Leipzic.
Geddes, P. and *Thomson, J. A.* 1890. The Evolution of Sex. Humboldt Publ. Co., New York.
Gephart, F. C. and *Du Bois, E. F.* 1916. Clinical Calorimetry. Arch. Int. Med., vol. 17, p. 902.
Gettler, A. O. and *Baker, W.* 1916. Chemical and physical analysis of blood in thirty normal cases. Jour. Biol. Chem., vol. 25, pp. 211—223.
Gley, E. and *Pézard, A.* 1921. Modifications des glandes génitales accessoires du cobaye après la castration. Arch. Int. Physiol., vol. 16, p. 363.
Goldschmidt, R. 1916. Genetic factors and enzyme reaction. Science, N. S., vol. 43, p. 98.
— — 1920. Untersuchungen über Intersexualität. Zeit. f. induk. Abst. u. Ver., Bd. 23, p. 1.
— — 1923. The mechanism and physiology of sex determination. Methuen, London.
Goodale, H. D. 1916. Gonadectomy in relation to the secondary sexual characters of some domestic birds. Carn. Inst. Wash. Publ. No. 243.
Gorup-Besanez. 1878. Einfluß des Geschlechts und Alters. Lehrbuch der physiologischen Chemie, 4 th Ed.
Gould, H. N. 1917. Studies on sex in the hermaphroditic mollusc Crepidula plana. I. History of the sexual cycle. J. Exp. Zool., vol. 23, p. 1.
Greil, A. 1924. Entstehung krankhafter Zwittrigkeit und anderer Störungen der geschlechtlichen Beziehungen. Zeit. f. Konstit. (Berlin), vol. 10, pp. 121—190.
Guyénot, E. and *Ponse, K.* 1923. Inversion expérimentale du type sexuel dans la gonad du Crapaud. C. R. Soc. Biol., vol. 89, p. 4.
Harms. W. 1921. Verwandlung des Bidderschen Organs in ein Ovarium beim Männchen von Bufo vulgaris. Zool. Anz., Bd. 53, p. 253.
— — 1922. Keimdrüsen und Alterszustand. Fortschr. d. Natur. Forsch., Bd. 11. p. 189.
Harris, J. A. and *Benedict, F. G.* 1919. A biometric study of basal metabolism in man. Carn. Inst. Wash. Publ. No. 279.
Harrison, J. W. H. and *Doncaster, L.* 1914. Hybrids of Bistonine moths. Jour. Genet., vol. 3, pp. 229—248.
Harrison, J. W. H. 1919. Studies in the hybrid Bistoninae. IV. Concerning the sex and related problems. Jour. Genet., vol. 9, pp. 1—38.
Hartman, M. 1909. Autogamie bei Protisten und ihre Bedeutung für das Befruchtungsproblem. Arch. f. Prot., Bd. 14.
— — 1925. Untersuchungen über relative Sexualität. I. Versuche an Ectocarpus Siliculosus. Biol. Zentralbl., vol. 45, pp. 449—467.
Hertwig, R. 1906. Weitere Untersuchungen über das Sexualitätsproblem. Verh. deutsch. Zool. Gesellsch., vol. 16, pp. 90—112.
— — 1912. Über den derzeitigen Stand des Sexualitätsproblems. Biol. Zentralbl., vol. 32, p. 1.
Joyet-Lavergne, P. 1925. Sur l'évolution des lipoides et la sexualization du cytoplasme dans les Sporazoaires. C. R. Acad. Sci., T. 180, p. 1074.
Keller, K. and *Tandler, J.* 1916. Über das Verhalten der Eihäute bei der Zwillingsträchtigkeit des Rindes. Wiener Tierärztl. Monatsschr., vol. 3, pp. 513—526.
King, H. D. 1912. Studies on sex-determination in Amphibians. V. The effects of changing the water content of the egg at or before the time of fertilization, on the sex ratio of Bufo lentiginosus. J. Exp. Zool., vol. 12, pp. 319—336.
Korenchewsky, W. G. 1914. Die Beziehungen zwischen Schild- und Keimdrüsen in Verbindung mit deren Einfluß auf den Stoffwechsel. Zeits. f. Exp. Path. u. Therap., vol. 16, p. 68.
Krafft-Ebing, R. v. 1893. Psycopathia sexualis. Stuttgart.
Kuschakewitsch, S. 1910. Entwicklungsgeschichte der Keimdrüse von Rana esculenta. Ein Beitrag zum Sexualitätsproblem. Festschr. f. *R. Hertwig,* Bd. 2, pp. 61—224.
Lawrence, J. V. and *Riddle, O.* 1916. Sexual differences in the fat and phosphorus content of the blood of fowls. Amer. J. Physiol., vol. 41, pp. 430—437.
Lillie, F. R. 1916. The theory of the freemartin. Science, N. S., vol. 43, p. 611.
Lipschütz, A. 1919. Die Pubertätsdrüse und ihre Wirkungen, Bern.
— — 1924. The Internal Secretions. London.
— — 1925. The hypothesis of asexual embryonic soma and its bearing on heredity. Mem. Pub. Czech. Eug. Soc. (Prague), pp. 243—256.

Magnusson, H. 1918. Geschlechtslose Zwillings. Eine gewöhnliche Form von Hermaphroditismus beim Rinde. Arch. f. Anat. u. Physiol., Anat. Abt., pp. 29—62.

Marine, D. and *Baumann, E. J.* 1922. Influence of glands with internal secretions on the respiratory exchange. III. Effect of suprarenal insufficiency (by removal) in thyroidectomized rabbits. Amer. J. Physiol., vol. 59, pp. 353—368.

Marshall, F. H. A. 1922. Physiology of Reproduction. 2nd Ed., London.

Meyns, R. 1912. Transplantation embryonaler und jugendlicher Keimdrüsen auf erwachsene Individuen bei Anuren nebst einem Nachtrag über Transplantationen geschlechtsreifer Froschhoden. Arch. f. mikr. Anat., Bd. 79, p. 148.

Miles, W. R. 1919. The sex expression of men living on a lowered nutritional level. J. Nerv. and Ment. Dis., vol. 49, p. 208—224.

Moll, A. 1912. Handbuch der Sexualwissenschaften. Leipzig.

Moore, C. R. 1921. Gonad transplantation in the guinea-pig. J. Exp. Zool., vol. 33, p. 365.

Morgan, T. H. 1911. Is the female Frog heterozygous in regard to sex-determination? Amer. Nat., vol. 45, p. 253; vol. 46, p. 108.

Morgan, T. H. and *Bridges, C. B.* 1919. The origin of gynandromorphs. Carn. Inst. Wash. Publ. 278. 117 pp.

Nonidez, J. F. 1924. Studies on the gonads of the fowl. V. The effect of ligation of the vas deferens on the structure of the testis. Amer. J. Anat., vol. 34, p. 393—425.

Pellegrini, G. 1924. Sulle modificazioni degli elementi interstiziali del testicolo negli animali ad attivata sessuale periodica. Boll. soc. med. chir. di Pavia, vol. 36, pp. 411—416.

Pézard, A. 1918. Le conditionnement physiologique des caractères sexuels secondaires chez ôiseaux. Ed. Bull. Biol. de la France et de la Belg. Thèse. Paris. (Endocrinology, 1920).

— — 1922. Notion de „seuil differentiel" et explication humorale du gyandromorphisme des ôiseaux bipartite. C. R. Acad. Sci., T. 174, p. 1573.

Pézard, A., Sand, K. and *Caridroit, F.* 1925. (1) L'hermaphrodisme expérimental et le non-antagonisme des glandes sexuelles chez les gallinacées adultes. C. R. Soc. Biol., vol. 92, pp. 427—428.

Ponse, K. 1915. Ponte et développement d'oeufs provenant de l'organe de Bidder d'un Crapaud male féminise. C. R. Soc. Biol., T. 92, p. 582.

Riddle, O. 1912. Preliminary chemical studies on male- and female-producing eggs of pigeons. Science, N. S., vol. 35, pp. 462—463.

— — 1914a. A quantitative basis of sex as indicated by the sex behavior of doves from a sex-controlled series (Abstract) Science, N. S., vol. 39, p. 440.

— — 1914b. The determination of sex and its experimental control. Bull. Amer. Acad. Med., vol. 15, pp. 265—285.

— — 1915. A note on social aspects of new data on the biology of sex. Nat. Inst. Soc. Sci., vol. 1, pp. 39—42.

— — 1916a. Sex control and known correlations in pigeons. Amer. Nat., vol. 50, pp. 385—410.

— — 1916b. Size and length relations of the right and left testes of pigeons in health and disease. Anat. Rec., vol. 11, pp. 87—102.

— — 1917a. The control of the sex ratio. Jour. Wash. Acad. Sci., vol. 7, pp. 319—356.

— — 1917b. The theory of sex as stated in terms of results of studies on pigeons. Science, N. S., vol. 46, pp. 19—24.

— — 1918. Further observations on the relative size and form of the right and left testes of pigeons in health and disease and as influenced by hybridity. Anat. Rec., vol. 14, pp. 283—334.

— — 1920. Differential survival of male and female embryos in increased and decreased pressures of oxygen. Proc. Soc. Exp. Biol. and Med., vol. 18, pp. 88—91.

— — 1923a. Suprarenal hypertrophy coincident with ovulation. Amer. J. Physiol., vol. 66, pp. 322—339.

— — 1923b. On the cause of twinning and abnormal development in birds. Amer. J. Anat., vol. 32, pp. 199—252.

— — 1924a. A case of complete sex-reversal in the adult pigeon. Amer. Nat., vol. 58, pp. 167—181.

— — 1924b. Sex in the right and left sides of the bird's body. Amer. Phil. Soc., vol. 68, pp. 152—161.

— — 1925a. Sex in a fraternity of pigeons obtained from an interfamily cross. (Abstract) Anat. Rec., vol. 31, pp. 349—350.

— — 1925b. On the sexuality of the right ovary of birds. Anat. Rec., vol. 30, pp. 365—382.

Riddle, O. 1925c. Reciprocal size changes of gonads and thyroids in relation to season and ovulation rate in pigeons. Amer. J. Physiol., vol. 73, pp. 5—16.
— — 1925d. Birds without gonads: Their origin, behaviour and bearing on the theory of the internal secretion of the testis. Brit. J. Exp. Biol., vol. 2, pp. 211—245.
Riddle, O. and *Fisher, W. F.* 1925. Seasonal variation of thyroid size in pigeons. Amer. J. Physiol., vol. 72, pp. 464—487.
Riddle, O. and *Honeywell, H. E.* 1923. Increased blood sugar coincident with ovulation in various kinds of pigeons. Amer. J. Physiol., vol. 66 pp. 340—348.
Riddle, O. and *Reinhart, W. H.* 1926. Blood calcium changes in the reproductive cycle. Amer. J. Physiol., vol. 76, pp. 660—676.
Sand, K. 1918. Experimentelle Studien über Geschlechtscharaktere bei Säugetieren. (Swedish). Kopenhagen.
Satina, S. and *Blakeslee, A. F.* 1926. Studies on biochemical differences between (+) and (—) sexes in mucors. A preliminary report on the Manoilov reaction and other tests. Proc. Nat. Acad. Sci., vol. 12, pp. 191—196.
Smith, G. 1911. Studies in the experimental analysis of sex. Part 7. Sexual changes in the blood and liver of Carcinus maenas. Quart. J. Micr. Sci., vol. 57, pp. 251—265.
Steinach, E. 1911. Umstimmung des Geschlechtscharakters bei Säugetieren durch Austausch der Pubertätsdrüsen. Centr. f. Physiol., vol. 25, pp. 723—725.
— — 1912. Willkürliche Umwandlung von Säugetier-Männchen in Tiere mit ausgeprägt weiblichen Geschlechtscharakteren und weiblicher Psyche. Eine Untersuchung über die Funktion und Bedeutung der Pubertätsdrüsen. *Pflüger's* Arch., vol. 144, pp. 71—108.
Stieve, H. 1921. Entwicklung, Bau und Bedeutung der Keimdrüsenzwischenzellen. Munich and Wiesbaden.
— — 1925. Histologische Beobachtungen an den Hoden und Nebenhoden eines durch Unterbindung beider Nebenhoden verjüngten Hundes. Zeits. f. mikr.-anat. Forsch., vol. 2, pp. 111—162.
Sturtevant, A. H. 1920. Intersexes in Drosophila simulans. Science, N. S., vol. 51, pp. 325—327.
Tandler, J. and *Keller, K.* 1911. Über das Verhalten des Chorions bei verschiedengeschlechtlicher Zwillingsgravidität des Rindes, und über die Morphologie des Genitales der weiblichen Tiere, welche einer solchen Gravidität enstammen. Deutsche Tier. Wochenschr., vol. 19, pp. 148—149.
Tandler, J. and *Groß, S.* 1913. Die biologischen Grundlagen der sekundären Geschlechtscharaktere. Berlin.
Whitman, C. O. 1919. Posthumous Works, vol. 2, Carn. Inst. Wash. Publ. No. 257.
Witschi, E. 1914. Studien über die Geschlechtsbestimmung bei Fröschen. Arch. mikr. Anat., Bd. 85.
— — 1914. Experimentelle Untersuchungen über die Entwicklungsgeschichte der Keimdrüsen von Rana temporaria. Arch. mikr. Anat., Bd. 85.
— — 1923. Über die genetische Konstitution der Froschzwitter. Biol. Zentralbl., Bd. 43.
— — 1925. Studien über Geschlechtsumkehr und sekundäre Geschlechtsmerkmale der Amphibien. Arch. f. Ver. Sozialanthr. und Rassenhyg., Bd. 1, pp. 9—179.
Woltereck, R. 1911. Über Veränderung der Sexualität bei Daphniden. Internat. Ztschr. Hydrobiol., Vol. 4.
Zawadowsky, M. 1922. Sex and development of sex characters. (Russian) State Edition, Moscow.
— — 1926a. Bisexual nature of the hen and experimental hermaphroditism in hens. Trans. Lab. Exp. Biol., Moscow, vol. 2, pp. 164—179.
— — 1926b. Material zur Analyse des Gynandromorphismus. Kastration der Finken und Gimpel. Ibid., pp. 93—98.

Antagonistische Wirkungen der Keimdrüsen-Hormone.

Von *Eugen Steinach,* Wien.

1. Der hormonale Antagonismus als entwicklungsmechanisches Prinzip.

Steinach's experimentelle Arbeiten über Feminierung und Maskulierung (1911—13) erwiesen erstmalig, daß die inkretorische Wirkung der Keimdrüsen geschlechtsspezifisch ist, daß das Hodeninkret nur die männlichen und das Eierstocksinkret nur die weiblichen Geschlechtsmerkmale zur Ausbildung bringt.

Die männlichen und weiblichen Gonaden sind Antagonisten in Bezug auf ihre gestaltende Wirkung; es werden die homologen Geschlechtsmerkmale gefördert, die heterologen gehemmt. Beim „experimentellen Hermaphrodismus" *(Steinach, Sand, Lipschütz)* ist der „hormonale Antagonismus zum Teil abgeschwächt; es kommen nur die fördernden Wirkungen der Inkrete zur Geltung und es werden somit die beiden Geschlechtern entsprechenden Merkmale ausgebildet, während die hemmenden Wirkungen mehr oder weniger in Fortfall kommen.

Steinach fand nun bei seinen ersten Arbeiten über „experimentelle Zwitterbildung" (1916) folgende technische Schwierigkeit: die heterologe Gonade heilte nicht ein, wenn die homologe Gonade in situ belassen wurde, wohl aber heilten Hoden und Ovar gleichzeitig ein, wenn sie auf ein infantil kastriertes (so zu sagen neutralisiertes) Tier übertragen wurden. Diesen Behinderungsvorgang bezeichnete Steinach damals ebenfalls als Antagonismus. Als diese Schwierigkeit beim Anwachsen späterhin von anderen Beobachtern bei verbesserter Technik behoben war, glaubte man, daß damit die ganze These des Antagonismus entkräftet sei. So hat die Verwendung desselben Wortes „Antagonismus" für die Hemmungswirkung der Keimdrüseninkrete auf die heterologen Geschlechtscharaktere und für die gegenseitige Behinderung der Gonaden beim Einheilen zu schweren Mißverständnissen geführt.

Sand, ferner *Sand, Pézard* und *Caridroit* haben die Technik zur Herbeiführung des experimentellen Hermaphrodismus dadurch außerordentlich gefördert, daß sie Ovarien in die in situ befindlichen Hoden transplantierten und damit die gegenseitige Behinderung abschwächten oder aufhoben. *Sand* postuliert eine Art „Immunität" des nicht kastrierten Organismus gegen die heterologe Keimdrüse und glaubt also, daß unspezifische Faktoren ihre Wirkung ausüben. Dagegen sprechen die von *Hermann* und *Stein* beobachtete Hodenparenchymschädigung bei Männchen nach Verabfolgung von Corpus-luteum-Extrakten sowie die Tatsache, daß da, wo beiderlei Keimdrüsenelemente nebeneinander (Ovotestes) gefunden werden, beim Hermaphrodismus verus, stets beide Anteile degeneriert sind, mehr für inkretorische Zusammenhänge. Fernerhin zeigte *Lipschütz,* daß bei Ovarienimplantation auf nicht kastrierte Tiere die Follikelreifung erst begann, nachdem die Testikel entfernt waren. Somit dürften bei der Schwierigkeit des Anwachsens der Transplantate sowohl unspezifische als auch inkretorische Momente eine Rolle spielen.

Diese Frage der gegenseitigen Behinderung der Gonaden beim Anwachsen darf nicht verwechselt werden mit der fundamentalen Tatsache der geschlechtsspezifisch-antagonistischen Wirkung der Keimdrüseninkrete in Bezug auf Förderung der homologen und Hemmung der heterologen Geschlechtsmerkmale. *Steinach* bewies Hemmung der heterologen Geschlechtsmerkmale (Skelettwachstum, Behaarungstyp, Corpora cavernosa penis u. a.) zuerst an Säugern, *Goodale, Pézard* (Gefieder, Sporen) an Vögeln. Mit diesem Prinzip decken sich *Lillie's* und *Keller's* Beobachtungen bei Zwillingsphänomenen (free-martin). Von weiterer Beweiskraft sind die letzten Arbeiten von *Lipschütz.* Selbst dann, wenn Ovarientransplantate trotz Vorhandensein von in situ befindlichen Hoden einheilten, traten die gestaltenden Wirkungen (Wachstum der Mamillae, Hyperplasie der Mammae) erst dann auf, wenn die Testikelmasse durch einseitige Kastration oder „Partialkastration" reduziert war. Dies beweist die Abhängigkeit der Wirkungskraft des heterologen Implantates von der Quantität der körpereignen Gonade. Als „Latenzzeit" wird bei diesen Versuchen diejenige Zeitspanne bezeichnet, welche zwischen der Implantation des Ovars und dem Auftreten der ersten feminierenden Wirkungen liegt. Diese Latenzzeit beträgt mehrere Monate, wenn keinerlei Reduktion der Testikelmasse vorgenommen war, wogegen nach erfolgter Reduktion nur wenige Wochen vergehen.

Lipschütz demonstriert den hormonalen Antagonismus durch den „Entriegelungsversuch" („Unbolting", Declanchement"). Intrarenal implantierte Ovarien heilten bei nicht kastrierten Männchen zwar ein, bewiesen jedoch keinerlei hormonale Wirksamkeit. Wurden solche Männchen kastriert, so ergab sich nach kurzer Zeit der volle hormonale Effekt im Sinne einer Ausgestaltung weiblicher Geschlechtsmerkmale.

Der „hormonale Antagonismus", d. h. die antagonistische Wirkung der Gonaden bei der Ausbildung der Geschlechtsmerkmale ist durch die Transplantationsversuche bewiesen. Dieser biologisch belangreiche Mechanismus darf nicht verwechselt werden mit dem mehr oder minder überwindbaren Widerstand, den die körpereigne der körperfremden Gonade bei der Einheilung im Experiment entgegengesetzt.

2. Demonstration der Hemmungswirkung des Ovarial- bezw. des Placentahormons auf männliche Geschlechtscharaktere.

Bisher stand bei Untersuchungen über die Inkretion der Gonaden nur die Transplantationsmethode zur Verfügung. Jetzt erlaubt die Zuführung des standardisierten Ovarialhormones eine genaue Feststellung der quantitativen Verhältnisse bei der Beeinflussung der Geschlechtsmerkmale. *Steinach* und seine Mitarbeiter stellen seit 2 Jahren aus Rinderovarien bezw. aus Rinderplazenta eine Substanz her, die nach Eigenschaft und Wirkung als weibliches Sexualhormon zu bezeichnen ist. Es ist ein zunächst öliges Produkt, das in Wasserlöslichkeit überführt werden kann. Zur Standardisierung wurde der Allen-Doisy Test angewandt. Es enthält 1 Gramm Hormonoel 1000 M. E. Eine M. E. (Mäuseeinheit) ist diejenige Hormonmenge, welche bei der erwachsenen kastrierten Maus Brunst auslöst.

Die biologischen Wirkungen der Hormone wurden folgendermaßen geprüft:

1. Auslösung des Oestrus beim Spät- und Infantilkastraten.

2. Entwicklung und Wachstum der weiblichen Geschlechtsmerkmale beim infantil kastrierten Ratten- und Meerschweinchenweibchen.

3. Verhinderung von Kastrationserscheinungen wie der Verfettung des Mesometriums und der Atrophie von Uterus und Vagina.

4. Neubildung und Ausreifung von Follikeln im atrophischen Ovar seniler Tiere, Regeneration der senilen Gewebe von Uterus und Vagina. Gesamtreaktivierung des Organismus im Sinne einer Reversion des Altersprozesses.

Diese Befunde beweisen, daß ein und dasselbe Hormon den Entwicklungs- und Reaktivierungsvorgang hervorruft und daß eben diese Vorgänge auf ausschließlich hormonaler Basis beruhen. Alle früher angestellten Untersuchungen haben bewiesen, daß das weibliche Sexualhormon die typischen fördernden Wirkungen auf die Ausgestaltung weiblicher Geschlechtsmerkmale besitzt. In Folgendem soll gezeigt werden, daß das Hormon auch die zweite charakteristische Hormonwirkung besitzt, nämlich die Hemmungswirkung auf die heterologen Charaktere. Damit soll der Beweis erbracht werden, daß das Hormon den vollen physiologischen Ersatz der normalen endokrinen Tätigkeit des Ovars bietet.

Versuchsanordnung.

Es wurde an sieben Serien von Ratten gearbeitet und zwar immer an je drei bis vier Wurfbrüdern, von denen 1—2 als unbehandelte Kontrolltiere mit aufgezogen wurden; die beiden anderen Brudertiere erhielten in regelmäßigen Abständen Injektionen mit dem Ovarial (Placenta) -hormon. Nach Verabreichung einer Anzahl von Injektionen wurden die Kontrolltiere und eins der Injektionstiere getötet, obduziert, die Geschlechtsmerkmale gemessen und das Tier in Formol als Präparat aufbewahrt. Das zweite Injektionstier wurde am gleichen Tage laparotomiert und die Geschlechtsmerkmale gemessen und deren Übereinstimmung mit denen des ersten Injektionstieres festgestellt. Dies zweite Injektionstier wurde am Leben gelassen, die Injektionen wurden nicht weiter fortgesetzt und es wurde beobachtet, ob und wie weit nun die vordem gehemmten Geschlechtsmerkmale wachsen würden. Nach Ablauf einiger Wochen wurde dann das Tier getötet, obduziert, gemessen und ebenfalls in Formol fixiert. Die so gewonnenen drei

Präparate wurden zu Vergleichszwecken nebeneinander photographiert.

Das erste Hemmungstier zeigt weitgehende Hemmung in den Geschlechtsmerkmalen gegenüber dem normalen Kontrolltier. Das zweite Hemmungstier zeigt zur Zeit der per laparotomiam erfolgten Untersuchung völlige Übereinstimmung mit dem ersten Hemmungstier. Nach Fortlassen der Hormoninjektionen aber beginnen die Geschlechtsmerkmale zu wachsen bis zur Größe des normalen Kontrolltieres. Dieser „Erholungsversuch" beim zweiten Injektionstier zeigt einmal, daß die Geschlechtsmerkmale durch die Hormondosen nicht dauernd geschädigt sind und ferner, daß das Wachstum bald einsetzt, nachdem der hemmende Impuls beseitigt ist. Die Behinderung im Wachstum der Geschlechtsmerkmale ist nicht etwa eine Teilerscheinung einer allgemeinen Schädigung des Körpers in Folge des Hormons, sondern eine ganz elektive, denn das Allgemeinbefinden der Injektionstiere ist völlig ungestört wie schon die Gewichtstabellen beweisen. Die Entwicklungshemmung bei den Injektionstieren und der Grad der Restitution bei den „Erholungstieren" wurde gemessen an der Länge des Penis und der Länge und Breite der Samenblasen.

Es wurde fernerhin untersucht, ob der Hemmungsimpuls direkt an den Geschlechtsmerkmalen angreift oder ob er sich auf dem Wege über die Schädigung der Hodeninkretion auswirkt. Dazu wurde ein Hoden entfernt im Augenblick, wo sich die ersten Hemmungserscheinungen manifestierten, der zweite Hoden aber erst dann, wenn die Hemmungserscheinungen fortgeschritten waren. (Der jeweilige Hemmungszustand wurde durch Laparotomie und Messung der Geschlechtsmerkmale, Samenblasen, festgestellt). Beide Hoden wurden gewogen und mikroskopisch untersucht. Es zeigte sich, daß der erste Hoden noch normale Größe, Gewicht und histologische Verhältnisse aufwies, während der zweite entnommene Hoden, der erheblich kleiner und leichter war, ausgeprägte Degeneration aufwies. Hierdurch ist bewiesen, daß der Hemmungsimpuls des weiblichen Hormons sowohl direkt an den Geschlechtsmerkmalen angreift als auch die Hodeninkretion schwächt. Das Hormon hemmt nicht nur unentwickelte heterologe Geschlechtsmerkmale am Weiterwachsen, sondern zwingt bereits ausgebildete Geschlechtsmerkmale zur Rückbildung. Beide Vorgänge sind reversibel. Die ausführliche Mitteilung der in diesen zwei Vortragsreferaten skizzierten Untersuchungen findet sich unter dem Titel: *E. Steinach* und *H. Kun,* Antagonistische Wirkungen der Keimdrüsenhormone. „Biologia generalis" Vol. 2. No. 7/8, Dezember 1926. (7 Textfiguren). Verlag Emil Haim 1 Wien. (In dieser Arbeit sind auch die letzthin erschienenen übereinstimmenden Versuche *Laqueurs* besprochen).

Diskussion.

C. Benda: Meine Bemerkung betrifft die Erzeugungsstätte der Geschlechtsdrüsenhormone, die zwar heute nicht ausdrücklich von dem Herrn Vortragenden berührt worden ist, aber in naher Beziehung zu seinen Forschungen steht. Für die Ergänzung der Hormone kommen drei Zellarten in Betracht: die eigentlichen Geschlechtszellen, Ei und Samenfaden beziehungsweise ihre Vorformen, die ich unter dem Namen der „germinativen Geschlechtszellen" zusammenfasse; zweitens die andere epitheliale Zellart der Geschlechtsdrüsen, die im Hoden als *Sertoli'sche* Zellen, im Eierstock als Follikel, oder

Granulosa-Zellen bezeichnet, von mir als „vegetative Geschlechtszellen' zusammengefaßt werden und endlich die als „interstitielle Geschlechtszellen", „*Leydig'schen* Zellen", „Glandule interstitielle" *Ancels* und *Bouin's*, „Pubertätsdrüsenzellen" *Steinach's* bekannten Elemente.

Daß die germinativen Geschlechtszellen nicht für die Herkunft der Hormone in Frage kommen, konnte schon einige Zeit als erwiesen gelten. Während aber *Ancel* und *Bouin* und besonders *Steinach* für die Hormonproduktion der interstitiellen Zellen eintraten, habe ich, ebenso wie viele andere Autoren, besonders *Stieve*, den Beweis hierfür nicht als erbracht angesehen und darauf hingewiesen, daß dieselben Beweisgründe, besonders die Persistenz in Transplantaten, für die vegetativen Geschlechtszellen ebenso wie für die interstitiellen Zellen sprechen und daß überdies theoretische Gründe, besonders ihre epitheliale Natur, ihre konstante und gleichmäßige Verbreitung bei allen Metazoen und sogar Analogieen im Pflanzenreich die überwiegende Wichtigkeit der vegetativen Geschlechtszellen bezeugen.

Ich möchte nun gestehen, daß sich allmählich auch mir einige Beobachtungen aufgedrängt haben, die mich in meiner Ablehnung der interstitiellen Zellen stutzig gemacht haben. Ich will hier nicht darauf eingehen, sondern nur darauf hinweisen, daß gerade dieser Kongreß die Frage der Entscheidung erheblich näher gebracht zu haben scheint. Ich benutze zugleich die Gelegenheit, die allgemeine Aufmerksamkeit auf die höchst bedeutungsvolle Mitteilung unseres verehrten Kollegen *Bouin* hinzulenken, die wegen ihrer anspruchslosen Form wahrscheinlich nicht die ihr gebührende Beachtung gefunden hat. *Bouin* berichtete am Montag, daß es ihm gelungen ist, durch Röntgen-Bestrahlung die interstitiellen Zellen eines Hodentransplantates zum Schwunde zu bringen, während die *Sertoli'schen* Zellen erhalten blieben und daß unter diesen Umständen die Hormonwirkung ausblieb. Es ist nicht zu bestreiten, daß diese Beobachtung, wenn sie sich als Regel bestätigt, den endgiltigen Beweis liefert, daß die *Sertoli*-Zellen für die Hormonerzeugung ausscheiden. Die Wage würde sich auf die Seite *Bouin's* und *Ancel's* sowie *Steinach's* für die Bedeutung der interstitiellen Drüsen senken.

O. Riddle: While serving as your Preseding Officer I may not discuss Dr. Steinach's present communication. But it is appropriate, and for me a pleasure, to recall here something of the debt which the newer aspect of the biology of sex owes to his studies It was in 1911 that *Steinach* demonstrated that neither the psychic nor somatic sex characters of adult mammals can be regarded as fixed and irreversible. He proved that some of these characters are reversible, and that the gonads are intimately connectet with such transformations. This early attained results has been of much value in the chief task of studies on the biology of sex during the past 15 years-namely, to supply full proof that sex itself, the primary and secondary character alike, is plastic and reversible. We can all assure Dr. *Steinach* of our bigh appreciation of this important contribution to our science.

Experimentelle Untersuchungen über weibliche Sexualhormone.

Von *Francisco Garcia Triviño*, Madrid.

Meine Versuche gingen von der Fragestellung aus, ob sich in der Schwangerschaft, in der der Uterus so gewaltige Veränderungen seines gesamten Aufbaues erfährt, im Blutserum Stoffe hormonaler Natur nachweisen lassen, die als Ursache der Wachstumsvorgänge angesehen werden können. Ich injizierte zu diesem Zwecke Gravidenserum in Mengen von 0,25—0,5 ccm nicht geschlechtsreifen Mäusen und tötete die Tiere nach 7 bis 11 Tagen. Die Versuche hatten ein positives Ergebnis. Wie ich bereits in einer der Academia médico-quirurgica in Madrid vorgelegten Mitteilung berichtet habe, gelang es mit 42 von 43 Gravidenseren, beginnend mit dem zweiten Schwangerschaftsmonat, eine mehr oder minder starke Vergrößerung des Uterus hervorzurufen. Die Vergrößerung wurde nicht nur mikroskopisch festgestellt, sondern zeigte sich auch bei der mikroskopischen Untersuchung in einer Wucherung des Endometriums, die in einer Hyperaemie und Vermehrung der Drüsenschläuche zum Ausdruck kam, sowie in einer Hyperplasie der Muskulatur. Von 9 Karcinomseren hatte 1 eine mäßige Vergrößerung hervorgerufen, während Kontrollsera von gesunden, auch menstruierenden Frauen, von Patientinnen mit gynäkologischen Erkrankungen verschiedener Art, sowie von Männern keinerlei Wirkung auf den Mäuseuterus ausgeübt hatten.

Die weitere Verfolgung dieser Feststellungen ergab, daß die geringste noch wirksame Serummenge in der Regel 0,1 ccm betrug. Das wirksame Prinzip erwies sich als völlig thermostabil und dialysabel. Bei der Extraktion des getrockneten Serums mit Alkohol ging es in den Extrakt über. Dieser Extrakt, dessen Menge durchschnittlich 0,6%, auf das flüssige Serum bezogen, betrug, entsprach in der Stärke seiner Wirksamkeit der entsprechenden Serummenge. Aus diesen Versuchen ergibt sich bisher, daß die wirksamen Stoffe jedenfalls keine Eiweißkörper sind. Mit weiteren Untersuchungen über ihre chemische Natur sind wir noch beschäftigt.

In einigen Fällen haben wir das Schwangerenserum darauf untersucht, ob es die charakteristischen Brunstveränderungen in der Vagina der Maus hervorruft. Nicht in allen Fällen konnten wir, obgleich eine Vergrößerung des Uterus vorhanden war, den typischen Brunstbefund feststellen. Aus diesen wenigen negativen Versuchen möchten wir aber nicht den Schluß ziehen, daß es sich bei den Uterus- und den Vaginalveränderungen um die Wirkung zweier verschiedener Stoffe handelt. Wir haben aber den Hauptwert auf die Uterusvergrößerung gelegt, da sie ja die wesentlichste Erscheinung der Gravidität ist. Inzwischen haben auch die bedeutsamen Untersuchungen von *Wiesner* gezeigt, daß das Brunstphänomen in der Vagina der Maus den menschlichen Menstrual- und Graviditätsveränderungen keineswegs entspricht.

Übrigens hat ganz kürzlich *Fels* berichtet, daß er mit Gravidenserum den Brunstzyklus bei der Maus hervorrufen konnte.

Wenn wir uns nun die Frage vorlegen, wo wir die Entstehung der wirksamen Stoffe zu suchen haben, so werden wir die seit Beginn unserer Versuche inzwischen erschienenen zahlreichen Arbeiten über das sogenannte Ovarialhormon berücksichtigen müssen. Wir wollen im einzelnen auf die Literatur nicht eingehen und nur daran erinnern, daß eine ganze Reihe von Autoren den von ihnen dargestellten Substanzen auch eine wachstumsanregende Wirkung auf den Uterus zuschreibt. Man könnte daher annehmen, daß die Wirksamkeit des Gravidenserums durch die Anwesenheit des Ovarialhormons bedingt sei. Hiermit erscheint aber die Beobachtung von *Zondek* und *Aschheim*, daß der Hormongehalt des Corpus luteum im Verlauf der Schwangerschaft immer geringer wird, so daß es in der zweiten Hälfte der Gravidität meist überhaupt nicht mehr nachweisbar ist, schwer vereinbar. Noch mehr machen es quantitative Überlegungen unwahrscheinlich, daß die wirksamen Stoffe des Gravidenserums ausschließlich oder auch nur überwiegend im Ovarium gebildet werden. Machen wir die Annahme, wozu wir uns nach den Angaben *Laqueurs* berechtigt glauben, daß Wachstumsanregung des Uterus und Auslösung der Brunst durch ungefähr die gleichen Hormonmengen bewirkt werden, so würde das Serum, da 0,1 ccm noch Wachstumsvergrößerungen hervorrufen, 10 Mäuseeinheiten pro ccm enthalten. Demgegenüber sind im Follikelsaft nach Angaben von *Laqueur* sowie von *Zondek* und

Aschheim nur 1—2 m. E. pro ccm und in Ovarialsubstanz nach *Löwe* nur 1 m. E. pro g enthalten. Man kann sich hiernach schwer vorstellen, daß die vielen Zehntausende von Einheiten, die im Gravidenblute kreisen, aus dem Ovarium stammen sollen, und man wird sich daher nach einer anderen Ursprungsstätte umsehen müssen.

Nun liegen ja in der Literatur eine Reihe von Angaben vor, daß man mit Placentarextrakt bei der Maus die gleiche Uterusvergrößerung hervorrufen kann wie mit Serumextrakt. In Anbetracht der großen Masse der Placenta haben wir es hier mit einer Stätte zu tun, die viele Tausende von Einheiten enthält, und es ist um vieles wahrscheinlicher, daß wir hier die oder eine wichtige Quelle der wachstumsanregenden Stoffe vor uns haben. Ob daneben noch andere Produktionsstätten in Betracht kommen — wir denken besonders an die Uteruswand —, möchten wir vorläufig offen lassen. Sicheres hierüber wird sich erst nach Reindarstellung und genauer Charakterisierung der wirksamen Stoffe sagen lassen.

Das Ergebnis unserer Untersuchungen möchten wir in folgenden Sätzen zusammenfassen.

Das Serum schwangerer Frauen ruft bei noch nicht geschlechtsreifen Mäusen eine starke Vergrößerung und Schleimhautwucherung des Uterus hervor.

Die wirksamen Stoffe sind thermostabil, alkohollöslich und diffusibel.

Als Bildungsstätte dieser Stoffe kann in Anbetracht der quantitativen Verhältnisse das Ovarium allein jedenfalls nicht in Frage kommen. Wahrscheinlich ist in dieser Beziehung der Placenta und vielleicht auch der Uteruswand eine größere Bedeutung zuzuschreiben.

Gedruckt bei der
von Münchow'schen Universitäts-Druckerei
Otto Kindt in Gießen

Bei Fragen zur Produktsicherheit wenden Sie sich bitte an:
If you have any questions regarding product safety,
please contact:

Walter de Gruyter GmbH
Genthiner Straße 13
10785 Berlin
productsafety@degruyterbrill.com